电气制图与读图

第3版

何利民　尹全英　编著

机械工业出版社

本书以电气制图最新国家标准为基本依据，阐述了电气制图的一般规则、电气图形符号、标识代号及字母代码、元器件和连接线的表达方法、电气工程 CAD 制图规则等，并结合大量实例，系统介绍了概略图、功能图、电路图、接线图、布置图、建筑电气安装平面图、特种用途专业电气图以及读图方法等。

本书可供从事电气设计、制造、安装、运行、维修的各类电气专业人员和有关管理人员阅读，也可作为学习贯彻电气制图新标准的培训教材，还可用作大专院校相关电气专业教材或教学参考书。

图书在版编目（CIP）数据

电气制图与读图 / 何利民，尹全英编著. —3 版.
—北京：机械工业出版社，2011.9（2025.9 重印）
ISBN 978-7-111-35362-1

Ⅰ.①电… Ⅱ.①何…②尹… Ⅲ.①电气制图
②电路图—识别 Ⅳ.①TM02

中国版本图书馆 CIP 数据核字（2011）第 140531 号

机械工业出版社（北京市百万庄大街 22 号　邮政编码　100037）
策划编辑：陈玉芝　王振国　责任编辑：陈玉芝　王振国　张利萍
版式设计：张世琴　　　　　　责任校对：张晓蓉
封面设计：张　静　　　　　　责任印制：单爱军
保定市中画美凯印刷有限公司印刷
2025 年 9 月第 3 版第 11 次印刷
184mm×260mm・15.25 印张・374 千字
标准书号：ISBN 978-7-111-35362-1
定价：35.00 元

电话服务　　　　　　　　　网络服务
客服电话：010-88361066　　机　工　官　网：www.cmpbook.com
　　　　　010-88379833　　机　工　官　博：weibo.com/cmp1952
　　　　　010-68326294　　金　书　网：www.golden-book.com
封底无防伪标均为盗版　　　机工教育服务网：www.cmpedu.com

第3版前言

回顾本书从第 1 版到第 3 版的写作过程，可以清楚地看到，本书是伴随电气制图国家标准的发布、演变和发展而不断更新、完善的。

第 1 版出版于 1993 年，它是以 GB 6988—1986《电气制图》和 GB 4728—1985《电气图用图形符号》等为代表的 20 世纪 80 年代的国家标准为基础而编写的。

第 2 版出版于 2003 年，它是以 GB/T 6988—1997《电气技术用文件的编制》为代表的 20 世纪 90 年代的国家标准为基础而编写的。

近年来，国际电工委员会（IEC）发布了一系列新标准，广泛增加和采用了信息技术应用的内容，加快了电气图数字化的进程，电气制图标准从名称到内容发生了很大变化。为满足各行业的需要，我国等同采用了 IEC 最新系列标准，发布了电气技术文件编制、标识代号、文字代码、符号、数据元素，以及电气工程 CAD 制图规则、明细表和说明书的编制等国家标准，其中最具有代表性的标准是 GB/T 6988.1—2008《电气技术用文件的编制　第 1 部分：规则》。本书第 3 版就是根据这些新标准而修订的。

这次修订的基本原则是：以近年来我国电气技术发展为依据，以电气设计、制造、安装、维修人员为主要阅读对象，以电气图新标准为基础，规范电气制图与读图的原理、方法，使之更具科学性、实用性和通用性。

相对于第 2 版，本版的主要改动是：

1）适当调整结构，突出重点，提高实用性。重点讲解常见电气图，如概略图、功能图、电路图、接线图、布置图、建筑电气安装平面图等。

2）加大了电气图数字化应用的力度，对参照代号、字母代码、端子代号、信号代号、文件代号等进行了比较详细的叙述。

3）更新内容，按新标准规范有关的电气制图名词、术语和制图法则，增加了反映国内外最新发展的新技术和新设备的电气图实例。

4）增加读图方法的叙述，结合实例介绍了工作状态分析法、单元分割法、图形变换法、推理分析法等阅读电气图的方法。

5）适当精简了文字。

在这里，提请读者注意以下两点：

第一，本书采用的示例图，主要用于说明电气制图与读图的原理和方法，为了突出说明其中的某些方面，一般都对原图进行了必要的修改，因而可能影响到图的科学性和严谨性。因此，本书示例图一般不能直接应用到实际生产中去。

第二，本书参考和引用的电气图国家标准和行业标准，以及 IEC 标准，在作者发稿时，这些标准的版本均为有效。但所有标准都会不断被修订和完善，使用本书的读者应注意这些标准的最新版本，并应用于实践，更新相关内容。

《电气制图与读图》自初版以来，已经走过了近二十年。这二十年，我们也从中年步入老年，带给我们的感慨也很多很多。特别要感谢广大读者对本书的关心、爱护，很多读者还提出了宝贵的建议。在此向他们表示真诚的谢意。

何利民　尹全英

2011 年 7 月·武汉

第 2 版前言

《电气制图与读图》出版于 1993 年,该书实际写作时间是 20 世纪 80 年代末。当时,我国与国际电工委员会(IEC)接轨的电气图新标准有的刚颁布不久,有的还在试行,有些标准还不完善,可供参考的资料也极少,因此,今天来审视本书第 1 版,难免存在不少缺陷。

第 1 版出版以来的几年中,国家又颁布了许多与电气图有关的新标准,例如:

GB/T 6988—1997　电气技术用文件的编制
GB/T 4728—1996～2000　电气简图用图形符号
GB/T 5465—1969　设备用图形符号
GB/T 10690—1993　技术制图
GB/T 16679—1996　信号与连接线的代号
GB/T 148—1997　印刷、书写和绘图用纸幅面尺寸
GB/T 50104—2001　建筑制图

因此,有必要按照这些新标准对原书进行修订。

这次修订的基本原则是:以近年来国家颁布的电气图标准为依据,更科学地阐述电气制图与读图的原理、方法,使之更具有实用性。本版的主要改动是:

更新内容,按新标准规范了有关电气制图法则、名词和术语;调整结构,突出重点,注重实用性,适当增加了读图方面的内容;增选了一些反映国内外最新发展的新技术和新设备的示例图;增加了电气位置图及电气制图 CAD 的有关知识。

在写作过程中,参考和引用了电气图有关的许多国家标准和行业标准,以及 IEC 标准。在作者发稿时,这些标准的版本均为有效。所有标准都会被修订,使用本书的读者应注意这些标准的最新版本,并贯彻于实际工作中。

本书第 1 版已印行 6 次,发行 3 万余册,受到了读者的欢迎与关注。一些读者还向作者指出了书中的不足,改正了部分错误。在此,谨向阅读过本书的所有读者表示感谢,并期待着广大新读者的关心和帮助。

作　者
2002 年 10 月·武汉

第1版前言

图是用图示法表示的一种特殊文字。在当代科学技术领域里，采用图这种特殊文字来传递和交换信息，往往比用语言文字更精确，更方便，也更具通用性，在许多方面甚至是一般语言文字无法代替的。

伴随着科学技术的不断发展，图的种类、功能、表达形式、绘制方法等等也在不断地发展和完善之中。按照图的一般表达形式来划分，图大致可分为：用投影法绘制的图（如机械图、建筑图）、用图形符号绘制的图（如各种简图）以及用其他图示法绘制的图（如各种表图）等。电气图通常是指应用于电气技术领域，用图形符号和其他图示法绘制的图。

由于电气技术的复杂性，广泛性和特殊性，电气图也逐渐形成了一种独特的专业技术图种。今天，无论是描述对象的复杂性，表达形式的多样性，还是应用的广泛性等等，几乎没有哪一类专业图种能与电气图相比。因此，研究和探讨电气图的特点、规律及其绘制、阅读和使用方法，无疑是十分必要的。

解放前，我国的机电工业十分落后，其电气图样杂乱无章。解放后，随着机电工业的发展和国家标准化工作的开展，从60年代以来，我国陆续颁布了一些电气图形符号、文字符号等电气图标准。近年来，为了适应我国机电工业的高速发展和对外经济技术交流的需要，我国参照国际上较通用的"IEC"标准并结合我国的实际，制订了一系列关于电气图的新标准，形成了一个较完整的电气图标准体系。这批新标准已于1990年开始在全国各电工行业执行。新标准的执行是我国各电工行业的一件大事，对我国电气技术的发展必将起到有力的推动作用，同时也开拓了我国关于电气图理论的研究与应用。

本书比较系统地介绍了电气图国家新标准的主要内容，结合实例说明了新标准应用的一些基本问题，进而比较全面地阐述了电气图的基本规律、电气制图与读图的基本知识。为了加深对电气制图标准的理解，本书以 GB6988《电气制图》为依据进行阐述。另外，书中对原有的电气图标准和其他相关的标准作了一些比较和分析。

在内容的编排上，本书采用了以下体系：

第一篇　基础知识，主要介绍电气图的分类、一般特点、电气图形符号、电气技术中的文字符号和项目代号、电气制图一般规则和电气图的基本表示方法。

第二篇　基本电气图，主要分析电气系统图和框图、电路图、接线图、功能表图、逻辑图等图种的用途、特点、表达方式、绘制和使用方法。

第三篇　专业电气图（基本电气图的综合应用），主要介绍常用的建筑电气安装平面图、印制板图、电气说明书用图、二次电路图和接线图的特点及绘制、阅读和使用的基本知识。

希望读者阅读本书时，请先读第一篇，再读第二篇，然后读第三篇。

这里还需要特别说明的是：

（1）本书以电气图新标准为基础，但由于新标准的内容尚不够完整，即还有一些标准正在制订和修订之中，因此本书的某些内容只能参照相关的标准及我国的一些传统方法来处理。凡属这种情况，书中一般均有说明。请勿与新标准相混淆。

（2）本书引用的图例，意在阐明制图与读图的原理和方法，为了突出说明其中的某一点，一般都对原图进行了删改和处理，因而可能影响到图例的科学性和严密性。因此，本书所列的图例一般不能直接应用到实际生产中去。

在本书写作过程中，一些电气产品制造厂和电气设计单位为作者提供了许多样图。中国科技情报研究所重庆分所刘文琳、河南省送变电工程公司郭玉堂等同志给予了很多帮助。机械工业出版社杨溥泉同志对全书的整体框架、内容安排等方面提出了许多建设性意见。北京理工大学蒋知民教授、北京邮电学院王云汀副教授认真审阅了书稿，并提出了许多宝贵意见。在此，作者一并向他们致以诚挚的谢意。

电气图种类很多，涉及的知识面很广，而我们的知识毕竟有限；加之电气图新标准还刚开始执行，可供参考的资料不多；我们对新标准的理解不一定十分准确；有些问题还有待商榷、探讨。书中的一些观点仅是我们一家之言，因此，不当之处肯定不少，欢迎读者批评指正。

何利民　尹全英
1992 年 7 月·武汉

目 录

第3版前言
第2版前言
第1版前言

第一章 概述 ··········· 1
第一节 电气图与电气信息 ··········· 1
第二节 电气制图标准 ··········· 6
第三节 电气图分类 ··········· 10
第四节 电气图的一般特点 ··········· 14
第五节 电气工程CAD一般制图规则 ··········· 16

第二章 电气制图通用规则 ··········· 20
第一节 基本规则 ··········· 20
第二节 图面的一般规定 ··········· 23
第三节 明细表 ··········· 27
第四节 图线及其他 ··········· 29
第五节 简图的布局方法 ··········· 32

第三章 电气图形符号 ··········· 35
第一节 电气图用图形符号 ··········· 35
第二节 电气图用图形符号的应用 ··········· 38
第三节 电气设备用图形符号 ··········· 42

第四章 标识代号及字母代码 ··········· 44
第一节 标识代号系统的概念和构成 ··········· 44
第二节 字母代码 ··········· 45
第三节 参照代号 ··········· 51
第四节 端子代号 ··········· 57
第五节 信号代号 ··········· 60
第六节 文件代号 ··········· 64

第五章 电气元器件的表示法 ··········· 71
第一节 元器件的集中表示法和分开表示法 ··········· 71
第二节 可动的元器件状态、触点位置和技术数据的表示方法 ··········· 75
第三节 元器件接线端子的表示方法 ··········· 77

第六章 连接线的表示方法 ··········· 81
第一节 连接线的一般表示方法 ··········· 81
第二节 连接线的连续表示法和中断表示法 ··········· 84
第三节 多线表示法和单线表示法 ··········· 87
第四节 导线的识别标记及其标注方法 ··········· 89

第七章 概略图 ··········· 93
第一节 概略图的基本特点和用途 ··········· 93
第二节 概略图绘制的基本原则和方法 ··········· 96
第三节 概略图的基本类型 ··········· 99

第八章 功能图 ··········· 107
第一节 功能图的用途和特点 ··········· 107
第二节 功能图的基本类型 ··········· 108

第九章 电路图 ··········· 111
第一节 电路图的基本特征和主要用途 ··········· 111
第二节 电路图的绘制原则和方法 ··········· 112
第三节 电路图的简化画法 ··········· 120
第四节 电路图示例 ··········· 124

第十章 接线图 ··········· 129
第一节 接线图的基本概念 ··········· 129
第二节 接线图的一般表示方法 ··········· 130
第三节 单元或组件的元器件之间的物理连接接线图 ··········· 134
第四节 不同单元或组件之间的物理连接接线图 ··········· 137
第五节 到一个单元的物理连接接线图 ··········· 141
第六节 电缆配置图 ··········· 145

第十一章 布置图 ··········· 147
第一节 电气布置图的基本概念和种类 ··········· 147
第二节 电气布置图绘制的一般原则和方法 ··········· 150
第三节 室外场地电气设备布置图 ··········· 153
第四节 室内电气设备布置图 ··········· 156
第五节 装置和设备内电气元器件布置图 ··········· 158

第十二章 建筑电气安装平面图 ··········· 161
第一节 建筑电气安装平面图的特点和表示方法 ··········· 161

第二节　标注用图形符号和标志用
　　　　图形符号 ································ 166
第三节　电力和照明平面图 ····················· 168
第四节　线路平面图 ······························· 179
第五节　防雷平面图与接地平面图 ············ 183
第十三章　特种用途专业电气图 ············ 189
第一节　印制板电气图 ··························· 189
第二节　逻辑功能图 ······························· 193
第三节　控制系统功能表图 ····················· 197

第四节　说明书用电气图 ························ 204
第十四章　读图方法 ······························· 215
第一节　单元分割法 ······························· 215
第二节　工作状态分析法 ························ 217
第三节　图形变换法 ······························· 223
第四节　推理分析法 ······························· 227
附录　电气图常用术语和定义 ················ 230
参考文献 ·· 232

第一章 概 述

第一节 电气图与电气信息

一、电气技术文件和电气图的基本概念

1. 文件和电气技术文件

（1）文件 一般而言，文件是指各个用户和系统间可成组管理和交换的、确定并结构化的，用于相互间交流的一定数量的信息。

（2）电气技术文件 数据媒体上的电气技术文件信息，称为电气技术文件。它描述的主要对象，包括电气工业系统、分系统、装置、成套设备、设备、产品、部件、组件、元器件、导线、电缆、端子、单元、功能组等。

（3）文件类型 按文件表示的信息内容和表达方式不同，文件划分为许多类型，例如，图、简图、表图、表格和文字说明等。其中最基本的类型是简图形式的电气图。

（4）文件集 涉及某一项目的文件的集合，称为文件集。例如，某工厂的电气施工图，通常包括供电系统图、线路布置图、设备接线图、电气设备控制电路图、电气照明布置图以及电气设计、施工、运行、维修说明书、设备和元器件明细表、图样目录等，构成了一个比较完整的文件系统，这就是文件集。

2. 图和简图

（1）图 图主要是通过按比例表示项目及它们之间的相互位置的图示形式来表达信息，如位置图、布置图、平面图、断面图、剖面图、示意图和视图等。

（2）简图 简图主要是通过图形符号表示项目及它们之间关系的图示形式来表达信息，如概略图、功能图、电路图、接线图等。

3. 项目和物体

在设计、工艺、建造、运营、维修和报废过程中所面对的实体，称为项目或物体。例如，某工厂电气文件集中，表达的基本信息就是工厂的电气设备、电气线路等，这也是该工厂在设计、工艺、建造、运营、维修和报废过程中所面对的实体，称为项目或物体。

4. 产品和元器件

（1）产品 劳动的或自然过程或人工过程的预期或已完成的成果称为产品。项目和物体都可以称为产品。

按电工产品的从属关系或产品内部结构，一般有 8 个层次，见表 1-1。

表 1-1 电工产品层次划分和术语

序号	名 称	基 本 含 义
1	基本件	由一个或多个零件结合在一起构成的、在正常情况下不破坏其固有功能就不能分解的产品，如零件、元件、器件

(续)

序号	名称	基本含义
2	部件	由两个或多个基本件构成的产品。它是组件、设备等的一部分,如分装配件
3	组件	由基本件和(或)部件组合在一起、能完成一种预定功能的产品,如器件、单元、装置
4	设备	由基本件、部件或组件同组件组合在一起、能独立工作的产品,如装置、电器、电机
5	组	由相同的部件、组件或设备组合在一起的产品。它可以是套的一部分,也可以附加到套上,同套联合使用,以扩大套的功能
6	套	一个或多个设备同为实现一种预定功能而组合在一起的基本件、部件、组件所构成的产品,如机组、装置
7	子系统	系统的一个主要部分,能完成一种预定功能的设备、组、套等的组合,如成套装置、成套设备
8	系统	由设备(或组、套)同子系统或由若干子系统组成,以完成预定的各种功能的组合

(2) 元器件 起到一种或多种功能,不可分解的,或用于更高层次装配的与上下层次关联、物理上可分的产品,称为元器件。

5. 物质、信息和数据媒体

世界是由物质构成的。小至原子、分子,大至地球、天体和宇宙,都是物质。元器件、设备、装置、电路以及电流、电场、磁场、电磁波等,也是物质。

物质的状态,例如形状、大小、特征、运动形式、性能、参数等,是千差万别、各式各样的,建立在物质基础上的、发生在自然界和人类社会中的各种事件也是千差万别、各式各样的。这些差别称为物质的非均匀性。

根据不同的使用要求,人们常常需要对物质或事物的非均匀性进行描述和量度。物质的非均匀性的量度就是信息。例如某台电动机,从设计的角度出发,需要提供电动机功率、转矩、起动方式、接线、电压、频率、价格等信息;从使用的角度出发,需要提供电动机的电压、频率、温升等信息;从安装的角度出发,需要提供电动机的质量、尺寸、接线方式、性能等信息。这些信息,实际上就是对电动机不均匀性的量度。

然而,这些信息怎样才能为用户所接受呢?

信息的传递和应用,必须通过媒体来实现。一般而言,用以记录信息的材料被称为媒体。文字、语言、声波、电磁波、颜色、信号、图像、电话、电报乃至人的手势、五官表情等都是传递某种信息的媒体。媒体的数字形式,又称为数据媒体。

二、信息表达方式

文件为成套设备、系统或设备在寿命期内的各种工作和用途提供了所需的信息。"文件"这一术语不限于纸质信息的表达方式。它还包括其他信息储存方式,如电子媒体或数据库中的数据文件。

信息本身必须以协商一致的方式来表达。信息的表达应明确并且实用,同样的信息可以在不同文件内以相同或不同的文件类型表示。此信息在不同位置的表达应协调一致。只有这样,各种信息才能为设计、制造、安装、维修和使用的各方接受。

信息的表达方式通常有两种:

1. 将信息直接储存于数据库内

如图 1-1 所示,电气信息(例如装配、位置、属性、功能、连接关系等)保存在独立于其他表示形式的数据库内,在需要访问时能清楚具体情况,且以满足预先计划的形式进入,并提供应用标准的合适的工具和手段。

2. 将信息以文件形式储存于数据库内

按照标准将电气信息变换成数字化文件,存储在数据库内,如图 1-2 所示。以电气信息(例如装配、位置、属性、功能、连接关系等)为信息源,创建文档,再加以存储。

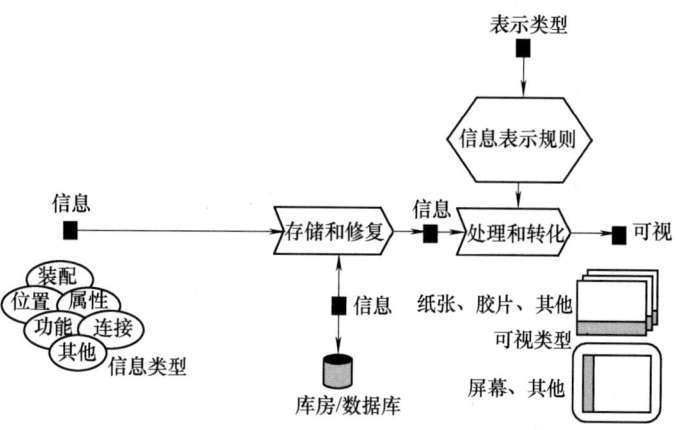

图 1-1 由储存在数据库内的信息生成的文件

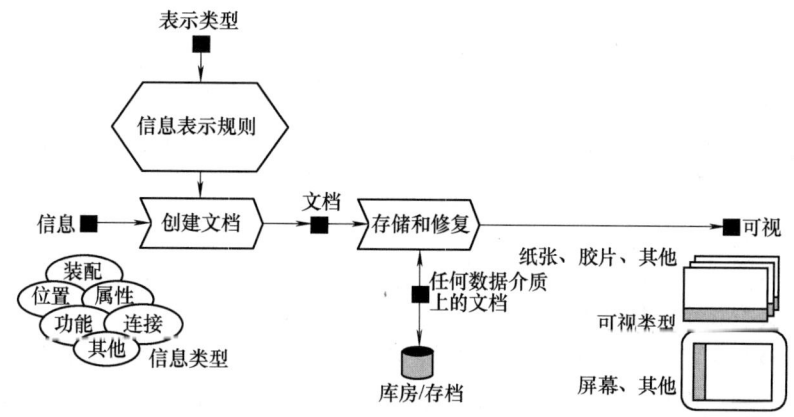

图 1-2 编制并存储在数据库内的文件

三、信息流与电气图

表示电气系统、装置和设备的功能、特性及内部关系的电气图,在许多情况下可以根据信息流运动状况来描述。以变压器工作系统为例,这一系统由电源、开关(隔离开关 QS、断路器 QF)、控制装置 C、变压器 T 构成。

电流经开关 QS、QF 送至变压器 T,变压器的电压 U、电流 I、温度 θ、功率 P 等信息送至控制装置 C,当这些信息量反映出变压器工作不正常时,C 发出指令,以一定方式(自动或手动)作用于断路器 QF,从而使其跳闸。在这一系统中,Q、T、C 之间存在以下关系:

1)电能(一次电流)经开关 Q 送至变压器 T,Q 和 T 之间存在能量关系。

2)Q、T、C 之间存在信号传递(输入、输出、反馈)关系。

3)隔离开关 QS、断路器 QF 只有全部合闸,变压器 T 才能送电工作;只要有一个开关断开，变压器就不能工作。QS、QF 与 T 之间存在逻辑"与"的关系（只有所有输入呈现"1"状态，输出才呈现"1"状态），这种逻辑"与"关系可用图 1-3b 表示。

4）Q 和 T 在电路中具有不同的功能，Q 的主要功能是开合电路，T 的主要功能是变压，但两种功能之间存在一定的顺序。例如，Q 的合闸功能完成以后，转换条件为真（"=1"），才会使 T 的变压功能得以实现，也就是 Q 和 T 之间存在一定的功能关系。这种关系可用图 1-3c 来描述。同样 Q、T 和 C 之间也存在某种功能关系。

如果将 Q、T、C 置于一个信息系统中去考察，上述四种关系实际上是通过以下四种信息流联系起来的。这四种信息流是：

① 能量流——电能的流向和传递。
② 信号流——信号的流向和传递。
③ 逻辑流——相互间的逻辑关系。
④ 功能流——相互间的功能关系。

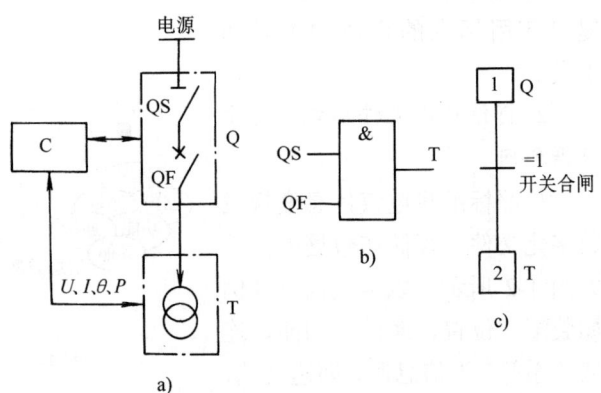

图 1-3 信息流与电气图的关系

在电气技术领域内，往往需要从不同的目的出发，对上述四种信息流进行研究和描述，而作为传递这些信息流的媒体之一的电气图，当然也需要采用不同的形式。这些不同的形式，从本质上揭示了各种电气图内在的特征和规律。实际上将电气图分成若干种类，从而构成了电气图的多样性。

例如：描述能量流和信号流的电气图有系统图、框图、电路图、接线图等；描述逻辑流的电气图有逻辑图、程序图等；描述功能流的有功能表图、电气系统说明书用图等。

四、信息类型和电气图级别层次

电气技术越复杂，电气技术信息量越大，因此，同一类信息往往需要采用不同类型的电气图媒体进行传递。例如对于一项电气产品的设计，在设计之前必须了解和掌握这项产品的功能、技术参数和性能指标、工作条件等信息，以及实现这些功能的软、硬件结构信息。在这些技术信息的基础上，设计人员将编制功能性文件、位置和安装文件、接线文件、操作使用维修文件，对于软件产品则需编制程序文件、数据文件。对于众多类型的文件，其编制依据往往是同一信息。因此各类文件之间必然是相关的。

通常，一个比较复杂的电气系统和装置可以归类于三种不同的信息集合：

1）结构集，如结构零件、结构关系、电气连接、电气传动等。
2）功能集，如功能单元、功能结构关系、接线、工作状态等。
3）软件集，软件单元、结构关系、数据交换等。

对应于不同的信息集合，就会产生不同类型、不同层次和级别的电气图。

按照一般原则，电气图的编制，应从概略级开始，然后是从一般到较特殊的更详细级电气图。例如，表示某一电气装置的功能信息，按照级别层次，一般应有概略图、功能图、电路图。

图 1-4 所示为不同类型电气图之间的层次关系。图的上半部分的椭圆形框表示软硬件各类信息的汇总,下半部长方形框表示以各类信息为依据编制的各种类型的文件,带箭头的实线和虚线将文件和信息集联系在一起,由图可以看出,同一信息可用来编制不同类型的文件。由于同一成套设备、系统或同一产品的不同类型文件,其编制依据是相同的信息,因此设备、系统、产品的整套文件内的信息必须协调一致。

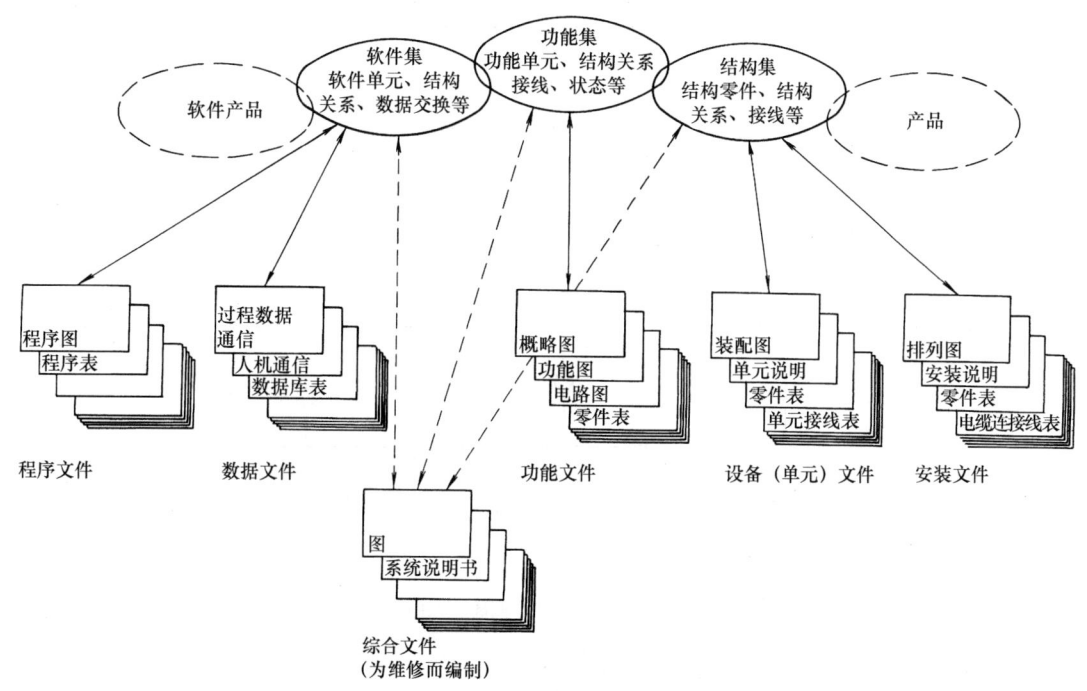

图 1-4　不同类型电气图之间的层次关系

五、电气图和文件编制的程序

通常从概略级开始,逐步编制更详细级的文件。以功能简图为例,可分为三种级别:概略图、功能图、电路图。

编制描述功能的电气图应先于描述实现功能的电气图。图 1-5 所示为电气图和文件编制程序及其相互关系。

由此可以看出:

1) 在总的电气图系统编制工作之前应当具备如下信息:工艺设计信息、土木工程设计信息、前期研究工作提供的信息等。

2) 总的电气图系统设计一般的编制计划是:功能图、结构图、软件系统文件和其他图。

3) 在上述三类系统文件和电气图中,首先进行详细的功能图的编制工作。结构图、软件系统文件和其他图的编制工作需要参照已编制好的详细的功能图和文件。

4) 软、硬件产品的制作、安装工作,应在相应的软、硬件产品和安装图以及文件的指导下进行。试生产、操作、维修等文件的编制工作与上述两项产品的制作、安装工作同时进行。

5) 测试和试生产工作在试生产等电气图和文件,以及产品样机都已具备的前提下进行。

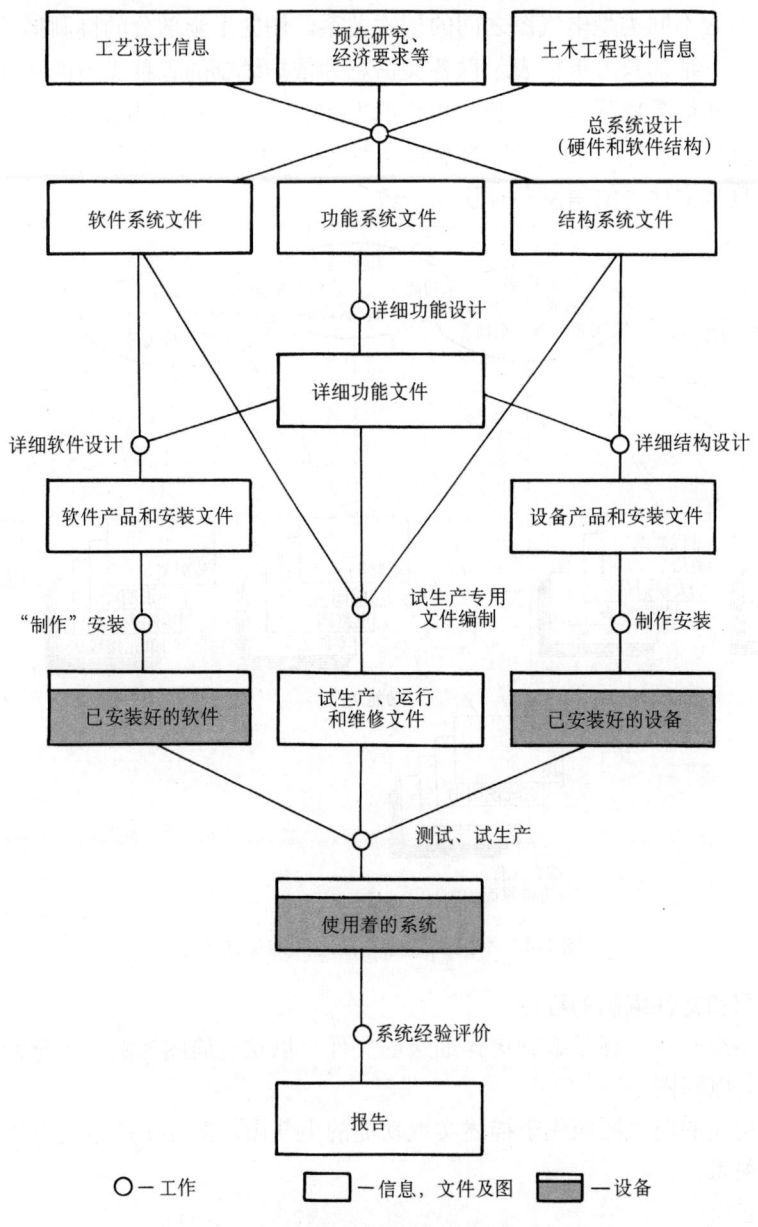

图1-5 电气图和文件编制程序及其相互关系

第二节 电气制图标准

一、我国电气图标准制订和发展的演变过程

电气技术文件及其电气图,不仅在电工、电子技术工程领域中得到了广泛的应用,而且涉及机械、建筑、水利、冶金、钢铁、纺织、轻工、航空、航天、地矿、核工业、铁道、兵器、石化、广播电视、煤炭、医疗器械等行业。

随着电气技术的发展,电气图的表达形式、表示方法,电气图的功能、种类等也不断演变和发展，与之相适应的电气技术文件及其电气图标准也不断发展和日臻完善。

我国电气图标准制订和发展的演变过程，大致经历了 20 世纪 60 年代、80 年代、90 年代和 21 世纪初期等几个阶段。

1. 20 世纪 60 年代标准

新中国成立前，传统的机电工业十分落后，电气图的形式及图形符号、文字符号也十分混乱。新中国成立后，随着我国机电工业的发展和国家标准化工作的开展，特别是 20 世纪 60 年代初期，国家科学技术委员会批准发布了一批电气图形符号、文字符号等方面的五个标准，从而使我国电气图逐渐标准化，初步形成了一套具有我国特色的电气图规则和表达形式。

2. 20 世纪 80 年代标准

改革开放以来，我国的电力电子技术发展很快，这些行业与国际的交往也越来越多，这就要求进一步完善原有的电气制图规则、表达方式、图形文字符号等，因此有的需要修改，有的需要增加。其基本方向是：结合我国的实际，走国际通用的道路。

国际电工委员会（International Electrotechnical Commission，简称"IEC"）是国际标准化组织（ISO）的成员组织，专门负责电力和电子工业领域标准化的问题，它所颁布的标准（IEC 标准）在国际上具有一定的权威性。在 20 世纪 80 年代，我国有关部门在作了大量调查研究工作的基础上，特别是在认真研究了 IEC 标准的基础上，对电气图原有的标准作了大量修改，颁布了一系列标准，其中最有代表性的是：

GB 6988—1986《电气制图》

GB 4728—1985《电气图用图形符号》

GB 5465—1985《电气设备用图形符号》

GB/T 5094—1985《电气技术中的项目代号》

GB/T 7159—1987《电气技术中的文字符号制订通则》

GB/T 7356—1987《电气系统说明书用简图的编制》

GB/T 4026—1983《电器接线端子的识别和用字母数字符号标志接线端子的通则》

GB 4884—1985《绝缘导线的标记》

3. 20 世纪 90 年代标准

20 世纪 90 年代以来，信息技术广泛用于工业领域，人们用计算机进行电气技术文件的编制和电气图的设计、绘制，改变了传统的工作方式，为此目的，我国对 20 世纪 80 年代发布的文件编制和图形符号的规则等国际标准从内容到形式进行了更新。

这一时期，具有代表意义的电气图标准是：

GB/T 6988—1997《电气技术用文件的编制》

GB/T 6988.1—1997《电气技术用文件的编制　第 1 部分：一般要求》

GB/T 6988.2—1997《电气技术用文件的编制　第 2 部分：功能性简图》

GB/T 6988.3—1997《电气技术用文件的编制　第 3 部分：接线图和接线表》

4. 21 世纪新标准

进入 21 世纪以来，国际电工委员会 IEC 发布了一些新标准，广泛增加和采用了信息技术和数字技术应用的内容，电气制图标准从名称到内容都发生了很大变化。随着我国科学技术的迅速发展，尤其是我国加入 WTO 以来，电气技术文件、明细表和说明书的编制应与国际标准接轨，这有助于我们打破国际贸易中的技术壁垒。为满足各行业的需要，我国等同采用了IEC最新系列标准，发布了电气技术文件编制、明细表和说明书的编制等国家标准，并又修订了电气工程CAD制图规则标准。其中，最典型的标准是GB/T 6988.1—2008《电气技术用文件的编制　第1部分：规则》。

二、电气图新标准的构成系列

电气图新标准系列主要由文件编制标准、代号标准、符号标准、文件集和规则标准、数据结构和电气元器件建库标准等部分构成。电气制图标准的构成如图1-6所示。

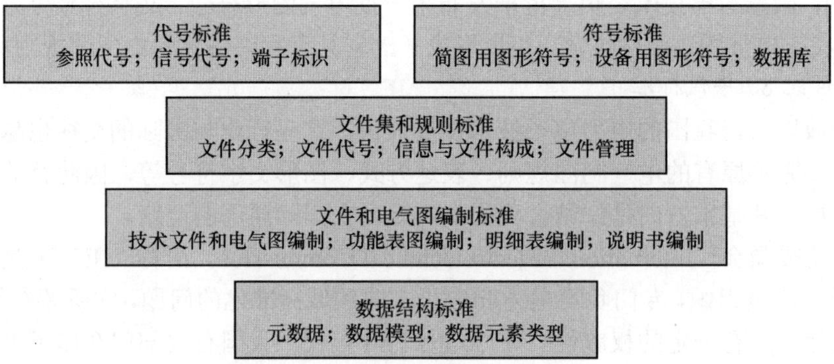

```
代号标准                              符号标准
参照代号；信号代号；端子标识          简图用图形符号；设备用图形符号；数据库

           文件集和规则标准
           文件分类；文件代号；信息与文件构成；文件管理

           文件和电气图编制标准
           技术文件和电气图编制；功能表图编制；明细表编制；说明书编制

           数据结构标准
           元数据；数据模型；数据元素类型
```

图1-6　电气制图标准的构成

1. 文件编制标准

GB/T 6988.1—2008《电气技术用文件的编制　第1部分：规则》（涵盖原GB/T 6988.1～GB/T 6988.4中编制系统图、框图、电路图、逻辑图、接线图和接线表、位置文件和安装文件等文件的规则）

GB/T 21654—2008《顺序功能表图用GRAFCET规范语言》

GB/T 19045—2003《明细表的编制》

GB/T 19678—2005《说明书的编制　构成、内容和表示方法》

GB/T 18135—2008《电气工程CAD制图规则》

2. 标识代号标准

GB/T 5094《工业系统、装置与设备以及工业产品结构原则与参照代号》（包括基本规则、项目的分类与分类码、应用指南、概念的说明4个部分）

GB/T 20939—2007《技术产品及技术产品文件结构原则　字母代码　按项目用途和任务划分的主类和子类》

GB/T 16679—2009《工业系统、装置与设备以及工业产品　信号代号》

GB/T 18656—2002《工业系统、装置与设备以及工业产品　系统内端子的标识》

GB/T（待发布）《成套设备、系统和设备文件的分类和代号》

3. 电气简图用图形符号标准

GB/T 4728《电气简图用图形符号》（包括一般要求、符号要素、限定符号和常用的其他符号、导体和连接器件、基本无源元件、半导体和电子管、电能的发生与转换、开关、控制和保护装置、测量仪表、灯和信号器件、电信　交换和外围设备、电信　传输、建筑安装平面布置图、二进制逻辑件、模拟件13个部分）

GB/T 4728《数据库标准》（配套标准）

GB/T 20063《简图用图形符号》

4. 电气设备用图形符号标准

GB/T 5465《电气设备用图形符号》（包括概况与分类、原形符号的生成2个标准）

GB/T 5465《数据库标准》（配套标准）

5. 文件集和规则标准

GB/T 19529—2004《技术信息与文件的构成》

6. 数据结构和电气元器件建库标准

GB/T 17564《电气元器件的标准数据元素类型和相关分类模式》（包括定义、原则和方法、EXPRESS字典模式、维护和确认的程序、IEC标准数据元素类型、元器件类别和项的基准集、EXPRESS字典模式扩展5个标准）。

三、电气图新标准的特点

电气图新标准在图样的表达方式、图形符号和文字符号的标注等方面都有许多明显的区别。相对于原有的标准，新标准具有以下特点：

1）通用性强。新标准基本上采用了国际上通用的IEC标准。例如，在电气图用图形符号和电气设备用图形符号标准中，采用了IEC有关标准的全部内容，电气制图标准中采纳了IEC已提出的全部规则，文字符号一律按国际标准采用拉丁字母。因此，新标准有利于对外开放和国内外经济技术交流。

2）更具实用性和科学性。表达精确、科学、明了而又简单、实用是各种图样的基本要求。电气图新标准中，图形符号结构尽可能简化，除个别情况外，图形符号的线条可以不分粗细，减少了绘图工作量，而图形符号表达又更为确切，不易混淆。对电气制图的种类按要求进行了科学的划分、繁简适当，这些都使电气图更具实用性和科学性。

3）具有我国的特色。新标准虽然广泛地采用了IEC国际标准，但并没有完全照搬。例如，对于旧标准规定的图形符号中已被广泛使用的部分，仍被录取在新标准中。为尽可能扩大基础标准的通用性，在更大领域中得到了统一。在《电气制图》标准中，关于电气图的一般规定，如图纸幅面、图线型式、字体等，尽量采用《机械制图》标准的规定，这些都使新的电气图标准具有我国的特色。

4）突出了电气图的数字化和信息化。发布了信息结构标准，修订了项目代号标准，完善了标识代号系统。指出进行工程设计，首先要构建信息结构，将系统中的项目特别是较大成套设备或复杂产品的信息有序地加以编排，作为构建的结构储存在数据库中，信息可以被"分解"存入数据库，文件（包括图形）也可以一并存入数据库。参照代号（原称项目代号）系统成为检索项目信息的"导航工具"，计算机识别项目的代码等，从而将信息技术与项目管理联系起来。参照代号可用作信息管理强有力的工具，已成为共识。

5）修订电气技术文件及功能表图标准，并发布说明书、明细表的编制等标准。在建立信息结构的基础上，创立了新的文件编制规则。

6）逐步废除电气简图用图形符号和设备用图形符号纸质标准。该两大类标准成为可随时更新的动态的数据库标准。颠覆了人们心目中"纸质标准"的传统标准形象。用户可轻点鼠标，浏览当日最新的标准图形符号。

但是，正如电气技术仍不断处于发展之中一样，反映电气技术的电气图标准仍需要不断发展和完善，目前的电气图标准仍有许多不完备的内容，如程序图、功能图等还未制订出正式的标准。

四、与电气图有关的一些其他标准

在电气制图与用图中，需要执行电气图各项标准，但也不能违背其他有关的国家标准，例如，图样的幅面、标题栏、字体、比例等不能违背《机械制图》的规定，建筑电气安装平面图的建筑部分不能违背《建筑制图》的规定。

在电气制图与读图过程中，需要参考的一些其他主要标准有：

1. 机械制图和技术制图

GB 14689—2008《技术制图　图纸幅面及格式》
GB 4457.2—2003《技术制图　图样画法　指引线和基准线的基本规定》
GB 14691—1993《技术制图　字体》
GB 4457.4—2002《机械制图　图样画法　图线》
GB 4457.5—1984《机械制图　剖面符号》
GB 4458.1—2002《机械制图　图样画法　视图》
GB 4458.4—2003《机械制图　尺寸注法》
GB 4459.5—1999《机械制图　中心孔表示法》

2. 建筑制图

GB/T 50103—2010《总图制图标准（附条文说明）》
GB/T 50104—2010《建筑制图标准（附条文说明）》
GB/T 50105—2010《建筑结构制图标准（附条文说明）》

3. 其他标准

GB/T 1360—1998《印制电路网格体系》
GB/T 2625—1981《过程检测和控制流程图用图形符号和文字代号》
GB/T 148—1997《印刷、书写和绘图纸幅面尺寸》
GB 3102.1—1993《空间和时间的量和单位》

本书将以电气图国家新标准为基础，适当结合其他一些相关标准予以论述。但有些电气用图样，国家尚未颁布标准，本书则按传统的画法参照有关标准予以介绍，当然这些只能作为参考。

这里还应指出的是，本书在写作时，这些标准的版本均为有效，但所有标准都会被修订，因此，读者在阅读和使用本书时，应注意这些标准的最新版本。

第三节　电气图分类

一、图的一般概念

图是用图示法表示的各种形式的统称。或者说，图是用图的形式来表示信息的一种技术文件。科研设计部门用图表达设计思想，生产部门用图指导加工与制造，施工人员用图编制施工计划、准备材料、组织施工，使用人员用图指导运行、维护和管理。有人说，任何科学技术人员和管理人员，如果缺乏一定的绘图能力和读图能力，就是科学技术方面的"文盲"。这是颇有道理的。

图的概念是很广泛的，它包括：

1) 图。图主要通过按比例表示项目及它们之间的相互位置的图示形式来表达信息,例如布置图等。其中,用投影法绘制的图,即按照三面视图原则绘制的图,通常称为机械图。平面图、断面图、剖面图、示意图和视图是特殊的图。

2) 简图。简图主要通过图形符号表示项目及它们之间关系的图示形式来表达信息。大部分的电气图都属于简图。

3) 表图。表图主要是表达两个或多个变量、操作或状态之间联系的图示形式,例如,曲线图、功能表图、顺序表图、时序表图等。

4) 表格。表格以行和列的形式表达信息。

5) 与图有关的文字说明,如设计说明书、使用说明书、设备材料明细表。

电气图是一类比较特殊的图。它通常是指用图形符号、带注释的围框或简化外形表示各组成部分之间相互关系及其连接关系的一种简图。

二、电气图基本类别

GB/T 6988.1—1997 将电气图分为四大类:功能类图、位置类图、接线类图、项目表及其他技术文件。归纳见表 1-2。

表 1-2 电气图基本类别

序号	类　别	名　　称	基本含义	备　注
1	功能类图	概略图	表示系统、分系统、装置、部件、设备、软件中各项目之间的主要关系和连接的相对简单的简图	
		框图	主要采用方框符号的概略图	新标准已取消
		电网图	在地图上表示诸如发电站、变电站和电力线、电信设备和传输线之类的电网的概略图	新标准已取消
		功能表图	用步和转换描述控制系统的功能和状态的表图	
		端子功能图	表示接口连接的任一端子和内部功能概述的一种功能简图。它们可以借助简化的(假如合适的话)电路图、功能简图、功能表图、顺序表图或文字来表达	
		程序图(表格、清单)	详细表示程序、模块及其互连关系的一种简图(表格、清单),其布置应能清晰地识别其相互关系	
2	位置类图	总平面图	表示建筑工程相对于测定点的位置、服务网络、道路工程、地表资料、进入方式和工区总体布局的平面图	
		安装图(图样)	表示各元件安装位置的图	
		安装简图	表示各项目之间连接的安装图	
		装配图	通常按比例表示一组装配部件的空间位置和形状的图	
		布置图	经简化或补充以给出某种特定目的所需要的信息的装配图	
3	接线类图	单元接线图(表)	表示一个结构内连接关系或将其列表的接线图(表)	单元内部物理连接图
		互连图(表)	表示不同结构之间连接关系的接线图(表)	单元外部物理连接图

（续）

序号	类别	名称	基本含义	备注
3	接线类图	端子接线图（表）	表示一个结构的端子和该端子上的内部和（或）外部连接的接线图（表）	到一个单元外部物理连接图
		电缆图（表、清单）	提供有关电缆，诸如导线的识别、两端位置以及特性、路径和功能（如有必要）等信息的简图（表、清单）	
4	项目表	零件表	表示构成一个组件（或分组件）的项目（零件、元件、软件、设备等）和参考文件（如有必要）规格的表格	
		备用零件表	表示用于预防和正确维修的项目（零件、元件、软件、散装材料等）规格的表格	
5	其他技术文件	安装说明文件	对一个系统、装置、设备或元件的安装条件以及供货、交付、卸货、安装和测试给予说明或信息的文件	
		试运转说明文件	在调试前对试运转和启动、模拟方式、推荐的设定值以及对为了实现一个系统、装置对设备或元件的开发和适当的功能要求所采取的措施给予说明或信息的文件	
		使用说明文件	对一个系统、装置、设备或元件的使用给出说明或信息的文件	
		维修使用说明文件	对一个系统、装置、设备或元件的维修程序，例如在维修和保养细则方面给出说明或信息的文件	
		可靠性和可维修性说明文件	给出关于一个系统、装置、设备或元件的可靠性和可维修性方面的信息的文件	
		其他文件	可能需要的其他文件。例如手册、指南、样本、图样和文件清单	

GB/T 6988.1—2008 将电气图种类进行了简化、合并，按功能划分为六类，如图 1-7 所示。

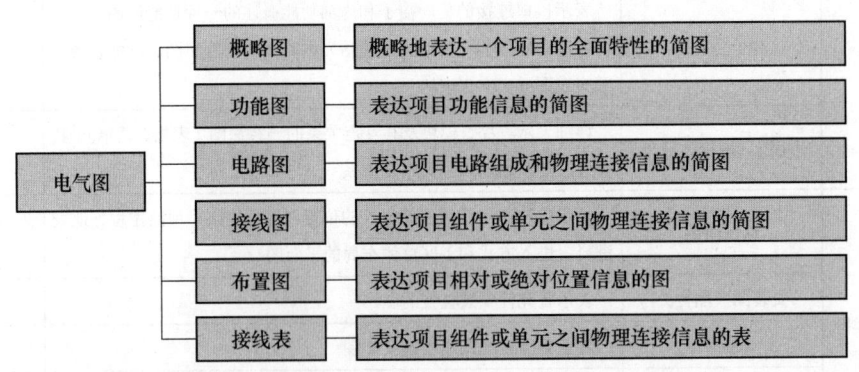

图 1-7 电气图按新标准分类

以上是关于电气图的基本分类，但并非每一种电气装置、电气设备或电气工程，都必须具备这些图，因表达的对象不同，目的和用途不同，图的数量和种类也不同。总的原则是：电气图作为一种工程语言，在表达清楚的前提下，越简练越好。

三、常用电气图的一般表达形式示例

表示一项电气工程或一种电气装置的功能、用途、工作原理、安装和使用方法等方面的图是很多的，以某种电动机的控制为例，通常应有以下一些类别的图。

1）为了表示电动机的供电关系，可采用图 1-8 所示的供电系统图。这个图主要表示电能由 380V 三相电源 L1、L2、L3，经熔断器 FU、接触器 KM 的主触点、热继电器 FR 的热元件，输入到三相电动机 M 的三个接线端 U、V、W。

由于三相电源是对称的，三相所接元件相同，因此可用单线图代替三线图，如图 1-8b 所示。

2）为了表示这一装置的电气工作原理，还需画出其控制电路图，如图 1-9 所示。

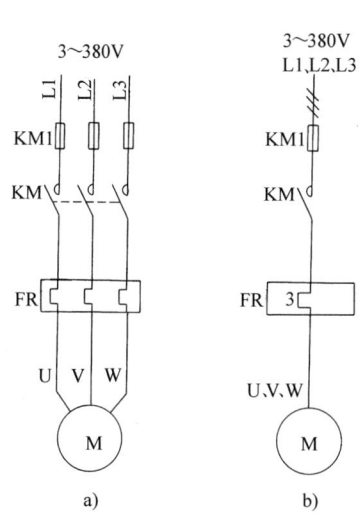

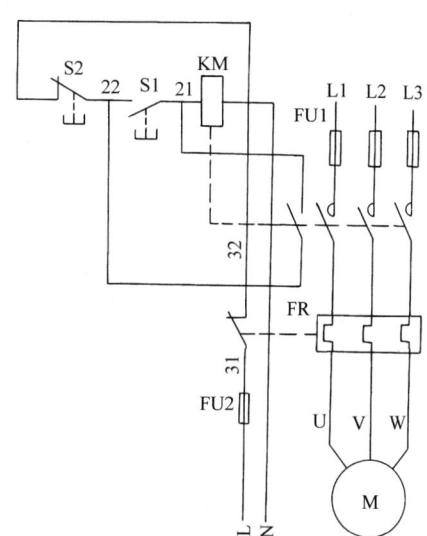

图 1-8　电动机供电系统图
a）单线图　b）三线图

图 1-9　电动机控制电路图
FU1、FU2—熔断器　KM—接触器
FR—热继电器　S1—起动按钮　S2—停止按钮

由图 1-9 可以看出该电动机的控制原理：接触器 KM 的触点是由其释放线圈来控制的，该线圈所在的回路是：电源相线 L——热继电器 FR 的动断（常闭）触点——按钮 S2（常闭）——按钮 S1（常开）——接触器 KM 的释放线圈——电源中性线 N。当按下按钮 S1 时，上述回路接通，接触器 KM 动作，并通过其常开辅助触点自锁，电动机 M 起动运转。其中的热继电器 FR 起过载保护作用。

3）在某些情况下，只要概略说明各部分之间的功能关系，则可画出图 1-10 所示的运行功能图。各部分的功能关系是：有了电源以后，开关设备接通，电动机便工作；开关设备的接通与断开是根据操作者的命令而动作的，而电动机在运转过程中的情况则不断反馈到控制部分。

4）为了表示这一电器装置各元件之间的连接关系还必须有一种安装接线图。图 1-11 表示了三相电源 L1、L2、L3 经接线端子排 X、熔断器 FU、接触器 KM、热继电器 FR 接至电动机 M 的接线关系。

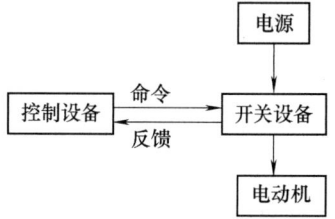

图 1-10　电动机运行功能图

5）如果为了表示电动机及其控制设备接至电源的具体平面布置，则可采用图 1-12 所示的平面布置图。图中给出了电源经控制箱或配电箱，再分别经导线 BX-3×6mm^2、BX-3×4mm^2、BX-3×2.5mm^2 接至电动机 1（15kW）、电动机 2（10kW）、电动机 3（1.5kW）的具体平面布置。

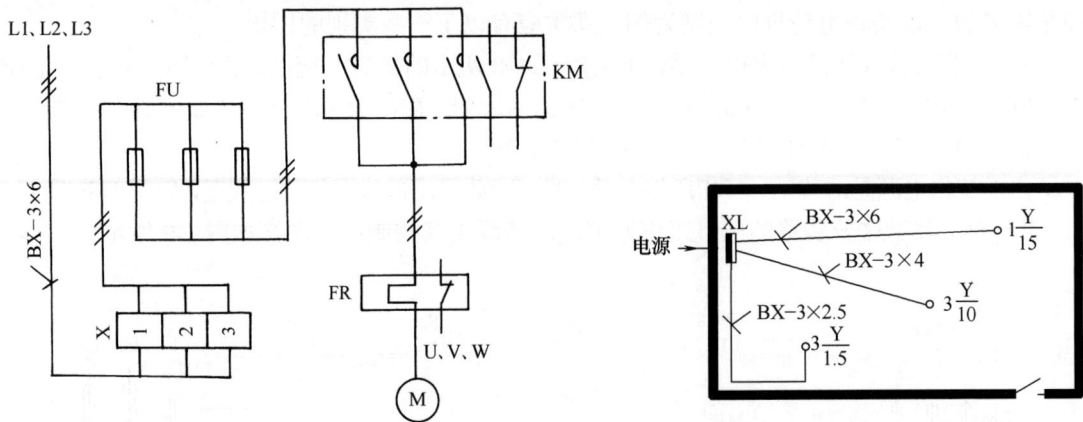

图 1-11 电动机接线图（部分）　　图 1-12 电动机平面布置图

除此之外，为了表示电源、控制设备的安装尺寸、安装方法、控制设备箱的加工尺寸等，还必须有其他一些图。不过，这些图与一般按正投影法绘制的机械图没有多大区别，通常可不列入电气图。

第四节　电气图的一般特点

电气图之所以能构成一大类专业技术图，是因为电气图与机械图、建筑图及其他专业技术图相比，具有一些明显的特点。

一、简图是电气图的主要表达形式

电气图的主要作用是用来阐述电气设备及设施的工作原理，描述产品的构成和功能，提供装接和使用信息的重要工具和手段，因而电气图的种类很多。

图 1-13a 是某 35kV 简易变电所的断面布置图。

这个图具有以下特点：

1）它是按正投影法绘制的一种视图。

2）比较具体地表达了 10kV 进线、熔断器、避雷器、主变压器的基本外形结构和连接关系。

3）各设备一般应标注代表该种设备的名称或数字序号。

4）各设备间的相互位置有严格的尺寸关系。

这个图虽然与严格意义上的机械图还有区别，但这种图实际上可以归类于机械图。

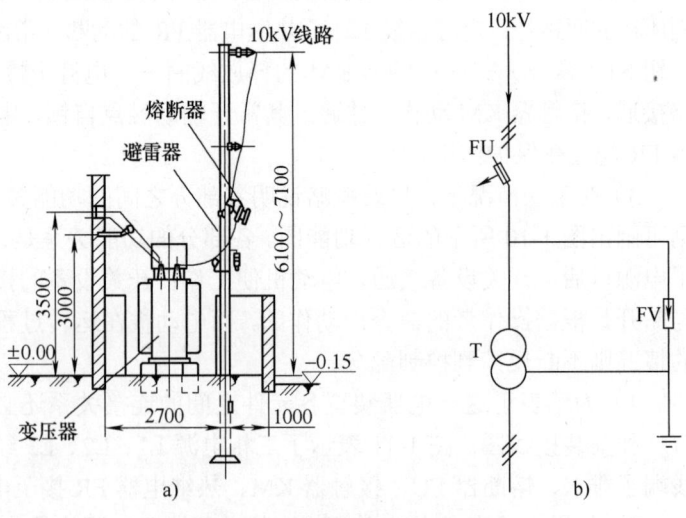

图 1-13　变电所电气图示例
a）断面布置图　b）系统图

如果仅仅为了表示这一变电所的电气设备的构成及其连接关系,则可绘制成图1-13b所示的电气系统图。这个图具有以下特点:

1) 各种电气设备和导线用图形符号表示,而不用具体的外形结构表示。
2) 各设备符号旁标注了代表该种设备的文字符号。
3) 按功能和电流流向表示各电气设备的连接关系和相互位置。
4) 没有标注尺寸。

类似于图1-13b的图称为简图。很显然,绝大部分电气图都是简图,如概略图、电路图、功能图、逻辑图、程序图等均属于简图,即使是安装接线图,也仅仅表示了各设备间的相对位置和连接关系,也属于简图。所以,简图是电气图的主要表达形式。

这里应当指出的是,简图并不是简略的图,而是一种术语。采用这一术语是为了把这种图与其他的图(如机械图中的各种视图、建筑图中的各种平面布置图等)加以区别。

二、元件和连接线是电气图的主要表达内容

一个电路通常由电源、开关设备、用电设备和连接线四个部分组成,如果将电源、开关设备和用电设备看成元件,则电路由元件与连接线组成,或者说各种元件按照一定的次序用连接线连接起来就构成了一个电路。因此,元件和连接线是电气图所描述的主要对象,也就是电气图所要表达的主要内容。

实际上,由于采用不同的方式和手段对元件和连接线进行描述,从而显示出了电气图的多样性。例如,在电路图中,元件通常用一般符号表示,而在系统图、框图和接线图中通常用简化外形符号(圆、正方形、长方形)表示。

一般而言,元件和连接线有以下一些表示方法:

1) 元件用于电路图中时,有集中表示法、分开表示法、半集中表示法。
2) 元件用于布局图中时,有位置布局法和功能布局法。
3) 连接线用于电路图中时,有单线表示法和多线表示法。
4) 连接线用于接线图及其他图中时,有连续线表示法和中断线表示法。

上述这些表示法将在以后各章加以详述。

三、功能布局法和位置布局法是电气图两种基本的布局方法

功能布局法是指电气图中元件符号的布置,只考虑便于看出它们所表示的元件之间功能关系而不考虑实际位置的一种布局方法。电气图中的系统图、电路图都是采用这种布局方法。例如,各元件按供电顺序(电源——负荷)排列,或者各元件按动作原理排列,至于这些元件的实际位置怎样布置则不予表示。这样的图都属于按功能布局法绘制的图。

位置布局法是指电气图中元件符号的布置对应于该元件实际位置的布局方法。电气图中的接线图、位置图、平面布置图通常采用这种布局方法。

四、图形符号、文字符号和参照代号是构成电气图的基本要素

一个电气系统、设备或装置通常由许多部件、组件、功能单元等组成。这些部件、组件、功能单元等被称为项目。在主要以简图形式表示的电气图中,为了描述和区分这些项目的名称、功能、状态、特征及相互关系、安装位置、电气连接等,没有必要也不可能一一画出各种元器件的外形结构,一般是用一种简单的符号表示的。这些符号就是图形符号。

例如,图1-14中的各种熔断器都用一种符号表示,不但大大简化了作图,而且也使读者一目了然。

但是，熔断器的种类是很多的。例如，有高压熔断器、低压熔断器。高压熔断器又有户外式、户内式；低压熔断器又有填料式、密闭式、螺旋式、瓷插式等。很显然，在一个图中用一个符号来表示还是不严格的，还必须在符号旁标注不同的文字符号（严格地讲，应该是参照代号），以区别其名称、功能、状态、特征及安装位置等，例如图 1-14 中的不同熔断器分别标注为 FU1、FU2、FU3、FU4。这样，图形符号和文字符号的结合，就能使人们一看就知道它是不同用途的熔断器，并且，由于在同一图中文字符号的唯一性（例如 FU1 在同一张图中只能标注一个），这样，描述同一对象的各种图样和技术文件中，其对应关系就明确了。所以，图形符号、文字符号（或参照代号）是电气图的主要组成部分，制图与读图过程中都必须很好地运用。

当然，为了更具体地加以区分，在一些图中除了标注文字符号外，有时还要标注技术数据（型号、规格等），如图 1-14 中的 FU2、FU3 虽属同一类型的螺旋式熔断器，但规格不同（15A 和 10A）。

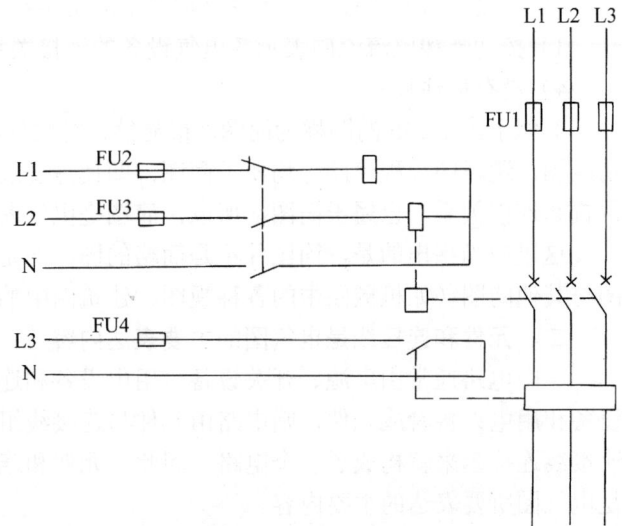

代号	名称	型号规格
FU1	填料式熔断器	RT1–100/75A
FU2	螺旋式熔断器	RL–15/15A
FU3	螺旋式熔断器	RL–10/5A
FU4	瓷插式熔断器	RC–5/3A

图 1-14　熔断器应用示例图

第五节　电气工程 CAD 一般制图规则

一、电气工程 CAD 简介

电气系统规模的不断庞大、功能的多样化发展、线路复杂程度的加大、产品更新换代周期的缩短及新产品的不断出现，使技术人员的文件编制工作越来越繁杂。文件编制工作采用 CAD（计算机辅助设计），给专业技术人员带来了很大的方便。

CAD 是一种技术方法，指人们利用计算机硬、软件系统对电气、电子产品或电气系统工程进行设计、修改、显示输出的图样或技术文件。在 CAD 中，人与计算机密切合作，在决定设计策略、信息处理、修改设计及分析计算等方面充分发挥各自的优势。

CAD 技术的应用，开创了电气技术文件和电气图的数字化，逐步废除了电气简图用图形符号和设备用图形符号纸质标准，产生了可随时更新的动态的数据库标准，颠覆了人们心目中"纸质标准"的传统标准形象。

早期的 CAD 主要解决自动绘图问题，随着计算机硬、软件技术及相关技术的飞速发展，如今的 CAD 已成为一门综合性应用技术，它利用基础信息技术改变了传统的工作方式。例如采用 CAD 进行辅助设计，利用网络进行异地设计和系统之间的信息交换等。

二、电气制图 CAD 应遵守的基本原则

电气工程 CAD 是电气工程设计、制造、安装、运行、维修的公用平台。电气工程 CAD 必须遵守严格的规定，才能为各方接受和使用。

1. 基本规定

制图一般原则为：

1）凡在计算机及其外围设备中绘制电气工程简图时，如涉及标准中未规定的内容，必须符合有关国家、行业、地方标准或企业的规定。

2）在电气工程中用 CAD 技术绘制的电气图样，首先应该考虑制图表达是否准确、读图是否容易。在完整、准确地表达成套设备、装置、系统、设备和工业产品及其部、组件的概略、功能、电路或接线关系的前提下，力求制图简便。

3）用 CAD 技术绘制电气图样时，尽量采用先进的 CAD 软件和技术。

4）文件一致性准则。不管采用何种软件，CAD 文件产生、存储、转换、阅读应遵循一致性准则，这些准则与相关标准是一致的。

考虑计算机处理的兼容性，应按标准要求的一致性，遵守电气制图的相关标准规则，例如：GB/T 6988.1—2008《电气技术用文件的编制 第 1 部分：规则》；GB/T 4728《电气简图用图形符号》；GB/T 5094《工业系统、装置与设备以及工业产品结构原则与参照代号》；GB/T 16679—1996《信号与连接线的代号》；等等。

2. 一般规定

采用 CAD 技术绘制的电气图对信息表达的规定，其主要内容汇总见表 1-3。

表 1-3 CAD 技术绘制电气图的一般规定汇总

序号	项目	要求及说明
1	图纸尺寸	应与《机械制图 图纸幅面和格式》相一致；推荐采用 A3 幅面；一般不加长
2	图纸复制	设置中心标记
3	页面标识	需要区分每页时，在文件标识基础上还应增加页面标识符
4	页面布局	页面可划分成标识区和内容区，每页至少有一个与内容区明确分开的标识区
5	标题栏	采用符合规定的格式，所表达的信息应包括有关的文件元数据
6	前后参照	一份文件，文件的一页或页的一个区域，应前后参照
7	超级链接	为了改善不同组信息之间的导引，如文件的不同页、文件之间或外部的数据来源间的导引，常常采用超级链接
8	文字方向	图样中的项目的字母、数字应是水平或垂直方向。垂直方向从上至下，水平方向从右至左来阅读
9	颜色、阴影和图案	颜色用于补充信息；阴影和图案用于区分不同的区域或表面
10	线宽	任何最终文件的图线宽度应按相关标准选取，至少应为 0.18mm
11	字体	优先采用 CB 型直体（V）
12	计量单位	按 GB 3100 的规定执行
13	尺寸线	尺寸线包括起点和终点；终点选择的箭头，在一个文件中只能使用一种类型

(续)

序 号	项 目	要求及说明
14	指引线	指引线采用细实线；终止方式符合有关规定
15	符号	符号应符合有关标准
16	比例	为了在电气图中清楚地表达信息，应选择比例，并在内容区中用比例尺表示
17	围框	在简图中，功能或结构上属于同一项目的可采用封闭的围框
18	机壳	应清楚地表示出与导电的机壳、机框、底板、屏蔽的连接
19	简化	对一个元件上的多个端子、相同符号构成的符号组及重复表示的内容等，可以简化
20	示意图	示意图中的信息（包括建筑物的信息）表示应符合有关规定
21	注释	当含义不能采用其他方式表达时，应使用说明性注释，必要时使用相关的标记

三、CAD 制图软件的开发和应用

1. 常用 CAD 制图软件

电气工程 CAD 软件很多，包括常用的 ORCAD、PowerLogic、Engineering Base、Eplan，在 Windows 环境下的 Protel Schematic 电气制图软件，AutoCAD 机械制图软件，AutoCAD Electrical 2006 软件，还有 Photoshop、CorelDRAW、Illustrator、InDesign 平面制图等设计软件。

2. CAD 制图软件的一般要求

电气工程 CAD 制图文件应符合 GB/T 6988.1—2008《电气技术用文件的编制　第 1 部分：规则》，同时应遵守本标准的规定。

电气工程 CAD 制图软件应确保制图简便、高效、技术先进，同时应具有较强的兼容性、扩展性和通用性，以及便于升级和维护等。

在采用 CAD 技术编制电气技术文件时，应确保其表达准确、完整、清晰、读图方便。

3. 建立相应的数据库

为保持在所有文件之间，及整套装置或设备与其文件之间的一致性，应建立与电气工程 CAD 制图软件配套的设计数据（包括电气简图用图形符号）和文件的数据库。

数据库应便于扩展、修改、调用和管理。

电气简图用图形符号库的符号，应符合 GB/T 4728 的规定。符号的组合、派生和设计应符合该标准和相关标准的要求。

4. 初始输入系统

CAD 的初始输入系统应采用公认的标准数据格式和字符集。当需要在计算机系统之间交换数据时，CAD 的初始输入系统采用公认的标准数据格式和字符集，将简化设计数据的交换过程。

为适应 CAD 的要求，GB/T 4728《电气简图用图形符号》和 GB/T 5465《电气设备用图形符号》分别按国际公认的标准格式给出电气简图用图形符号和电气设备用图形符号。同时，加快对国际电工委员会（IEC）有关电气元器件的标准数据元素类型及相关模式的标准采用工作。这些标准应在电气制图和文件编制 CAD 中积极采用。

5. 选择和应用设计输入终端导则

在选择和应用设计输入终端时，应遵循：

1）选用的设计输入终端应在符号、字符和所需格式方面支持适用的工业标准。

2）在数据库和相关图表方面，设计输入系统应支持标准化格式，以便设计数据能在同系统间传递，或传送到其他系统作进一步处理。

3）初始设计输入应按所需文件编制方法进行。

4）数据的编排应允许补充和修改，而且不涉及大范围的改动。

6. 信息的标记和注释

为实现计算机处理的兼容性，用于组成信息代号的字符集只能限于 GB/T 1988—1998《信息技术　信息交换用七位编码字符集》中规定的代码表，不包括控制字符。如计算机只能处理八位字符集，推荐采用如下字符：

——大写字母 A~Z；

——数字 0~9；

——否定符：上横线（¯），逻辑非（¬），当必须使用 7 位字符时，则采用代字符（~）；

——分隔符：下横线（_）或空格；

——参照代号分隔符：冒号（:）；

——算术运算符：短画线或减号（-），加号（+）；

——布尔代数运算符：上圆点（。）；

——特种字符:！"%$'()　*,·/<＝>?。

信号代号长度，限制在 24 个字符以内。

7. 图层及文件交换格式

图层是在 CAD 数据文件中存放一组相关实体的一种数据结构。采用图层的目的是用于组织、管理、交换 CAD 图形的实体数据以及控制实体的屏幕显示和打印输出，图层具有颜色、线型、状态等属性。图层组织根据不同的用途、阶段、实体属性和使用对象等可采取不同的方法，但应具有一定的逻辑性，便于操作。

在同一 CAD 系统中图层名应唯一。

图层名不宜超过 31 个字符，可用字母、数字、货币符号（$）、连接符（—）、汉字及下画线组成。图层名应具有可读性，便于记忆和检索。

图层名宜采用国内外通用信息分类的编码标准。

为便于各专业信息交换，图层名应采用格式化命名方式，由定长的编码组成，编码之间用连接符"—"连接。

第二章 电气制图通用规则

第一节 基本规则

一、电气图绘制的基本原则和要求

电气图绘制的基本要求主要是两个方面：通用性和易读性。

1. 通用性

不论是什么类型的电气图，也不论应用于什么地方，都必须遵循共同的原则。这就是所谓的通用性。

由于表达形式、特性和用途不同，电气图分为很多种类。绘制这些图虽然有各自的规则，但有一些规则是共同的，如图形符号的选择和应用、连接线的画法、参照代号、端子代号和信号代号的标注等信息。

另一方面，电气图作为一种技术图，和其他技术图在绘制规则上也有一些相同之处，如图纸的尺寸、幅面和格式、图线、字体、页面的布局、比例等。因此，在电气技术文件标准中，首先制订表达信息的规则，目的是使这些共同性的制图规则标准化，同时，避免标准之间内容重复，使整个电气技术文件标准的文字更加简明扼要。

2. 易读性

在项目预订的应用条件下，把信息表达传递给用户时，用户容易理解。这就是所谓的易读性。

易读性取决于：读懂采用何种表达形式和多种表达形式的组合；分成不同页面如何来表达；页面的尺寸；预计页面尺寸的更改；使用简化的技术；使用超链接；使用静态或动态的表达形式；采用介质，如纸或屏幕的表达信息。对于用符号、图线、文字和文字串、图片、项目的轮廓线、颜色、阴影和图案等的组合表达信息，都应指明引用标准的章、条号。

二、量和单位

电气技术文件和电气图涉及物理量的量纲、计量单位和值，应符合 GB 3100～3102《量和单位》的规定。基本单位见表 2-1，常用电磁量单位见表 2-2。

表 2-1 基本单位

基本量的名称	量的符号	基本单位名称	单位符号
长度	l	米	m
质量	m	千克（公斤）	kg
时间	t	秒	s
电流	I	安[培]	A
热力学温度	T	开[尔文]	K

(续)

基本量的名称	量的符号	基本单位名称	单位符号
物质的量	n	摩[尔]	mol
发光强度	I, I_v	坎[德拉]	cd

表2-2　常用电磁量单位

量的名称	量的符号	单位名称	单位符号
电压，电位差，电动势	U, E	伏[特]	V
电阻	R	欧[姆]	Ω
电阻率	ρ	欧[姆]米	Ω·m
电导	G	西[门子]	S
电导率	γ	西[门子]每米	S/m
电量，电荷	Q	库[仑]	C
电容	C	法[拉]	F
介电常数	ε	法[拉]每米	F/m
电通[量]密度，电位移	D	库[仑]每平方米	C/m²
电场强度	E	伏每米	V/m
磁通[量]	Φ	韦[伯]	Wb
		伏秒	V·s
磁通[量]密度	B	特[斯拉]	T
电感[量]	L	亨[利]	H
磁场强度	H	安[培]每米	A/m
电流	I	安[培]	A
磁[动]势	Θ, F_m	安[培]	A 或 At
磁阻	R_m	安[培]每韦[伯]	A/Wb
磁导率	μ	亨[利]每米	H/m
有功功率	P	瓦[特]	W
无功功率	Q	乏	var
视在功率（表观功率）	S	伏安	V·A
频率	f	赫[兹]	Hz

三、文字

1. 字体

根据 GB/T 18594—2001 的规定，文件和图样中的字体类型有四种：

——CB 型，直体（V）；

——CB 型，斜体（S）；

——CA 型，直体（V）；

——CA 型，斜体（S）。

通常应优先采用 CB 型，直体（V），对物理量和参数符号可采用 CB 型，斜体（S）。

电气技术图样和简图中的字体，一般应符合 GB/T 14691—1993 的规定，所用汉字应为 B 型长仿宋字。字体高度，包括构成字母的图线宽度，必须至少 10 倍于构成字母的图线宽度。

图面上字体的大小依图幅而定。为了适应缩微的要求，国家标准推荐的电气图中字体的最小高度见表 2-3。

表 2-3　电气图中字体的最小高度

图纸幅面代号	A0	A1	A2	A3	A4
字体最小高度/mm	5	3.5	2.5	2.5	2.5

2. 文字方向

读图者所在位置应该是文件的下方和右侧。确定文件中的文字应是水平（−K1+S1AB2 到 −K2+S1AB1 从右至左）或垂直方向（端子代号 14、13 和 B、A 从下而上）布置，即从底部或右侧读图，如图 2-1 所示。

值得注意的是，文件中表示端子代号的顺序，遵循信息流向的规定，从顶至底、从左至右的规定。从文档下面读图，图 2-2 中，13—14 和 21—22；1—2、3—4 和 5—6，它们与文字方向表示的顺序不同，信息流向自上到下；从文档右面读图，图 2-2 中端子的标注与连线平行，信息流向自右到左，与文件的文字方向两者不应混淆。

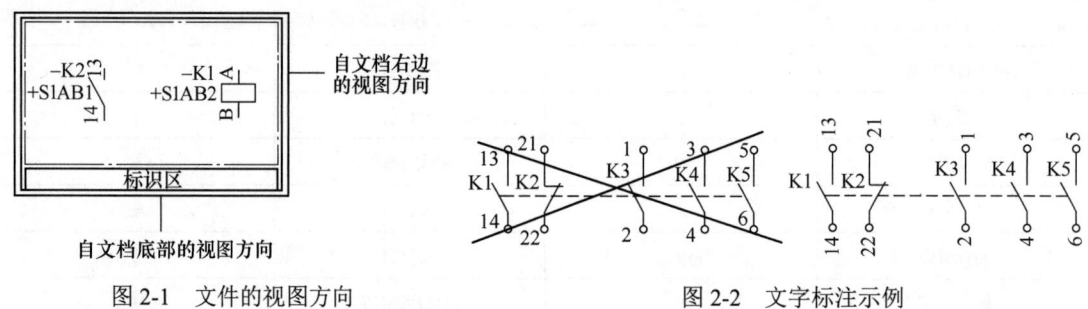

图 2-1　文件的视图方向　　　　图 2-2　文字标注示例

四、颜色、阴影和图案的应用

文件和图样中有补充信息，或者需要区分不同的区域和表面时，可以使用不同的颜色、阴影或图案。

五、超链接

超链接主要用于改善在不同组信息之间的导引，如文件的不同页面、文件之间或外部的数据来源间的切换。

文件之间或文件构成的部分之间的链接也可用超链接。

六、元素范围和序列的表示方法

1. 元素范围

电气技术文件及电气图中，上下限之间的范围，应使用"水平省略符"（…）表示。例如，1A 到 5A 的范围可以写作 1A…5A。

2. 元素序列

元素序列可用以下方法表示：

1）序列内每种元素之间的字符用"逗号"、"空格"。

2）序列由数字组成且其增量是 1 时，在上下限之间用"逗号"、"空格"、"水平省略符"。

例如：元素 1、2、3、4、5 和 6 的数字序列可写作 1，…，6。

3）当序列由连续上升的拉丁字母表组成时，在上下限之间用"逗号"、"空格"、"水平省略符"、"逗号"和"空格"。

例如：C、D、E、F 和 G 的字母序列可写作 C，…，G；a、b、c、d 和 e 的字母序列可写作 a，…，e。

4）当上限未定义，且增量是 1 时，下限之后用"逗号"、"空格"、"水平省略符"。

例如：从 25 开始的无限元素的数字序列可写作 25，…。

5）当下限未定义，且增量是 1 时，上限之前用"水平省略符"、"逗号"、"空格"。

例如：以 25 结束的无限元素的数字序列可写作…，25。

6）大写字母和小写字母组成的元素序列。

因容易造成混淆，大小写字母不应同时使用，例如：A，…，c。

7）如果一序列数字元素具有相同的字母前缀或后缀，元素可按数字元素序列的方式表示。

例如：元素 1U、2U、3U、4U 组成的序列可写作 1U，…，4U；元素 R2、R3、R4、R5 组成的序列可写作 R2，…，R5。

8）如果一序列字母元素具有相同的数字前缀或后缀，元素可按字母元素序列的方式表示。

例如：元素 1U、1V、1W、1X、1Y、1Z 组成的序列可写作 1U，…，1Z；元素 R2、S2、T2、U2、V2 组成的序列可写作 R2，…，V2。

第二节　图面的一般规定

一、图面的构成及幅面尺寸

完整的图面由边框线、图框线、标题栏、会签栏组成，如图 2-3 所示。由边框线所围成的图面，称为图纸的幅面。幅面尺寸共分五类：A0～A4，见表 2-4。

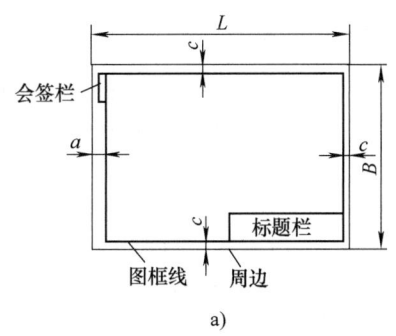 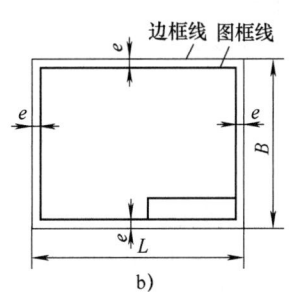

图 2-3　图面的构成

a)留装订边　b)不留装订边

表 2-4　幅面尺寸及代号　　　　　　　　　　　　　　　（单位：mm）

幅面尺寸代号	A0	A1	A2	A3	A4
$B×L$	841×1189	594×841	420×594	297×420	210×297
e	10			5	
c	20			10	
a	25				

注：尺寸代号含义如图 2-3 所示。

A0～A2 号图纸一般不得加长，A3、A4 号图纸可根据需要，沿短边加长。例如 A4 号图纸的短边长为 210mm，若加长到 A4×4 号图纸，则为 210×4≈841，故 A4×4 的幅面尺寸为 297×841。

不留装订边的与留装订边的图纸的绘图面积基本相等。随着微缩技术的发展，留装订边的图纸将会逐渐减少或淘汰。

选择幅面尺寸的基本前提是：保证幅面布局紧凑、清晰和使用方便。主要考虑的因素是：

1）所设计对象的规模和复杂程度。
2）由简图种类所确定的资料的详细程度。
3）尽量选用较小幅面。
4）便于图纸的装订和管理。
5）复印和微缩的要求。
6）计算机辅助设计 CAD 的要求。

二、图纸的中心标记

对于纸质及类似介质的文件和图纸，为了复制或拍成微缩胶片，图纸应做出中心标记，如图 2-4 所示。

三、图号或代号

每张图在标题栏中应有一个图号或代号。由多张图组成的一个完整的图，其中每张图都应用彼此相关的方法编制张次号。

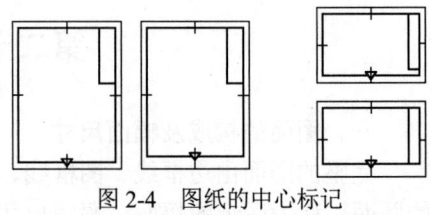

图 2-4　图纸的中心标记

如果在一张图上有几个不同类型的图，应通过附加图号的方式，使图幅内的每个图都能清晰地分辨出来。

电气施工设计图的编号方法一般见右侧：

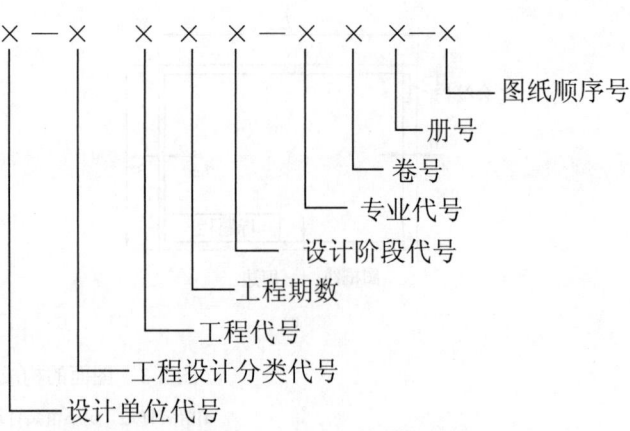

四、图纸网格分区

为了便于确定图上的内容、补充、更改和组成部分等的位置，也为了在使用一张图时，查找图中各项目的位置，可以用细实线在图纸周边内画出网格分区,如图2-5所示。

图幅分区的方法是:在图的边框处,竖边方向用大写拉丁字母,横边方向用阿拉伯数字;编号的顺序应从标题栏相对的左上角开始;分区数应是偶数;每一分区的长度为25～75mm。图幅分区示例如图2-6所示。

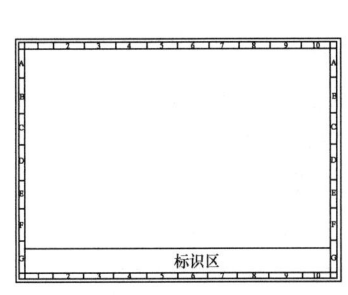

图2-5 网格分区式样

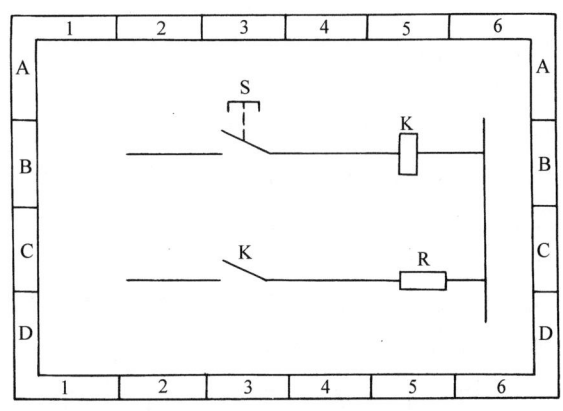

图2-6 图幅分区示例

图幅分区以后,相当于在图样上建立了一个坐标。电气图上项目和连接线的位置则由此"坐标"而唯一地确定下来了。

项目和连接线在图上的位置可用如下方式表示:

1) 用行的代号(拉丁字母)表示。
2) 用列的代号(阿拉伯数字)表示。
3) 用区的代号表示。区的代号为字母和数字的组合,且字母在左,数字在右。

图2-6中,图幅分成4行(A～D)、6列(1～6),图幅内绘制的项目元件K、S、R在图上的位置被唯一地确定下来,其位置表示方法见表2-5。表中另一表示方法是说明在"08号"图上。

表2-5 项目位置标记示例

序 号	元件名称	符 号	行 号	列 号	区 号	说 明
1	继电器驱动线圈	K	B	5	B5	也可标出图号,例如: 08/B5、08/B、08/5
2	继电器触点	K	C	3	C3	
3	开关(按钮)	S	B	3	B3	
4	电阻器	R	C	5	C5	

在有些情况下,还可注明图号、张次,也可引用参照代号,例如:

在相同图号第34张A6区内,标记为"34/A6"。

在图号为3219的单张图F3区内,标记为"图3219/F3"。

在图号为4752的第28张图G8区内,标记为"图4752/28/G8"。

在=S2系统单张图C2区内,标记为"=S2/C2"。

在=SP系统第31张图E7区内,标记为"=SP/31/E7"。

五、页面布局

图纸的页面通常包括一个或多个标识区和一个内容区,示例如图2-7所示。

1. 标题栏

标识区的主要方面是标题栏。

标题栏是用以确定图样名称、图号等信息的栏目,相当于图样的"铭牌"。

标题栏一般由更改区、签字区、其他区、名称及代号区组成,也可按实际需要增加或减少。其中,更改区一般由更改标

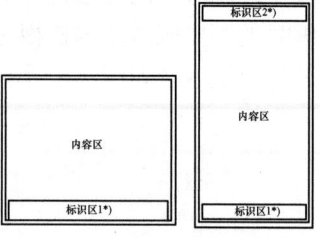

图 2-7 标识区和内容区示例

记、处数、分区、更改文件号、签名和年、月、日等组成;签字区一般由设计、审核、工艺、标准化、批准、签名和年、月、日等组成;其他区一般由材料标记、阶段标记、重量、比例等组成;名称及代号区一般由单位名称、图样名称和图样代号等组成。

标题栏的格式举例如图2-8所示。

标记	处数	分区	更改文件号	签名	年,月,日	(材料标记)			(单位名称)
设计	(签名)	(年月日)	标准化	(签名)	(年月日)	阶段标记	重量	比例	(图样名称)
审核									(图样代号)
工艺			批准			共 张 第 张			

图 2-8 标题栏的格式举例

在某些情况下,标题栏还应提供参照代号等附加信息。标题栏标识区内容示例如图2-9所示。

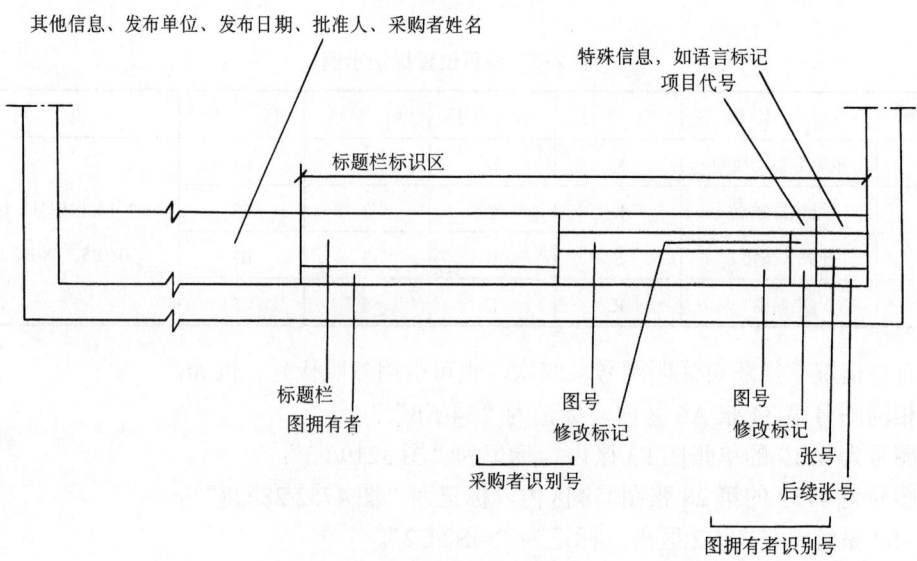

图 2-9 标题栏标识区内容示例

2. 内容区

内容区主要表示图样的各种信息。内容区是图样的主体,包括各种电气图、文字、符号、技术说明等。

第三节 明细表

一、明细表的基本概念

1. 明细表基本含义

电气技术中的"项目"是指成套设备、装置、系统、设备等或其零件的理论设计、工程设计、建造、运营、维修和拆除过程的实体。明细表以表格形式列出和详细说明一个综合性项目或系统的组成项目。它通常包括序号、代号、名称、型号、规格或技术参数、计量单位、数量、有关说明等信息。

明细表一般采用树状结构进行编排,把一个工业过程或一种产品细分为较小的过程或子产品,把"子产品"作为"项目"列出来并详细说明,这种结构编排代表一种方法。

2. 明细表的用途

明细表是构成电气技术文件和电气图的重要组成部分,明细表文件是交流工具,代表一种文件种类等级。理论设计和工程设计过程中提供整套文件所用的明细表,对成套设备、装置、系统、设备等或产品的设计、采购、生产方或供应商以及产品用户等,必不可缺。

3. 明细表基本术语

(1) 明细表体 含有规定列项的表格,用来表示构成一个组件(或分组件)或系统的项目(零件、部件、软件、设备等)以及参考文件(必要时)。

(2) 表列项 作为表格的组成部分表示属于一特定项目的一组有序的数据元素类型。

(3) 事件(项目的) 系统中某一项目出现的特定情况。

(4) 类型 具有共同特征事物的类别。例如,某文件中,包括瓷插式熔断器、填料式熔断器、管式熔断器等 28 个,这些熔断器可以归于同一类型。

(5) 零件 用来构成不同产品组成部分的材料或功能件。

(6) 零件号 特定组织的零件的唯一标识。例如,某文件中,含有"2005A"的零件号,这一编号在此文件中是唯一的。

二、明细表的形式和构成

明细表由笔头和表列项构成。笔头和表列又称为表体。表体是表示组成项目的列项表格,可作为单独的明细表文件,或作为其他文件的一部分。

明细表中的表头规定了明细表体的栏目,可用一栏来表示一个或多个数据元素类型。

明细表中的一个表列项代表一个组成项目,同时有选择地表示与此相关的数据元素类型。在明细表的范围内,每一个组成项目用一个表列项表示。

明细表的基本形式如图 2-10 所示。

明细表通常划分为两类:

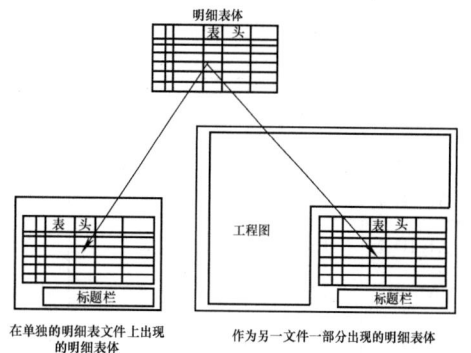

图 2-10 明细表的基本形式

1）A 类明细表。它一般用于分立项目的机械设计，特别是当只有一个为明细表所覆盖的结构层次时。A 类属于"汇总表"；每一个列项代表一种组成项目，并规定其数量。每种的数量往往大于 1，每一项目的零件号可用作"关键字"。此类明细表又称为"材料清单数据结构"。

2）B 类明细表。它一般用于电气、液压和其他综合性系统，需要标识某类型的每个事件属于"详表"，例如接线场合。每一个列项代表组成项目的一个事件。当需要表示一批同样的项目，而不需要在文件的任何地方区别它们时，例如：组装成交通信号造型的数以百计的发光二极管，这批同样的项目可作为一个事件对待，在此事件中数量则大于 1。

三、明细表对零件的描述

零件是用来构成不同产品组成部分的材料或功能件。零件可以用其零件号或标识代号表示。描述零件时，还应提供零件的名称、型号等信息。

零件的名称和型号信息见表 2-6。

表 2-6 零件的名称和型号信息

名 称	定 义	注 释
零件名称	由零件生产方规定的明确的文字名称	零件名称是由生产方规定的产品一般名称，例如："辅助继电器"、"异步电动机"、"按钮" 注：计算机处理的早期，当时存储空间有限，承袭了一种常常被称为"基本文本"的文字段，它包含名称+型号+某些基本特性的混合体，而后被压缩以适应固定的最大格式。这样的信息可用作"零件名"（或分行规定），但应避免使用，因为它不便于计算机解释
型号	由零件生产方规定的编码代号	型号把零件与"产品族"关联起来，它由生产方规定。型号往往不像零件号那样可唯一地标识零件，但常常因方便而被采用 注：型号常常在技术产品的铭牌上和生产方的产品文件中找到

在明细表中还应给出零件类型的技术数据。技术数据有两种：

1）规范性数据：规范性数据是除零件号（或型号）外提供的零件总规范必需的技术数据。

2）说明性数据：说明性数据对调试、运营和维修给出了给定零件最重要的特性，具有功能研究的价值。

四、明细表示例

某电气装置带明细表体的 B 类明细表文件示例见表 2-7。表中，按一定顺序列出了该装置中的零件名称及用途，零件的参照代号、型号、技术数据、质量、标识符等。

表 2-7 某电气装置带明细表体的 B 类明细表文件示例

参照代号 =W1=P1	参照代号+	零件名称；用途	型号	技术数据	质量	零件标识符		参照文件 &FS
						代码	零件号	
A1	P1+J1	人机界面设备						9A×A99880/1
A1=H1	P1+J1	信号灯；启动						
A1=H1-1	P1+J1	灯座	OSM2				SK614360-LE	
A1=H1-2	P1+J1	灯泡	BA15d	5W，230V		UPC	3765498763139	
A1=S1	P1+J1	按钮；起动	OKM30				SK614311-CF	
A1=S2	P1+J1	按钮；停止	OKM30				SK614311-CG	
A1=S3	P1+J1	开关；手动/自动	ABG10				SK661201-AB	

(续)

参照代号 =W1=P1	参照代号+	零件名称；用途	型号	技术数据	质量	零件标识符		参照文件 &FS
						代码	零件号	
F1	S2+G2	三极熔断器	SF400					9A×A99880/2
F1-1	S2+G2	熔断器	SL400	3 型，160A			SK316285-3	
F1-2	S2+G2	熔断器	SL400	3 型，160A			SK316285-3	
F1-3	S2+G2	熔断器	SL400	3 型，160A			SK316285-3	
F1-4	S2+G2	熔断器座	ST400	3 型，160A			SK316285-3	
M1	L210+R11	三相笼型电动机	HXR180	1465r/min，17kW，50Hz，Y/△，400V/230V				
			SM4B3		75kg	MCOMP	R31SMAOL1	9A×A99880/3
Q1	S2+G3	电动机起动器	DSB350				9865397-A	9A×A99880/2
W1		电缆		H07RN-F5G10，10mm², 10m				
						CCOMP	C12345-BCD	

表中，代号栏中的 MCOMP 代表某电动机公司，CCOMP 代表某电缆公司。

必要时，明细表还应附加相关的信息，见表 2-8。

表 2-8 明细表附加相关的信息

责任部门 XYZ 编制　　99-05-04X、X… 批准　　99-05-04N、N…	明细表 供水系统	文件代号 参照代号　　文件种类级 =W1=P1　　&PB	
大型成套项目 使用者有限公司	系统有限公司	文件号 9A×A99881	更改标志：—　　页次：1 语种码：zh　　　续：

第四节　图线及其他

一、图线

机械制图标准（见 GB/T 4457）中，规定了八种图线，即粗实线、细实线、波浪线、双折线、虚线、细点画线、粗点画线、双点画线，其代号依次为 A、B、C、D、F、G、J、K。图线及其应用见表 2-9。

表 2-9 图线及其应用

序号	图线名称	图线型式	代号	图线宽度/mm	一 般 应 用
1	粗实线	————	A	b=0.5～2	可见轮廓线，可见过渡线
2	细实线	————	B	约 b/3	尺寸线和尺寸界线，剖面线，重合剖面轮廓线，螺纹的牙底线及齿轮的齿根线，引出线，分界线及范围线，弯折线，辅助线，不连续的同一表面的连线，呈规律分布的相同要素的连线

(续)

序号	图线名称	图线型式	代号	图线宽度/mm	一般应用
3	波浪线	～～～	C	约 $b/3$	断裂处的边界线，视图与剖视的分界线
4	双折线	⌇⌇	D	约 $b/3$	断裂处的边界线
5	虚线	– – –	F	约 $b/3$	不可见轮廓线，不可见过渡线
6	细点画线	– · – · –	G	约 $b/3$	轴线，对称中心线，轨迹线，节圆及节线
7	粗点画线	— · — · —	J	b	有特殊要求的线或表面的表示线
8	双点画线	– ·· – ·· –	K	约 $b/3$	相邻辅助零件的轮廓线，极限位置的轮廓线，坯料轮廓线或毛坯图中制成品的轮廓线，假想投影轮廓线，试验或工艺用结构（成品上不存在）的轮廓线，中断线

根据电气图的需要，一般只使用其中四种图线，见表 2-10。

表 2-10 电气图用图线的型式和应用范围

序 号	图线名称	图线型式	一 般 应 用
1	实线	———	基本线，简图主要内容用线，可见轮廓线，可见导线
2	虚线	– – –	辅助线、屏蔽线、机械连接线，不可见轮廓线、不可见导线、计划扩展内容用线
3	点画线	– · – · –	分界线、结构围框线、功能围框线、分组围框线
4	双点画线	– ·· – ·· –	辅助围框线

二、箭头和指引线

电气图中有两种形状的箭头：

（1）开口箭头　开口箭头如图 2-11a 所示，主要用于电气能量、电气信号的传递方向（能量流、信息流流向）。

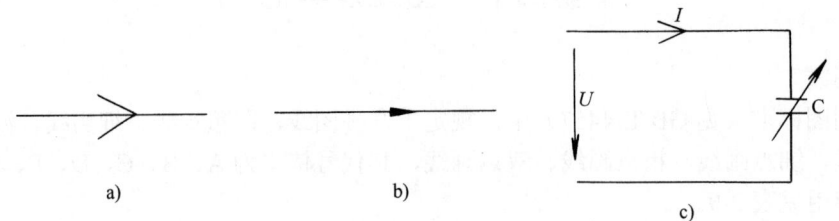

图 2-11　电气图中的箭头
a) 开口箭头　b) 实心箭头　c) 应用示例

（2）实心箭头　实心箭头如图 2-11b 所示，主要用于可变性、力或运动方向，以及指引线方向。

箭头应用示例如图 2-11c 所示。其中，电流 I 方向用开口箭头，可变电容的可变性限定符号用实心箭头，电压 U 的指示方向用实心箭头。

指引线用来指示注释的对象，它应为细实线，并在其末端加注如下标记：

指向轮廓线内，用一黑点，如图 2-12a 所示；
指向轮廓线上，用一实心箭头，如图 2-12b 所示；
指向电气连接线上，加一短画线，如图 2-12c 所示。

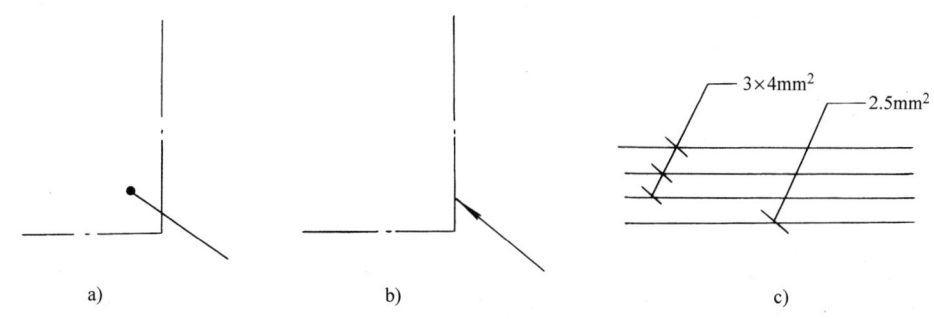

图 2-12　指引线末端指示标记

三、围框

当需要在图上显示出图的某一部分，如功能单元、结构单元、项目组（电器组、继电器装置）时，可用点画线围框表示。为了图面的清晰，围框的形状可以是不规则的。如图 2-13a 所示，继电器-K 由线圈和三对触点组成，用一围框表示，其组成关系更加明显。这里，"K"前的负号为前缀符号，本书第四章将详细介绍。

用围框表示的单元，若在其他文件上给出了可供查阅其功能的资料，则该单元的电路等可简化或省略。如果在图上含有安装在别处而功能与本图相关的部分，这部分可加双点画线围框。例如图 2-13b 的-A2 单元内包括熔断器 FU、按钮 S1、开关 Q1 及功能单元-W1 等，它们在一个围框内；-W1 单元是功能上与之相关的项目，但不装在-A2 单元内，用双点画线围框表示。由于-W1 单元在围框内已经标明"不在 A2 内见图 17"（围框内的文字说明），因此，这里将其内部连接省略。

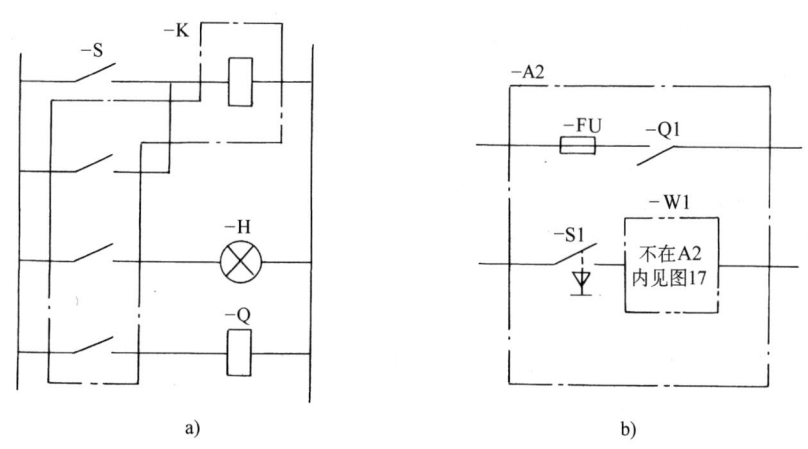

图 2-13　围框示例

a)点画线围框　b)含双点画线围框

对于端子板和连接器，如果端子板和连接器是某一功能单元或结构单元不可少的符号，则应将端子板和连接器符号放在围框里边，否则应分别放在围框外。图 2-14a 中，一对连接器的其中一部分（插头-X1）属于该单元，这部分画在围框内，插座 -W1X1 不属于该单元，则画在围框外。图 2-14b 中一对连接器（-X1）的两部分（插头和插座）均为单元内不可缺少的部分，则全部画在围框内。

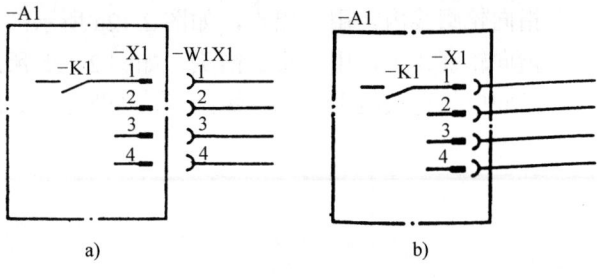

图 2-14 连接器与围框的应用

四、比例

图面上图形尺寸与实物尺寸的比值称为比例。大部分电气图（如电路图等）都是不按比例绘制的，但位置图等一般按比例绘制，并且多按缩小比例绘制。通常采用的缩小比例系列为：

1∶10，1∶20，1∶50，1∶100，1∶200，1∶500。

如需要选用其他比例，可按机械制图的有关规定选用。

第五节 简图的布局方法

一、简图布局的基本要求

一般机械图与简图在布局方法上的一个重要区别是：机械图必须严格按机件的位置进行布局，而简图的布局则可根据具体情况灵活进行。电气图基本上都属于简图，因此简图的布局是电气制图中要考虑的一个重要问题。要从对图的理解和使用方便出发，做到布局合理、排列均匀、图面清晰、便于看图。

二、图线的布置

表示导线、信号通路、连接线等的图线一般应为直线，即横平竖直，尽可能减少交叉和弯折。图线的布置通常有以下几种方法：

1. 水平布置

水平布置的基本方法是将设备和元件按行布置，使得其连接线一般成水平布置。图 2-15 中，各元件、二进制逻辑单元按行排列，从而使各连接线基本上都是水平线。在水平布置的图中，元件和连接线在图上的位置可用图幅分区的行的代号表示。

水平布置的图与一般图书中文字横排相对应，符合人们的阅读习惯。因此，水平布置是电气图中图线的主要布置形式。

2. 垂直布置

垂直布置的基本方法是将设备或元件按列排列，连接线成垂直布置，如图 2-16 所示。在垂直布置的图中，元件、图线在图上的布置也可按图幅分区的列的代号表示。

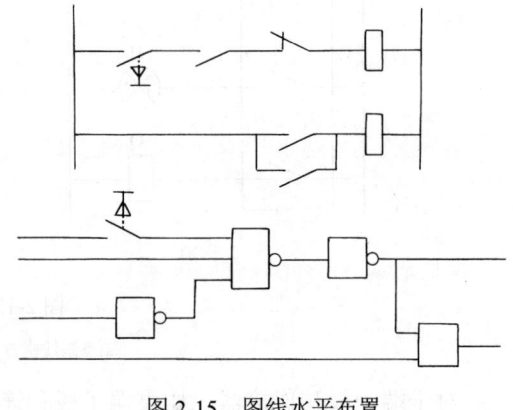

图 2-15 图线水平布置

3. 交叉布置

为了把相应的元件连接成对称的布局，也可以采用斜的交叉线的方式布置，如图 2-17 所示。

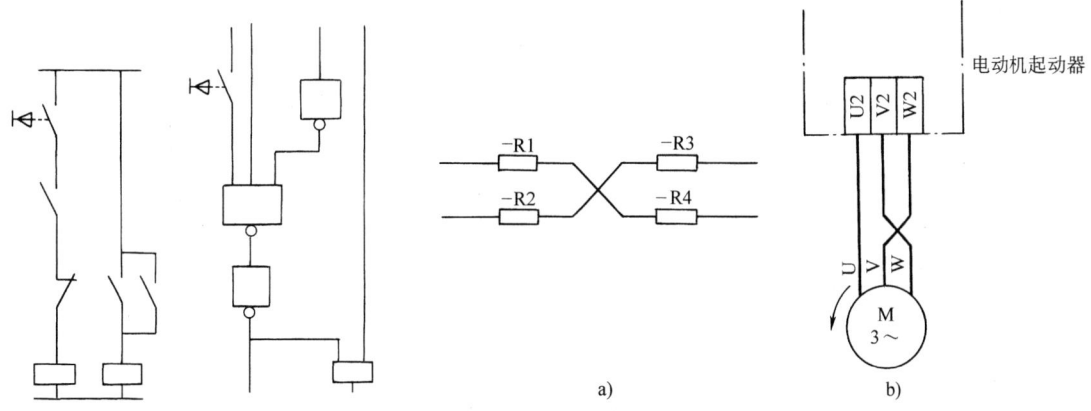

图 2-16 图线垂直布置　　　　　图 2-17 图线交叉布置

三、电路或元件的布局

在电气简图中，电路或元件的布局方法有功能布局法和位置布局法两种。

1. 功能布局法

功能布局法是指简图中元件符号的布置，只考虑便于看出它们所表示的元件功能关系，而不考虑实际位置的一种布局方法。在这种布局法中，将表示对象划分为若干功能组，按照因果关系、动作顺序、功能联系等从左到右或从上到下布置；为了强调并便于看清其中的功能关系，每个功能组的元件应集中布置在一起，并尽可能按工作顺序排列。大部分的电气图，如系统图、电路图、功能表图、逻辑图等都采用这种布局方法。

采用功能布局法，一般应遵守以下规则：

1) 布局顺序应是从左到右或从上到下，例如，接收机的输入应在左边，而输出应在右边。

2) 如果信息流或能量流是从右到左或从上到下，以及流向对看图者不明显时，应在连接线上画开口箭头。开口箭头不应与其他符号（例如限定符号）相邻近，以免混淆。

3) 在闭合电路中，前向通路上的信息流方向应该是从左到右或从上到下，反馈通路的方向则相反。

在图 2-18 所示的控制系统中，按速度设定、速度控制、电流控制等功能单元布局，从右到左或从下到上的信息流（如电流、速度变化量）用了开口箭头表示。

4) 图的引入引出线最好画在图纸边框附近。这样布局，看图方便，尤其是当绘制在几张图上时，能较清楚地看出输入输出的衔接关系。

2. 位置布局法

位置布局法是指简图中元件符号的布置对应于该元件实际位置的布局方法。接线图、电缆配置图都是采用这种方法，这样可以清楚地看出元件的相对位置和导线的走向。

图 2-19 是+A 和+B 两位置间导线互连接线图，虽然图 2-19a 为水平布置，图 2-19b 为垂直布置（图线），但+A、+B 的相对位置是不能改变的。

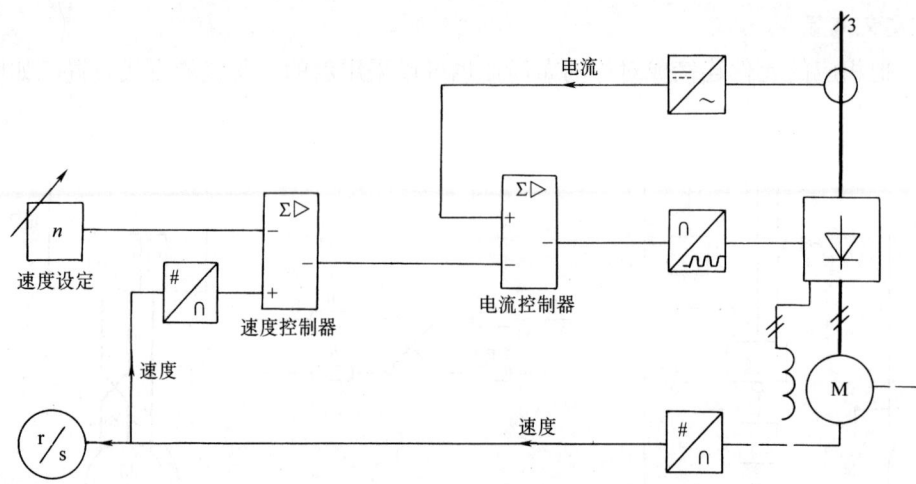

图 2-18 功能布局法示例

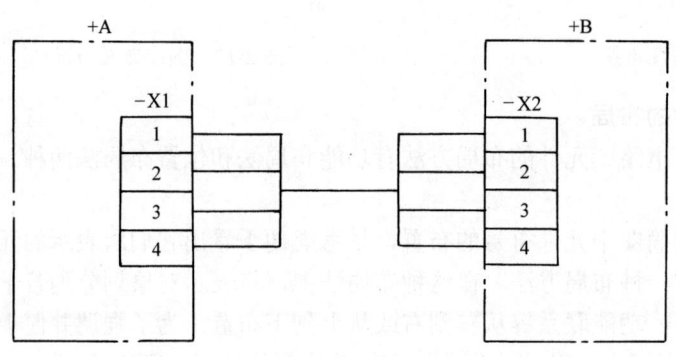

a)

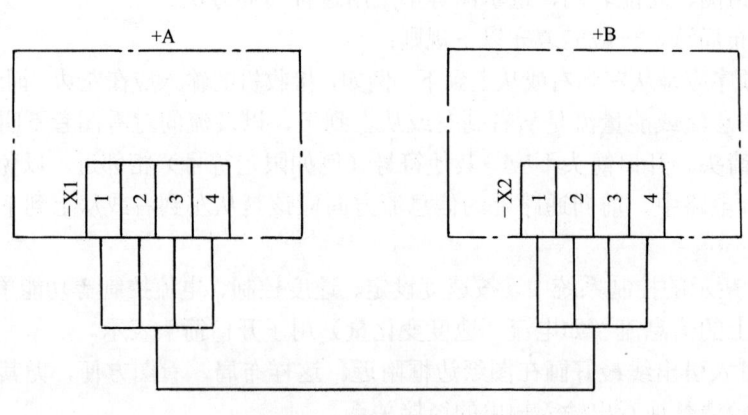

b)

图 2-19 位置布局法示例
a)水平布置 b)垂直布置

第三章　电气图形符号

第一节　电气图用图形符号

一、图形符号的含义和构成

电气图用图形符号是构成电气图的基本单元，是电气技术文件中的"象形文字"，是电气"工程语言"的"词汇"和"单词"。因此，正确、熟练地理解、绘制和识别各种电气图用图形符号是电气制图与读图的基本功，这跟人们写文章、学外语需要掌握词汇和单词是同一个道理。

图形符号通常由一般符号、符号要素、限定符号等组成。

1. **一般符号和符号要素**

用以表示一类产品或此类产品特征的一种通常很简单的符号，称为一般符号。一种具有确定意义的简单图形，必须同其他图形组合以构成一个设备或概念的完整符号，称为符号要素。

例如，图 3-1a 是构成电子管的几个符号要素：管壳、阴极（灯丝）、阳极、栅极。这些符号要素有确定的含义，但一般不能单独使用，但这些符号要素以不同形式进行组合，则可以构成多种不同的图形符号，如图 3-1b、c、d 所示的直热式阴极二极管、三极管、四极管。

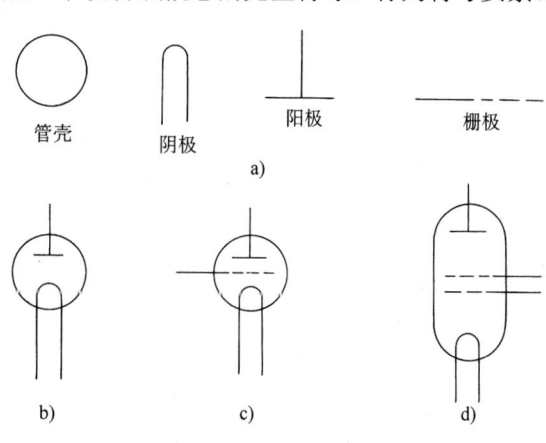

图 3-1　符号要素及组合示例
a）符号要素　b）二极管　c）三极管　d）四极管

2. **限定符号**

用以提供附加信息的一种加在其他符号上的符号，称为限定符号。限定符号一般不能单独使用，但一般符号有时也可用作限定符号，如电容器的一般符号加到扬声器符号上即构成电容式扬声器的符号。

限定符号有以下几类：

1）电流和电压的种类。如交、直流电，交流电中频率的范围，直流电正、负极，中性线，中间线等。

2）可变性。可变性分为内在的和非内在的。内在的可变性，是指可变量决定于元器件自身的性质，如压敏电阻的阻值随电压而变化。非内在的可变性，是指可变量是由外部器件控制的，如滑线变阻器的阻值是借外部手段来调节的。

3）力和运动的方向。用实心箭头符号表示力和运动的方向。

4）流动方向。用开口箭头符号表示能量、信号的流动方向。

5）特性量的动作相关性。特性量的动作相关性，是指设备、元件与整定值或正常值等相比较的动作特性，通常的限定符号是">"、"<"、"="等。

6）材料的类型。材料的类型可用化学元素符号或图形作为限定符号。

7）效应或相关性。效应或相关性，是指热效应、电磁效应、磁致伸缩效应、磁场效应、延时和延迟性等。分别采用不同的附加符号加在元器件一般符号上，表示被加符号的功能和特性。

其他还有辐射、信号波形、印刷凿孔和传真等限定符号。

由于限定符号的应用，从而使图形符号更具多样性。例如，在电阻器一般符号的基础上，分别加上不同的限定符号，则可得到可变电阻器、滑线变阻器、压敏（U）电阻器、热敏（θ）电阻器、光敏电阻器、碳堆电阻器、功率为1W的电阻器。限定符号应用示例如图 3-2 所示。

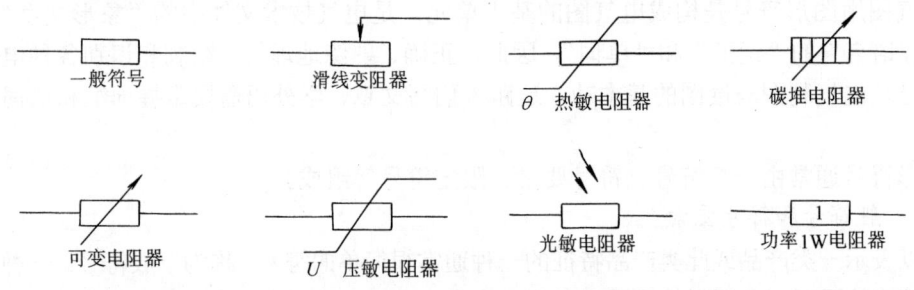

图 3-2　限定符号应用示例

3. 框形符号

还有一类图形符号，是只用来表示元件、设备等的组合及其功能，既不给出元件、设备的细节，也不考虑所有连接的一种简单图形符号，如圆形、正方形、长方形等，称为框形符号，如图 3-3a 所示。框形符号通常用在使用单线表示法的图中，也可用在表示全部输入和输出接线的图中。图 3-3b 是整流器框形符号在一电气系统图中的应用，图中交流侧输入，三相带中性线（N），50Hz，380V/220V；直流侧输出，带中间线（M）的三线制，220V/110V。在某些情况下，也可采用简单的框形符号表示。

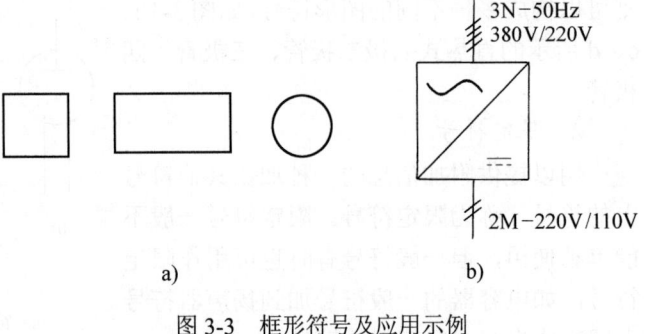

图 3-3　框形符号及应用示例
a) 框形符号　b) 整流器框形符号示例

二、图形符号的分类

电气图形符号种类繁多，"GB/T 4728"将其分为以下几类：

1）导线和连接器件：包括各种导线、接线端子、端子和导线的连接、连接器件、电缆附件等。

2）无源元件：包括电阻器、电容器、电感器等。

3）半导体管和电子管：包括二极管、晶体管、晶闸管、电子管等。

4）电能的发生和转换：包括发电机、电动机、变压器、变流器等。

5）开关、控制和保护装置：包括触点（触头）、开关、开关装置、控制装置、电动机起动器、继电器、熔断器、过电压保护间隙、避雷器等。

6）测量仪表、灯和信号器件：包括指示、积算和记录仪表、传感器、照明灯、指示灯、扬声器和电铃等。

7）电信交换和外围设备：包括交换系统、电话机、数据处理设备、传真机、换能器、记录和播放器等。

8）传输线路和设备：包括通信电路、天线、无线电台及各种电信传输设备。

9）电力、照明和电信布置：包括发电站、变电站、网络、音响和电视的电缆配电系统，开关、插座引出线，电灯引出线，安装符号等。

10）二进制逻辑单元和模拟单元等。

三、常用图形符号举例

常用电气图用图形符号举例见表 3-1。

表 3-1 常用电气图用图形符号举例

序 号	名 称	符 号
1	元件、装置、功能单元	○ □ □
2	外壳（容器）、管壳	○ ▭
3	边界线	
4	直流	
5	交流	
6	交直流	
7	接地	
8	无噪声接地	
9	保护接地	
10	接机壳或接底板	或

（续）

序号	名称	符号
11	等电位	
12	理想电流源	
13	理想电压源	
14	电阻	
15	电容	
16	电感	
17	故障	
18	绝缘击穿	

第二节　电气图用图形符号的应用

一、符号的选择

1. 符号选择的一般原则

在图形符号中，某些设备元件有多个图形符号，有"优选形"、"其他形"，有"形式1"、"形式2"等。选用图形符号时，应遵循以下原则：尽可能采用优选形；在满足需要的前提下，尽量采用最简单的形式；在同一图号的图中使用同一种形式。

以三相电力变压器图形符号为例，对于比较简单的简图，尤其是对于用单线表示法绘制的概略图，可使用一般符号或简化形式的符号，如图 3-4a 所示；对于比较详细的简图，可在一般符号的基础上补充某些限定符号，如图 3-4b 中加入表示绕组连接方法的限定符号（Y/Y）；对于电路图，则必须使用完整形式的图形符号，如图 3-4c 所示，给出了绕组、端子及其代号（1U、1V、1W/2U、2V、2W）。

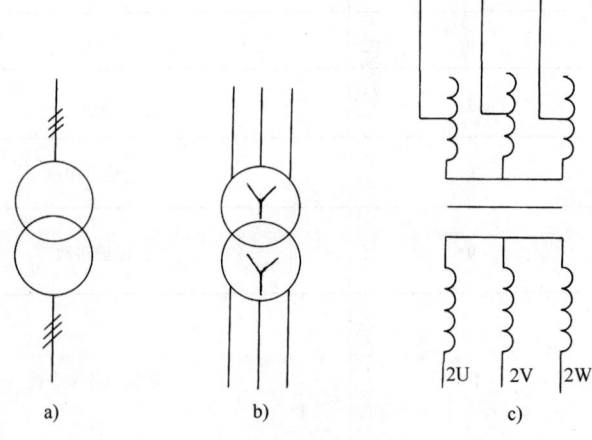

图 3-4　三相电力变压器符号选择

a）一般符号　b）补充了限定符号的一般符号　c）详细的符号

2. 符号的组合

根据需要，可以用标准符号组合成为一个新符号。示例见表 3-2。

表 3-2 标准符号组合新符号示例

序 号	符 号 名 称	图 形 符 号	组合成的新符号（过电压继电器）
1	动作（大于整定值时）	>	
2	机械连接	----------	U>
3	延时动作		
4	动合（常开）触点		
5	动断（常闭）触点		U>
6	测量继电器	*	

3. 符号大小的确定

符号的含义是由其形状和内容所确定的，符号大小和图线宽度一般不影响含义。在某些情况下，例如：为了增加输入或输出的数量；为了便于补充信息；为了强调某些方面；为了把符号作为限定符号来使用等，允许采用大小不同的符号。

例如图 3-5a 中，发电机的励磁机 GS 的符号小于主发电机 G 的符号，以便表明励磁机的辅助功能。在图 3-5b 中，具有"非"输出的逻辑"与"元件的符号被放大了，以便填入补充信息"ABC123"。

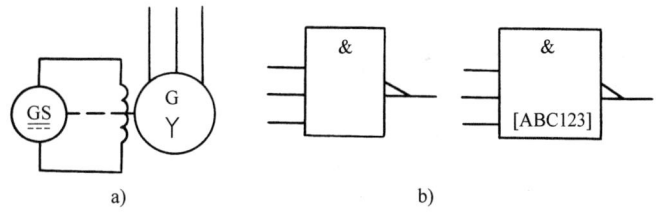

图 3-5 符号大小举例

4. 符号取向

为了保持图面的清晰，避免导线弯折或交叉，在不致引起误解的情况下，可以将符号旋转或成镜像放置，例如图 3-6 所示的晶体管、带滑动触点的电位器和整流桥的二极管图形符号都是等效的。

但是，图形符号旋转或成镜像放置后，原符号的文字标注和指示方向不得倒置。例如，图 3-7 中所示的热敏电阻和光敏二极管符号，图 3-7a 是正确的，图 3-7b 则是错误的。因为，在图 3-7b 中，热敏电阻的文字"θ"倒置了，光敏二极管的光指示方向（箭头）倒置了。

二、符号引出线和信号流向

1. 符号引出线

元件图形符号一般都画有引线，但在绝大多数情况下引线位置仅用作示例，在不改变符号含义的原则下，引线可取不同的方向。例如，图 3-8 所示的变压器、扬声器、倍频器的符号中的引线方向改变，都是允许的。

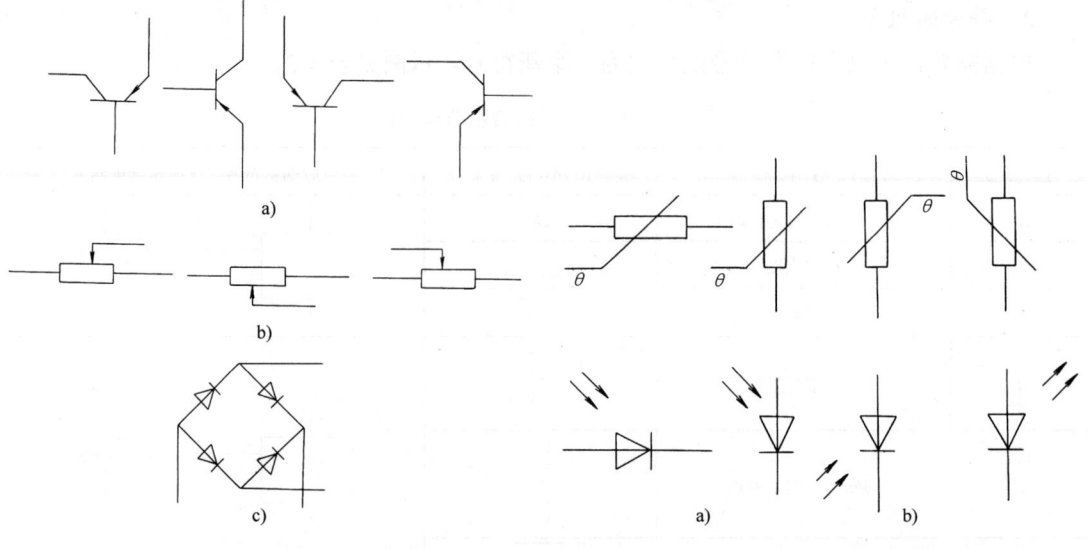

图 3-6 符号旋转或成镜像放置举例

图 3-7 符号的文字标注和指示方向
a) 正确 b) 错误

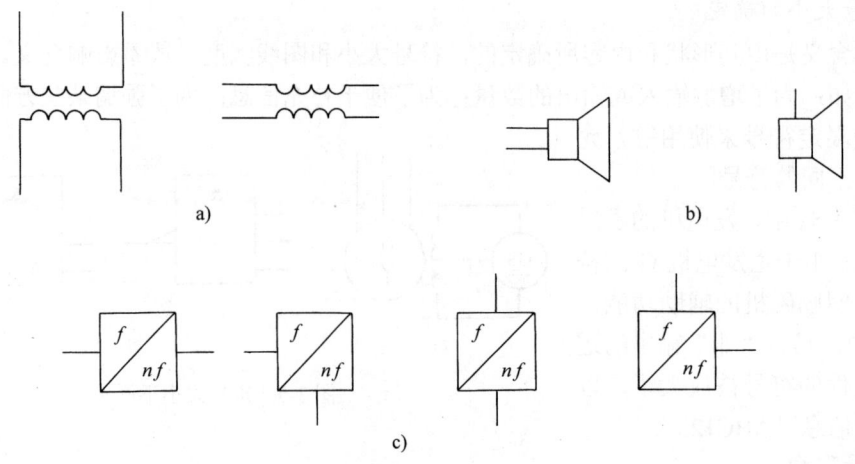

图 3-8 符号引线举例

但是，在某些情况下，引线符号的位置影响到符号的含义，则不能随意改变，否则会引起歧义。如图 3-9 所示，电阻器和继电器线圈的图形符号，若改变其引线位置则是错误的。

2. 信号流向

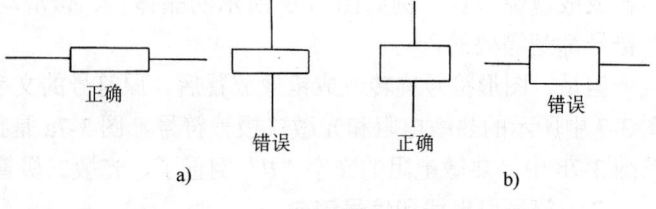

图 3-9 引线符号的位置引起歧义举例

信号流向一般遵循从左至右或从上到下原则，如果不符合这一规定，则应标出信号流向符号。图 3-10 中给出的框形符号、二进制逻辑单元符号和模拟元件符号，包括文字、限定符号、图形或输入/输出标记的取向。

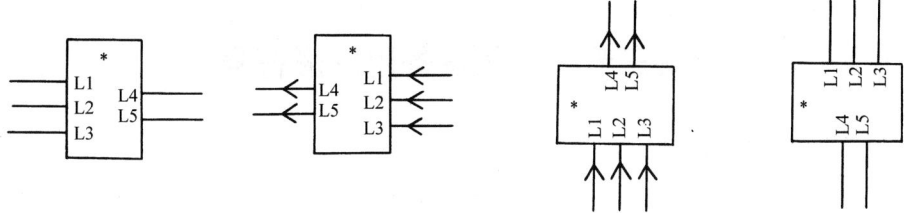

图 3-10　信号流向示例

三、符号的简化表示

1. 一组内同一符号的简化

示例如图 3-11 所示。

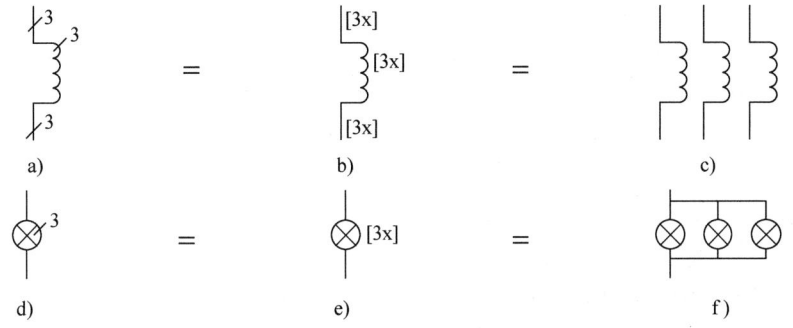

图 3-11　一组内同一符号的简化示例

a）用斜线表示的三个独立的电路　b）用乘号表示的三个独立的电路
c）完整表示的三个独立的电路　d）具有三个用斜线表示项目的电路
e）具有三个用乘号表示项目的电路　f）完整表示的具有三个项目的电路

2. 并联项目的简化

示例如图 3-12 所示。

3. 串联项目的简化

示例如图 3-13 所示。

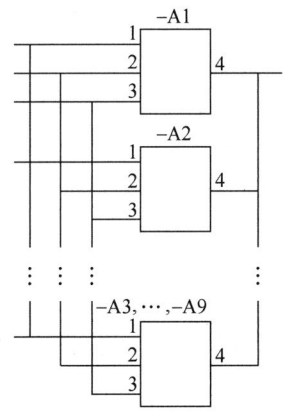

图 3-12　并联项目的简化示例

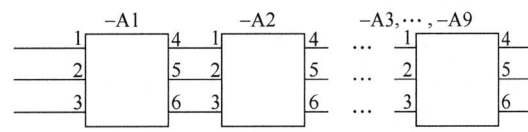

图 3-13　串联项目的简化示例

第三节　电气设备用图形符号

一、电气设备用图形符号的含义及用途

电气设备用图形符号是完全区别于电气图用图形符号的另一类符号。设备用图形符号主要适用于各种类型的电气设备或电气设备部件上，使操作人员了解其用途和操作方法。这些符号也可用于安装或移动电气设备的场合，以指出诸如禁止、警告、规定或限制等应注意的事项。

1. 设备用图形符号的一般用途

设备用图形符号的主要用途是：识别（例如设备或抽象概念）；限定（例如变量或附属功能）；说明（例如操作或使用方法）；命令（例如应做或不应做的事）；警告（例如危险警告）；指示（例如方向、数量）。

通常，标志在设备上的图形符号，应告知设备使用者如下信息：

1) 识别电器设备或其组成部分（如控制器或显示器）。
2) 指示功能状态（如通、断告警）。
3) 标志连接（如端子、接头）。
4) 提供包装信息（如内容识别、装卸说明）。
5) 提供电器设备操作说明（如警告、使用限制）。

2. 在电气图中的应用

在电气图中，尤其是在某些电气平面图、电气系统说明书用图等图中，也可以适当地使用这些符号，以补充这些图所包含的内容。例如，图 3-14 所示的电路图，为了补充电阻器 R1、R2、R4 的功能，在其符号旁使用了设备图形符号，从而使人们阅读和使用这个图时，便非常明确地知道：R1 是"亮度"调整用电阻器，R3 是"对比度"调整用电阻器，R4 是"彩色饱和度"调整用电阻器。

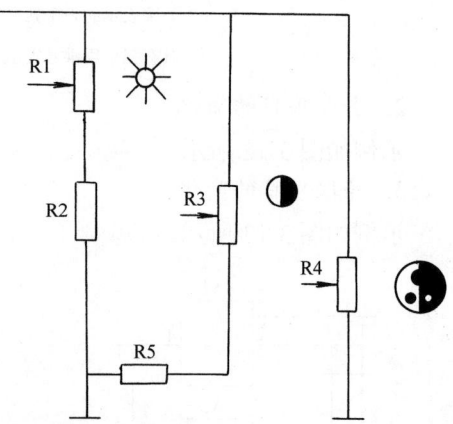

图 3-14　附加有设备用图形符号的电气图示例

设备用图形符号与图用图形符号的形式大部分是不同的，但有一些也是相同的，不过含义大不相同。例如，设备用熔断器图形符号虽然与图用图形符号的形式是一样的，但图用熔断器符号表示的是一类熔断器。而设备用图形符号如果标在设备外壳上，则表示熔断器盒及其位置；如果标在某些电气图上，也仅仅表示这是熔断器的安装位置。

二、常用设备用图形符号

GB/T 5465《电气设备用图形符号》系列标准将设备用图形符号分为六个部分：通用符号，广播、电视及音响设备符号，通信、测量、定位符号，医用设备符号，电化教育符号，家用电器及其他符号。表 3-3 列出了常用的一些符号。

表 3-3 常用设备用图形符号举例

序 号	名 称	符 号	尺寸比例($h \times b$)	应 用 范 围
1	直流电		$0.36a \times 1.40a$	适用于直流电的设备的铭牌上,以及用于表示直流电的端子
2	交流电		$0.44a \times 1.46a$	适用于交流电的设备的铭牌上,以及用于表示交流电的端子
3	正号、正极		$1.20a \times 1.20a$	表示使用或产生直流电设备的正极端
4	负号、负极		$0.08a \times 1.20a$	表示使用或产生直流电设备的负极端
5	电池检测		$0.80a \times 1.00a$	表示电池测试按钮和表明电池情况的灯或仪表
6	电池定位		$0.54a \times 1.40a$	表示电池盒(箱)本身和电池的极性和位置
7	整流器		$0.82a \times 1.46a$	表示整流设备及其有关接线端和控制装置
8	变压器		$1.48a \times 0.80a$	表示电气设备可通过变压器与电力线连接的开关、控制器、连接器或端子,也可用于变压器包封或外壳上
9	熔断器		$0.54a \times 1.46a$	表示熔断器盒及其位置
10	测试电压		$1.30a \times 1.20a$	表示该设备能承受 500V 的测试电压
11	危险电压		$1.26a \times 0.50a$	表示危险电压引起的危险
12	Ⅱ类设备		$1.04a \times 1.04a$	表示能满足第Ⅱ类设备(双重绝缘设备)安全要求的设备
13	接地		$1.30a \times 0.79a$	表示接地端子

注:原始图形中,a=50mm。

第四章 标识代号及字母代码

第一节 标识代号系统的概念和构成

一、标识代号的含义和用途

1. 标识代号的基本含义

在主要以简图形式表示的电气图中，为了描述和区分这些项目的名称、功能、状态、特征及相互关系、安装位置、电气连接等，没有必要也不可能一一画出各种元器件的外形结构，一般是用一种简单的符号表示的。除了图形符号外，还必须标注特定的字母代码或代号。

例如，某电气装置中的各种熔断器都用一种符号表示，不但大大简化了作图，而且也使读图者一目了然。

但是，熔断器的种类是很多的。例如常用的低压熔断器类型有填料式、密闭式、螺旋式、瓷插式等。很显然，在一个图中用一个熔断器的图形符号来表示，是不严格的，还必须在符号旁标注不同的字母代码（严格地讲，应该是一种特定的代号），以区别其名称、种类、功能、状态、特征及安装位置等，如不同熔断器分别标注为 FU1、FU2、FU3 等。这样，图形符号和字母代码的结合，就能使人们一看就知道它是不同用途的熔断器，并且，由于在同一图中字母代码或代号的唯一性（例如 FU1 在同一张和同一类图中只能标注一个），这样，描述同一对象的各种图样和技术文件中，其对应关系就明确了。

由此可知，同图形符号一样，字母代码和各种代号也是电气技术文件及电气图的重要组成部分和基本元素，是必不可少的工程语言。只有正确理解符号、代号的使用规则，识别和使用标准的符号、代号，才能阅读电气技术文件，编制符合要求的电气技术文件，绘制电气图。

标注在电气文件和电气图上，精确表达电气信息的各种字母代码、代号组合，称为标识代号。

随着系统越来越复杂，功能越来越完善，对运行和管理也提出了更高的要求，于是计算机技术广泛用于电气工程设计。标识代号由只表示实物，扩展到代表功能和位置等更多信息。标识代号可代表元器件、组件或设备等；还可以代表不同层次的产品，也可以代表产品的功能或位置。更重要的是，标识代号也可以被"分解"存入数据库。如果需要，文件（包括图形）也可以一并存入数据库。标识代号系统可作为"导航工具"，作为检索项目信息的计算机代码。有关标准指出，项目的标识系统不但使结构化信息可以储存，而且将独立信息单元用作构件，定义和标识重复出现的项目，从而更好地利用计算机工具。因此，标识代号可用作信息管理强有力的工具，已成为共识。

2. 标识代号的必要性和意义

（1）标识代号的必要性　基于以下理由，在电气技术文件及电气图中使用标识代号是必要的：

人机对话的现代技术要求在工业领域有遵从同一原则的公共语言。

统一的标识系统能保证高效的过程。

技术系统全寿命周期的各个阶段（策划、设计、获取、建造、试运行、运行、维修、拆除、重装）对安全性、经济性的需求增加。

产品及高度自动化导致对数据、信息的需求增加。

（2）标识代号的意义 标识代号的采用，可以达到以下目的：

能使过程效率提高。

能使同一项目的所有成员互相清楚地了解本公司其他成员或外公司成员。

防止错误。

作为公共语言的标识系统是保证有效控制项目的必不可少的前提。这个公共语言是一种（非语言特征的）被国际公认的标识系统。该语言的词汇构成了技术项目（如系统、工厂的一部分、技术设备和工具等）的标识的关键字。

3. 标识代号应满足的要求

满足电子数据处理的全部要求。

能够借助电子手段被人眼识别和适应。

适合特殊应用。

适合用于技术发展。

4. 标识代号的适用范围

可用于各类工程项目（工厂、系统等）表达工艺过程和功能，如排水系统、船舶和航运系统、配电系统、金属制造和精加工系统、化工厂、电厂、废物处理厂、银行、医院。

需要强调的是，标识系统中的参照代号（包括单字母的参照代号和双字母代码）、文件代号标准已明确提出适用于一切工业领域，而不仅仅用于电气工程。这为统一各行业的标识方法提供了依据。

二、标识代号系统的构成

项目的标识系统包括参照代号、信号代号、端子代号、文件代号等。其中，参照代号是所有标识代号的基础，参照代号是标识系统的核心；信号代号由参照代号加信号名组成；端子代号由参照代号加端子号组成；文件代号由参照代号加文件种类分类码组成。

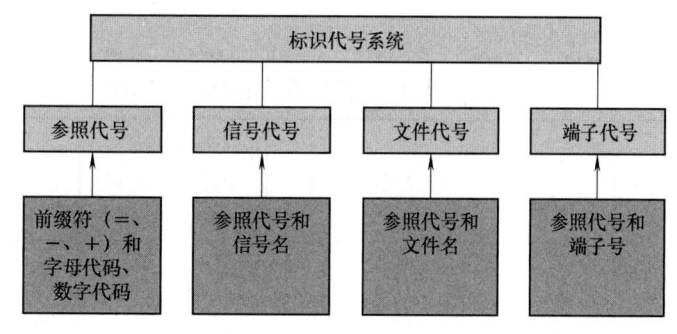

图 4-1 标识代号系统的构成

标识代号系统的构成如图 4-1 所示。

第二节 字母代码

一、字母代码的含义和用途

在电气工程中，为了将图中的图形符号和实物之间建立起较明确的对应关系，方便使用人员查找、区分各种图形符号所表示的元件、器件、装置和设备，设计时通常在电气图和相关文件上采用一个字母组合标注在图形符号旁。这个字母组合通常称为字母代码。

字母代码具有以下特点：

1）字母代码一般采用英文字母含义，国际通用性较强。

2）字母代码容易被计算机识别，便于操作和使用。

3）字母代码可以单独使用，也可以组合使用，但组合的方式必须遵守一定的规则，从而构成了单字母代码（主类代码）和双字母代码。

正是这些特点，决定了字母代码在标识代号系统中有着重要作用，其作用如下：

1）字母代码是构成参照代号的主要组成部分，也是构成标识代号系统的主要组成部分。

2）在特定的情况下，单个字母代码也表示具体的项目或物体。

应当指出的是，新标准的执行有一个过程，人们习惯上仍在广泛地使用旧标准中规定的字母代码。本书兼顾新旧标准的字母代码，请读者注意区别。

二、项目的分类和第一位（主类）字母代码

电气项目按用途或任务划分。每一类用一个代码表示。第一位（主类）字母代码习惯上称为单字母代码。新的国家标准规定的项目的分类和第一位（主类）字母代码见表 4-1。

应当明确的是，每一项目视为具有输入和输出的过程的组成部分，属于过程组成部分的项目，可以用输入或输出的任务和用途来表征，与项目的内部构成无关。因此，项目的任务和用途主要体现在功能上，或者说，新标准中的项目基本按项目的功能分类。

例如，旧标准中的字母代码 R 代表电阻器，V 代表半导体器件，L 代表电抗、电感，新标准从功能原理出发，R 代表限制或稳定能量、信息或材料的运动或流动，R 不仅代表电阻器，也代表电感、二极管，也就是说，这些产品的分类码都是 R。因为电阻、电感的性质和作用都是限制和稳定能量，二极管的功能是限制电流的流向，它们在限制或稳定能量的运动或流动功能方面是相同的。

由于旧标准（1985 年标准）应用时间较长，比较熟悉，为了便于对照和应用，表 4-2 特别将旧标准的单字母符号一并列出。

表 4-1 新标准规定的项目的分类和第一位（主类）字母代码

序号	字母代码（项目类别）	项目的用途或任务	描述项目或功能件的用途或任务的术语举例	典型的电气产品举例	备注
1	A	两种或两种以上的用途或任务（此类别仅供不能鉴别主要用途或任务的项目使用）		触摸屏	
2	B	把某一输入变量（物理性质、条件或事件）转换为供进一步处理的信号	探测，测量（值的采集），监控，感知，加重（值的采集）	气体继电器、检波器、火灾探测器、气体探测器、测量元件、测量继电器、测量分路器、测量变换器、送话器、运动探测器、光电池、监控开关、行程开关、接近开关、接近传感器、保护继电器、传感器、烟雾传感器、测速发电机、温度传感器、热过载继电器、视频摄像机	

（续）

序号	字母代码（项目类别）	项目的用途或任务	描述项目或功能件的用途或任务的术语举例	典型的电气产品举例	备注
3	C	材料、能量或信息的存储	记录；存储	缓冲器（存储）、缓冲器电池、电容器、事件记录器（主存储）、硬盘、存储器、蓄电池、磁带机（主存储）、录像机（主存储）、电压记录器（主存储）	
4	D				备用
5	E	提供辐射能或热能	冷却 加热 发光 辐射	锅炉、荧光灯、电热器、灯、白炽灯、激光器、发光设备、微波激射器、辐射器	
6	F	直接防止（自动）能量流、信号流、人身或设备发生危险的或意外的情况，包括用于防护的系统和设备	吸收 防护 防止 保安 隔离	阴极保护阳极、静电防护罩（法拉第罩）、熔断器、小型断路器、浪涌保护器、热过载释放器	
7	G	启动能量流或材料流；产生用作信息载体或参考源的信号；生产一种新能量、材料或产品	装配 破碎 拆卸 生成 分馏 材料移动 磨碎 混合 生产 粉碎	蓄电池组、电机、燃料电池、发电机、信号发生器、太阳电池、波发生器	
8	H				备用
	I				不用
9	J				备用
10	K	处理（接收、加工和提供）信号或信息（用于防护的物体除外，见F类）	闭合（控制电路） 连续控制 延迟 开断（控制电路） 搁置 切换（控制电路） 同步	有或无继电器、模拟集成电路、自动并联装置、数字集成电路、接触-继电器、CPU、延迟元件、延迟线、电子阀、电子管、反馈控制器、滤波器、微处理器、过程计算机、可编程序控制器、同步装置、时间继电器、晶体管	
11	L				备用
12	M	提供驱动用机械能（旋转或线性机械运动）	激励 驱动	执行器、励磁线圈、电动机、直线电动机	

(续)

序号	字母代码（项目类别）	项目的用途或任务	描述项目或功能件的用途或任务的术语举例	典型的电气产品举例	备注
13	N				备用
	O				不用
14	P	提供信息	告（报）警 通信 显示 指示 通知 测量（量的显示） 呈现 打印	音响信号装置、安培表、电铃、电钟、显示器、机电指示器、事件计数器、LED（发光二极管）、扬声器、光信号装置、打印机、信号灯、信号振动器、同步示波器、伏特表、瓦特表、电能表	
15	Q	受控切换或改变能量流、信号流或材料流（对于控制电路中的信号，参见K类和S类）	断开（能量、信号和材料流） 闭合（能量、信号和材料流） 切换（能量、信号和材料流） 连接	断路器、电力接触器、隔离开关、熔断器开关、熔断器式隔离开关、电动机起动器、功率晶体管、集电环短路器、开关、晶闸管（若主要用途为防护，参见F类）	
16	R	限制或稳定能量、信息或材料的运动或流动	阻断，阻尼，限制；限定；稳定	二极管、电感器、限定器、电阻器	
17	S	把手动操作转变为进一步处理的信号	影响；手动控制；选择	控制开关、差值开关、键盘、光笔、鼠标器、按钮、选择开关、设定点调节器	
18	T	保持能量性质不变的能量变换；已建立的信号保持信息内容不变的变换；材料形态或形状的变换	放大，调制，变换	AC/DC变换器、放大器、天线、解调器、变频器、测量变换器、测量发射机、调制器、电力变压器、整流器、整流器站、信号变换器、信号传变器、电话机、变换器	
19	U	保持物体在一定的位置	支承，承载，保持，支持	绝缘子	
20	V	材料或产品的处理（包括预处理和后处理）	涂覆，清洗，干燥，过滤	过滤器	
21	W	从一地到另一地导引或输送能量、信号、材料或产品	传导，分配，导引，导向，安置，输送	汇流排、电缆、导体、信息总线、光纤、穿墙套管、波导	
22	X	连接物	连接，啮合，连结	连接器、插头、端子、端子板、端子排	
23	Y				备用
24	Z				备用

表 4-2　旧标准规定的项目的分类和字母代码

序号	字母代码	项目种类	举例
1	A	组件 部件	分离元件放大器、磁放大器、激光器、微波激射器、印制电路板 本表其他地方未提及的组件、部件
2	B	变换器 （从非电量到电量或相反）	热电传感器、热电池、光电池、测功计、晶体换能器、送话器、拾音器、扬声器、耳机、自整角机、旋转变压器
3	C	电容器	
4	D	二进制单元 延迟器件 存储器件	数字集成电路和器件、延迟线、双稳态元件、单稳态元件、磁心储存器、寄存器、磁带记录机、盘式记录机
5	E	杂项	光器件、热器件 本表其他地方未提及的元件
6	F	保护器件	熔断器、过电压放电器件、避雷器
7	G	发电机 电源	旋转发电机、旋转变频机、电池、振荡器、石英晶体振荡器
8	H	信号器件	光指示器、声指示器
9	K	继电器、接触器	
10	L	电感 电抗	感应线圈、线路陷波器 电抗（并联和串联）
11	M	电动机	
12	N	模拟集成电路	运算放大器、模拟/数字混合器件
13	P	测量设备 试验设备	指示、记录、积算、测量设备 信号发生器、时钟
14	Q	电力电路的开关器件	断路器、隔离开关
15	R	电阻	可变电阻器、电位器、变阻器、分流器、热敏电阻
16	S	控制电路的开关选择器	控制开关、按钮、限制开关、选择开关、选择器、拨号接触器、连接级
17	T	变压器	电压互感器、电流互感器
18	U	调制器 变换器	鉴频器、解调器、变频器、编码器、逆变器、变流器、电报译码器
19	V	电真空器件 半导体器件	电子管、气体放电管、晶体管、晶闸管、二极管
20	W	传输通道 波导、天线	导线、电缆、母线、波导、波导定向 耦合器、偶极天线、抛物面天线
21	X	端子 插头 插座	插头和插座，测试塞孔、端子板、焊接端子片、连接片、电缆封端和接头

(续)

序号	字母代码	项目种类	举例
22	Y	电气操作的机械装置	制动器、离合器、气阀
23	Z	终端设备 混合变压器 滤波器、均衡器 限幅器	电缆平衡网络 压缩扩展器 晶体滤波器 网络

三、双字母代码

对于双字母代码，第一位字母代码代表主类，即表 4-1 规定的字母代码；第二位字母代码代表子类，子类划分见表 4-3。电气领域一般用 A、B、C、D、E 五个字母代表子类代码。如：RA 仍代表电阻、二极管和电抗等，而 RB、RC、RD、RE 备用，没有代表任何功能和产品。各行业可根据本行业的专业特点做出补充规定，作为行业的统一规定执行。如有需要，可以规定更细分类的附加字母代码。

表 4-3 子类字母代码的划分

序号	项目、任务	子类字母代码
1	电能	A、B、C、D、E
2	信息、信号	F、G、H、J、K
3	非电工程（机械工程、结构工程）	L、M、N、P、Q、R、S、T、U、V、W、X、Y
4	组合任务	Z

常用电气产品的双字母代码举例见表 4-4。

表 4-4 常用电气产品的双字母代码举例

项目（实现目的或任务）	双字母代码
防护继电器	BB
测量继电器、电流变压器、电压变压器	BE
行程开关、接近开关	BG
电容器	CA
荧光灯、白炽灯	EA
过载保护器	FA
发电机、电池	GA
二进制元件	KF
记录器	PF
电表、电铃	PG
隔离开关、负载开关	QB
二极管、电阻、电感	RA

（续）

项目（实现目的或任务）	双字母代码
控制开关、按钮	SF
变压器、DC/DC 变换器	TA
变压器、整流器	TB
电缆架、电缆槽	UB
母线、传导器	WA
电缆	WD
连接盒	XB
接地端子	XQ

注：详细的双字母代码可参考 GB/T 20939—2007《技术产品及技术产品文件结构原则字母代码 按项目用途和任务划分的主类和子类》。

第三节 参照代号

一、由项目代号演变成参照代号

1. 项目代号

在旧的国家标准中，有一个关于"项目代号"的标准，即 GB/T 5094—1985《电气技术中的项目代号》。关于"项目代号"，其基本描述是：

1）在图上通常用一个图形符号表示的基本件、部件、组件、功能单元、设备、系统等，称为项目。项目的大小可能相差很大，电容器、端子板、发电机、电源装置、电力系统等都可称为项目。

2）用以识别图、表图、表格中和设备上的项目种类，并提供项目的层次关系、实际位置等信息的一种特定的代码，称为项目代号。

3）项目代号是由拉丁字母、阿拉伯数字、特定的前缀符号，按照一定规则组合而成的代码。一个完整的项目代号含有四个代号段。分别是：

高层代号段，其前缀符号为"="；

种类代号段，其前缀符号为"−"；

位置代号段，其前缀符号为"+"；

端子代号段，其前缀符号为"："。

4）通过项目代号可以将不同的图或其他技术文件上的项目（软件）与实际设备中的项目（硬件）一一对应和联系在一起。例如，图上某开关的代码为"=F=B4-S7"，则可根据规定的方法在高层代号为"F"的系统内含有"B4"的子系统中，找到开关"S7"。又如某照明灯的代码为"+11+401-L3"，则可在"11"号楼、"401"号房间找到照明灯"L3"。

2. 参照代号

新标准中，用参照代号代替了项目代号。关于参照代号，标准中是这样定义的：作为系统组成部分的特定项目按该系统的一个面或多个面相对于系统的标识符。

参照代号与项目代号相比，具有很大的区别：

其一，名称的改变。参照代号包括单层参照代号和多层参照代号。

其二，参照代号不完全用于项目，而是扩大到了系统。

其三，项目代号通常包括高层、种类、位置、端子四个代号段，参照代号只从产品、功能、结构三个方面构成，取消了端子代号段。这里的产品面，类似于种类；功能面类似于高层；结构面类似于位置。端子代号作为一种特殊代号单独进行描述。

表 4-5 归纳了参照代号与项目代号的异同。

表 4-5　参照代号与项目代号的异同

序号	类别	参照代号	项目代号	前缀符号
1	系统和功能	功能面代号段	高层代号段	=
2	种类	产品面代号段	种类代号段	-
3	位置	位置面代号段	位置代号段	+
4	端子	（不包括）	端子代号段	:

二、项目和项目的基本结构

1. 项目

项目或物体一般理解为物理意义上的实体，也可以称为物体或项目，在电气技术文件中，通常表述为项目。项目更具有普遍意义。如电路中的元器件、印制电路板、一个电气组合、电气机柜都可以称为项目。还可以把项目扩大到非实物领域，如一组信息也是项目。这一点在理解上要注意。在分析项目的用途时，首先要确定"方（面）"这个前提。

2. 项目结构

一个项目的构成或结构，通常包括三个"方面"，即功能面结构、产品面结构、位置面结构。项目的结构面如图 4-2 所示。

这三个"方面"分别揭示了一个项目的基本内涵：

项目是做什么的——功能面结构；

项目是如何构成的——产品面结构；

项目位于何处——位置面结构。

项目的一般构成如图 4-3 所示。其构成按树状分层绘制。在这一结构中，节点代表所关注的项目方面，可以分为较低层次的项目（如=1、=2、=3），还可继续再分为更低层次的项目（如=3.1、=3.2、=3.3）。

（1）功能面结构　功能面结构以系统的用途为基础。它表示系统根据功能面被细分为若干组成项目，而不必考虑位置和/或实现功能的是什么样的产品。

提供信息的文件以功能面结构为基础，可以用图和/或文字来说明系统的功能如何被分解为若干子功能，这些子功能共同完成预期的用途。功能面结构图解示例如图 4-4 所示，图示各功能框表示了其功能分别为控制、配电、液压、冷却水、轧制、储存等。

（2）产品面结构　产品面结构以系统的实施、加工或交付使用中间产品或成品的方式为基础。它表示系统根据产品面被细分为若干组成项目，而不考虑功能和/或位置。一个产品可以完成一种或多种独立功能。一个产品可独处于一处，或与其他产品合处于一处。一个产品也可位于多处。产品面结构一般以产品实体层分解或合成。

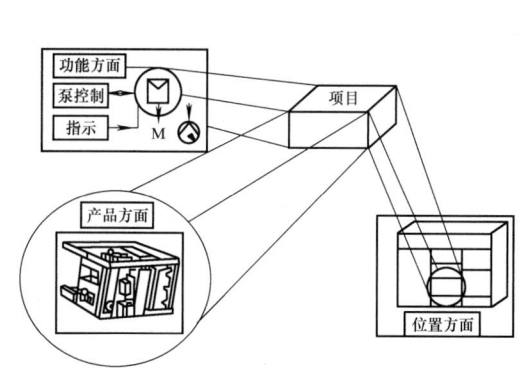

图4-2 项目的结构面

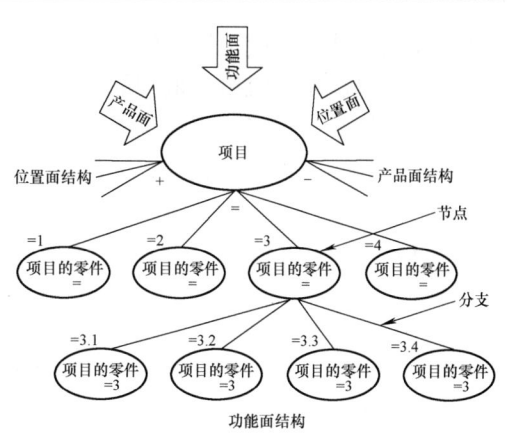

图4-3 项目的一般构成

提供信息的文件以产品面结构为基础，用图和／或文字说明产品如何被分解为若干子产品，正是这些子产品的制造、装配或包装共同完成或汇集成产品。

产品面结构图解示例如图4-5所示。这是一个立体声系统的示例，它由若干部件构成。

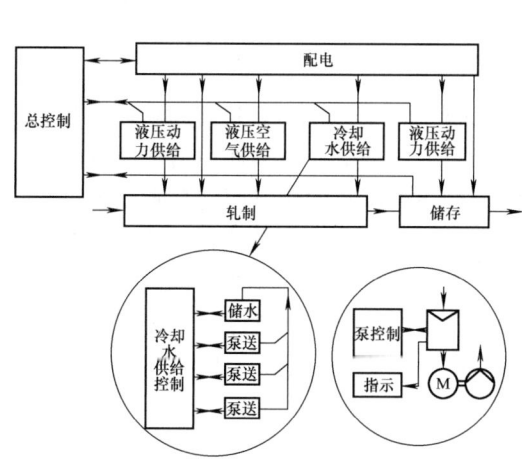

图4-4 功能面结构图解示例

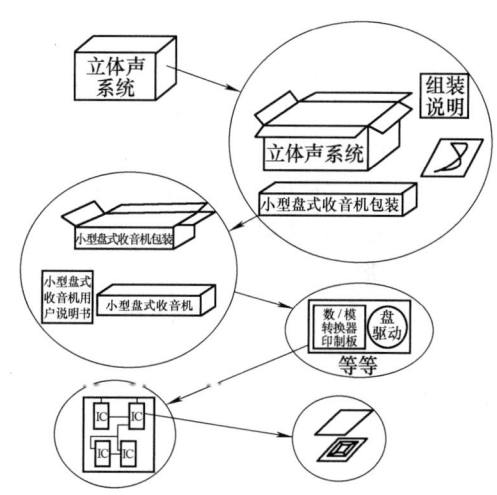

图4-5 产品面结构图解示例

（3）位置面结构 位置面结构以系统的位置布局和／或系统所在的环境为基础。位置面结构表示系统根据位置面被分解为若干组成项目而不必考虑产品和／或功能。一个位置可以包含任意数量的产品。以位置面结构为基础的提供信息的文件，用图和／或文字说明构成系统的产品所处的实际位置。

在位置面结构中，位置可以被连续分解，位置面结构图解示例如图4-6所示。

查找某电子元器件面板的位置，从图中

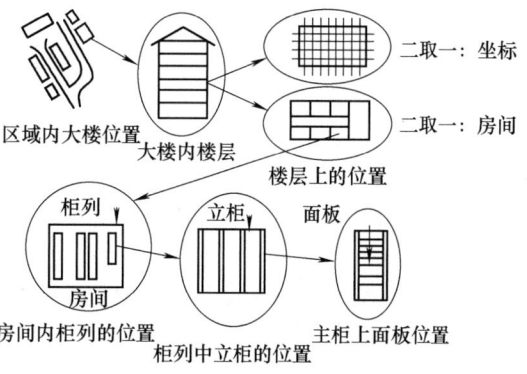

图4-6 位置面结构图解示例

的地区找到大楼，再找大楼内的楼层和所在房间／坐标位置、室内机组或柜列的位置、具体要找的机柜位置，再找面板的位置，主柜上面的印制电路板槽，查到印制板上的位置。即大楼→楼层→房间／坐标→柜组或柜列的位置→柜的位置。

图 4-7 是一个包括 4 列开关柜和控制柜的控制室，其中每列分别由若干机柜构成。各列用字母表示，各机柜用数字表示。则位置代号可用字母和数字表示，例如 A 列的第 4 机柜的位置代号为

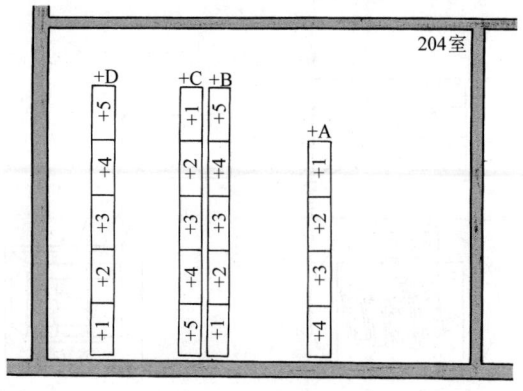

图 4-7　位置代号示例

$$+A+4$$

必要时还可增加更多的内容，例如上述设备安装在 204 室，则其位置代号为

$$+2\,04+A+4$$

如不致引起混淆，代号中间的前缀符号可省略，写成

$$+2\,0\,4\,A\,4$$

三、参照代号的构成

1. 参照代号的唯一性原则

参照代号应唯一地标识系统内所研究的项目。如图 4-8a 所示的一种树状结构中，节点代表这些项目，分支代表这些项目分为其他项目（子项目）的分解。对事件在另一项目内的每一个项目应给予单层参照代号，此单层参照代号对其内事件项目的项目而言是唯一的。

对顶端节点所代表的项目，则不应给予单层参照代号。顶端节点所代表的项目可以有如零件号、订货号、型号或名称这类的标识符。只有当系统被并入更大的系统时，才给予参照代号。

图 4-8a 中，A 型项目（顶端节点所代表的项目）有三个分支，分别与两个 B 型项目和一个 C 型项目相连；B 型项目又与 D 型项目和 E 型项目相连；其余类推。图 4-8b 是另一种表达形式。

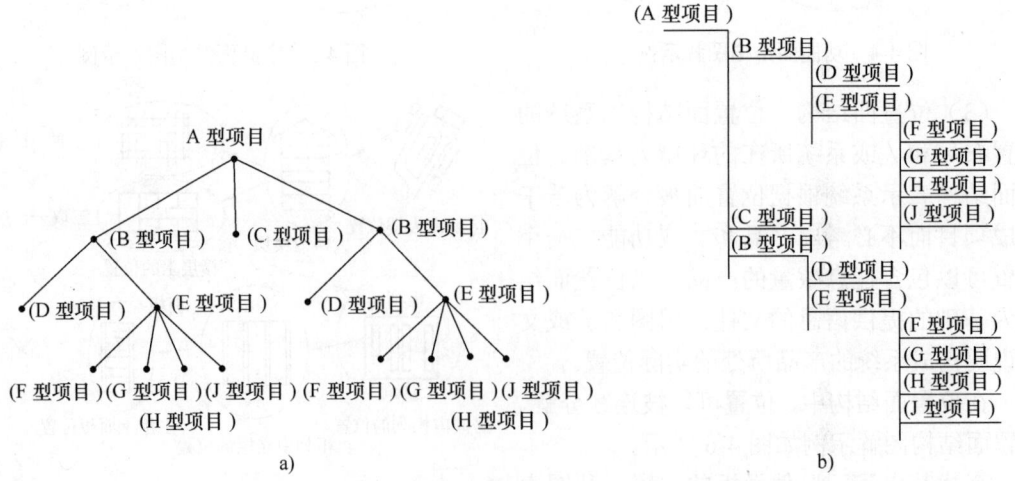

图 4-8　树状结构示例

2. 参照代号的格式

简而言之,参照代号就是特定项目的标识符。参照代号分为多层参照代号和单层参照代号两种标记方法。

单层参照代号是指对直接组成系统的特定项目给定的相对于系统的参照代号。我们过去经常用到的项目代号形式,如 M1、M2、Q1、Q2、R1、R2 等,都属于单层代号的范畴。这些代号在某一电路中(项目或系统中)的范围内的标识是唯一的。

(1) 单层参照代号　项目的单层参照代号由前缀符号和代码组成:

前缀符号　　　　代码

1) 前缀符号。前缀符号的三种形式:
① "=" 表示项目的功能面。
② "-" 表示项目的产品面。
③ "+" 表示项目的位置面。
2) 代码。代码的三种表示形式,见表 4-6。

表 4-6　代码的三种表示形式

序号	代码形式	示例	说明
1	字母代码	M—电动机, Q—开关, GB—电池	用大写拉丁字母;分别选取主类单字母代码、主类加子类双字母代码和旧标准的字母代码
2	字母代码加数字	M1, Q3, QB1; R1, R2, R3	字母在前,数字在后。一般对相同字母代码的同一类项目的各组成项目,应以数字来区分
3	数字	1, 2, 3, 11, 12, 31, 32	如果数字本身或与字母代码相组合的数字具有重要意义,则应在文件或支持文件中说明;数字可以包含前置零,如果前置零具有重要意义,应在文件或支持文件中说明

注:为了方便使用,建议数字和字母代码尽可能地短。

(2) 多层参照代号　多层参照代号可以理解为旧标准规定的具有高层代号(=)的标识代号,它是为上至结构树顶端下至所关注项目所经路径的一种代码表示法。这一路径将包含若干个节点,通过连接从最高点开始的路径上代表每个项目的单层参照代号,便构成多层参照代号,如图 4-9 所示。路径中的节点数视所研究系统的实际需要和复杂性来确定。

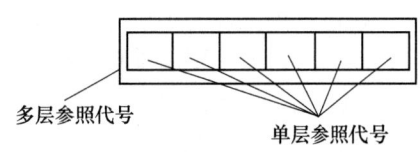

图 4-9　多层与单层参照代号的关系

多层参照代号通常有以下几种格式:

1) 同一结构面的不同层次的参照代号,例如:

不同产品面的多层参照代号,如某开关 Q3,隶属于控制柜 A1,可标识为-A1-Q3,也可表示为-A1Q3;

不同功能面的多层参照代号,如某电动机 M,隶属于大楼供水系统 W1 中的一个子系统 WS3,可标识为=W1=WS3,也可表示为=W1WS3;

不同位置面的多层参照代号,如某设备位于 204 房间 A6 列柜,可标识为+204+A6,也可表示为+204A6;

2）同一结构面的不同层次的参照代号，例如：

A1 装置中的继电器 K1，位置在 C8 区间，S1 列控制柜，M4 柜中，可标识为=A1-K1+C8S1M 4；
P1 系统中的开关 Q1，位置在 C13 室，S2 间隔，M11 开关柜中，可标识为=P1–Q1+C13S2M11。
图 4-10 中，表示出了三个项目，其中：

信号灯 P3，位置位于"+C1"，属于功能件"=P1"；

电阻 R1，属于产品"–A3"，位于"+C4"，属于功能件"=B2"；

操作器件 K2（电磁线圈），与 R1 相同，属于产品"–A3"，位于"+C4"，属于功能件"=B2"中的"=K1"。

项目	参照代号
电阻	+S1C4/=A1B2/–B3A3R1
操作器件	+S1C4/=A1B2K1/–B3A3K2
灯	+S1C1/=A1P1/–B3P3
"边界线"	+S1C4/=A1B2/–B3A3
"页内容区"	+S1/=A1/–B3

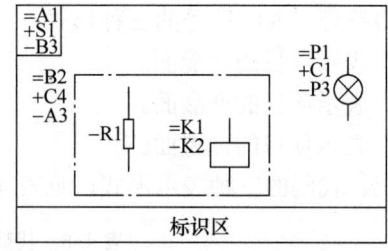

图 4-10 参照代号示例

这三个项目又共同属于产品"–B3"，位于"+S1"，属于功能件"=A1"。其参照代号见表 4-7。

表 4-7 与图 4-10 对应的参照代号

序　号	项目名称	单层产品面参照代号	多层参照代号
1	信号灯	–P3	+S1C1/=A1P1/–B3P3
2	电阻	–R1	+S1C4/=A1B2/–B3A3R1
3	操作器件	–K2	+S1C4/=A1B2K1/–B3A3K2

四、参照代号的标识方法

1. 在符号旁边标注

在电气图上，与图形符号相对应的参照代号应紧靠符号标注。

当一个符号主要用垂直终端线表示时，与符号相关的参照代号应被置于符号的左边，如图 4-11a 所示；当一个符号主要用水平线表示时，与符号相关的参照代号应被置于符号的上方，如图 4-11b 所示。

2. 在连接线上标注

与连接线有关的参照代号，应清楚地关联到相关连接线，不应碰到或跨越连接线，应置于毗连连接线的位置，在水平连接线上面和垂直连接线左边，而且顺着连接线的方向，参照代号应清楚地与任何与连接线有关的信号代号或技术数据分开。

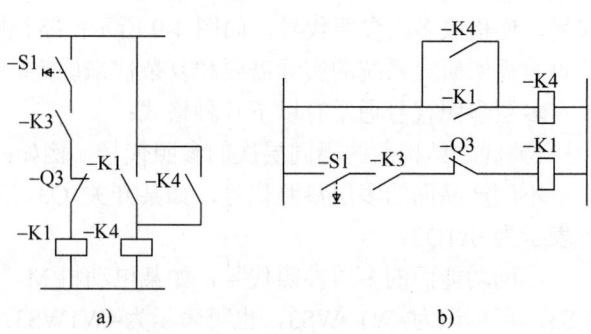

图 4-11 参照代号在符号旁标注
a）使用垂直端线　b）使用水平端线

在图 4-12 的示例中，参照代号-W10-1、-W11-1 标注在水平线连接线的上方，-W12-1、-W12-2、-W22-2、-W22-4 标注在垂直连接线左边。

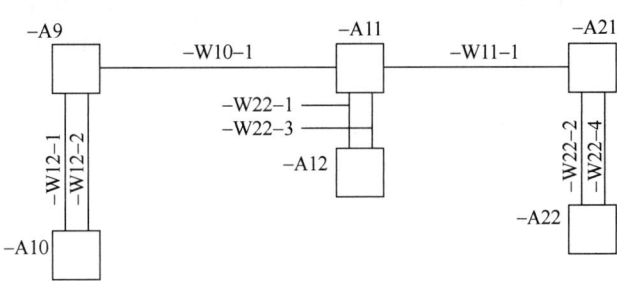

如果不可能将参照代号置于毗连连接线的地方，它应置于内容区的其他地方，并用一条指引线和一条基准线到那条连接线。图 4-12 中，-W22-1 和-W22-3 为通过指引线对连接线进行标注。

图 4-12　与连接线有关的参照代号的示例

3. 在围框边界线上标注

与边界线相关的参照代号应被置于上面和边界线的左面边缘，或在左边和边界线的上面边缘。

对于边界线内所表示的项目，它们的参照代号对应的边界线的参照代号不应用单独的项目表示，如图 4-13 所示。

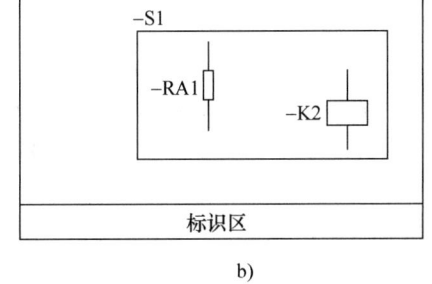

图 4-13　边界线参照代号的表示

a）项目的参照代号　b）在简图内表示的参照代号

第四节　端子代号

一、端子和端子代号的基本概念

1. 端子

项目（物体）与外部网络的连接点，称为端子。根据定义，端子是连接点或连接处，这个连接点属于项目的一部分，这个连接点是连接项目与外部网络的接续点。

连接点的含义还包括：

1）导线和／或触点间的实际接口，或为信号、能量或材料流提供路径的管路系统。

2）为传输信息，在逻辑元件、软件模块之间确立的功能特性的结合。

其中的外部网络可能具有不同的特性，网络并不仅限于电网络，也包括气体、液体等物流、能量流、信号流、电波辐射流的输送网络。也就是说，端子的定义范围超出了电气、电工、电子领域，包括气体、液体等其他能量流的范围。

2. 端子代号

根据项目的一个方面确定的项目端子的标识符。

简言之，端子代号就是端子的标识符。根据需要，标识符可以从位置面、功能面或产品面的其中之一进行命名或确定。

二、端子代号的构成

1. 端子代号的基本构成

在一个系统内，某一端子的标识应该是唯一的。端子代号的标识应包括三部分：

1）项目的唯一标识端子的端子代号。
2）端子代号前的前缀符号":"（冒号）。
3）冒号前的代号是端子所在项目的参照代号。

基本表达形式为

$$\boxed{\text{参照代号}} \quad : \quad \boxed{\text{端子代号}}$$

例如，某开关 Q1 的三个引入端子 1、3、5，三个引出端子 2、4、6，则其端子代号分别为：Q1：1、 Q1：3、 Q1：5 和 Q1：2、 Q1：4、 Q1：6。

这里的 Q1 为参照代号，1、3、5 和 2、4、6 是端子代号。

2. 端子代号的代码

端子代号的代码由以下三种方式构成：

1）字母代码表示，如 A、B、C、D、U、V、W、PE，都是字母表示的端子代号。
2）字母加数字表示，如 A1、A2、A3、B1、B2、B3、……复杂的电路中更多用字母加数字的形式。
3）数字代码表示，如 1、2、3、4 等。连接器中的接点，其端子代号一般常用单纯的数字表示。

三、端子代号的标识方法

1. 基本规定

端子代号的构成分为产品面端子代号、功能面端子代号、位置面端子代号。编制概略图、功能图、电路图等电气技术文件时应按规定示出端子标识。如果需要区分或强调端子代号是根据哪一方面给定的，则可在冒号":"后直接加上：

"−"表示端子是根据产品方面标识的，即该端子被用来设计（电气）产品/组件网络。

"="表示端子是根据功能方面标识的，即该端子被用来设计与功能有关的网络。

"+"表示端子是根据位置方面标识的。

这里，端子代号和端子的标识是两个概念。端子代号不等于端子的标识。端子代号是在一个具体项目内某一端子的标识符。在其他项目内某端子也可能有相同的标识符，因此端子标识符——端子代号之前应有所在项目的参照代号。这样端子的标识才是唯一的。

端子代号应置于水平连接线之上和垂直连接线的左边。端子代号应沿着连接线的方向，如图 4-14 所示。

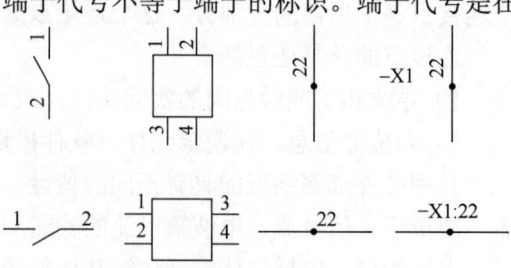

图 4-14 端子代号标识方法示例

2. 产品面端子代号的标识

产品面的端子代号（产品端子代号）应由实际的端子代号组成，一般指产品手册中标在产品上的代号；或制造厂商给定的代号；或根据惯例熟知的代号。又如电连接器端子代号一般在产品手册中用阿拉伯数字 1、2、3 等表示端子的代号，也可以在电路图中重新命名。

如果不存在制造厂商对装置实际端子给定的代号，则应给予任意的端子代号，并应在文件中或支持文件中说明。当制造厂商由于某些原因给定的代号不全时，上面的方法同样适用。

产品面端子代号标识示例如图 4-15 所示，这是一个电动机端子代号的例子。

图中：

"-A1-M1" 是作为系统组成部分的电动机的参照代号；

U、V、W 是与电动机上的标志相同的端子代号，表示电动机的三相输出端子；

PE 端子代号，表示保护接地。在电动机上也可用图形符号。

四个端子的标识分别是：

-A1-M1：U；

-A1-M1：V；

-A1-M1：W；

-A1-M1：PE。

3. 功能面端子代号的标识

端子有关功能面的端子代号（功能端子代号，功能标号），应以端子功能或内部与端子有关功能的信号名为依据。

对于用数据单或类似的有关文件描述的器件功能，功能端子代号应由数据单或类似的有关文件中规定的端子名称构成。

图 4-16 是功能面端子代号标识示例。图中，1、15、14、13、3、2、4、6、10、12 等均是产品端子代号，框内的 G1、1EN、1C2 等是读出、写入等功能端子代号。

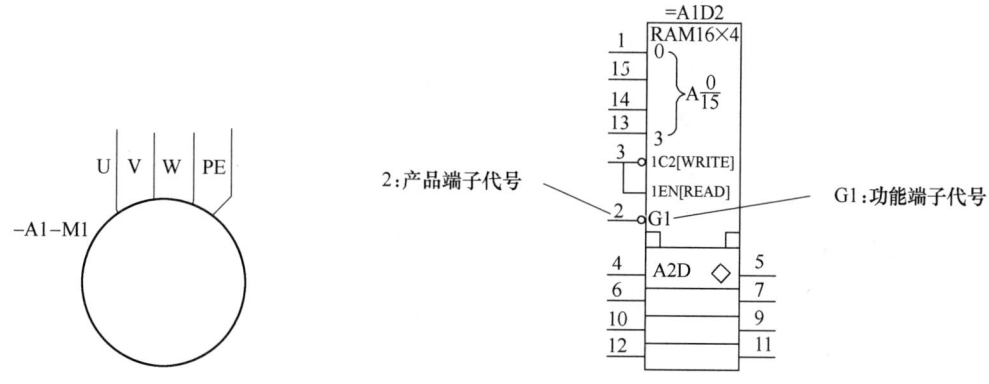

图 4-15 产品面（电动机）端子代号标识示例　　图 4-16 功能面端子代号标识示例

4. 位置面端子代号的标识

位置面端子代号表示端子的位置，例如在机架槽缝中的位置。

位置面端子代号应由标在端子旁的代号或表示所在位置或位置名称的相对位置的其他字母数字代号构成。

用作位置面端子代号的系统应在文件中或支持文件中说明。位置面端子代号在电气技术文件中应用很少，一般只在电缆、管路等端子处用文字注出安装的位置。

第五节　信号代号

一、信号和信号代号的基本概念

1. 信号

由一个项目传输到另一个项目的信息单元，称为信号。具体一点表述，信号就是用来在一批项目、组件、设备、工厂、成套装置或其他系统为对象所编制的文件中，表示诸如端子、节点等组点间简单功能的连接或电连接的唯一标识。

2. 信号连接线

信号的发送和接收必须有连接线。连接线就是信号在界面的点之间传输时的路径。

连接线可能是逻辑的或物理的，可以在不同连接介质中实现。一条完整的信号连接线可包含不同的介质。例如：物理介质——电线，光纤；逻辑介质——信号数据传输，通信总线或网络。

3. 信号名

信号的表述和应用，要求信号必须具备有效的信号名。用来在一个项目、组件、设备、工厂、成套装置或其他系统为对象所编制的文件中，表示诸如端子、节点等组点间简单功能的连接或电连接的唯一标识，称为信号名。

标识电路中可能通过若干个不同的物理信号传送一条信息。每个物理信号的唯一名称，应该包含描述这条公共信息的同一基本信号名。

4. 信号代号

用来唯一地标识端子、节点等组点间简单功能的连接或电连接，称为信号代号。

信号代号表征的是信息的含义而不是信息的传输。因此，信号名涉及的是"思想"，而不是物理结构。但是，用于传输信息的逻辑（或物理）连接线需要用名称来标识，所以，也可使用信号的名称（标识信号变量）。

归纳起来，信号是表示信息从一个项目到另一个项目的传输的完整概念和信息的识别标记；信号由表达信号含义的信号名来表示；信号表示传给信号接收器的信息；信息可用信号名来描述；每个信号都应有信号代号标识。

二、信号名及其构成

信号名是信号的唯一代号，应包含一个基本信号名，也可以包含短名和分类。它在指定项目（信号名称域）中有效。表示方法如下：

| 分类 | 短名 | 基本信号名 |

（1）分类　信号一般分为两类：通告性信号和控制性信号。信号分类的字母代码，见表 4-8。

表 4-8　信号分类的字母代码

代　码	分　类	种　类
A	报警信号	通告（告示）性信号
C	命令信号	控制性信号
E	事件信号	通告（告示）性信号

(续)

代 码	分 类	种 类
I	指示信号	通告（告示）性信号
L	恒定电平信号	通告（告示）性信号
M	测量信号	通告（告示）性信号
S	赋值	控制性信号
X（n）	附加分类	通告（告示）性信号
Y（n）	附加分类	控制性信号

注："附加分类"是为了特殊用处而设的，如果需要多个附加分类，可以用数字编号。

信号的信息由信号源传输到信号接收器。图 4-17 和图 4-18 给出了两类信号——通告性信号和控制性信号的模型。

图 4-17 中，信号源是由机械运动产生的信息，再转换为电信号。信号接收器（目的地）接收的是通告（告示）性信号。

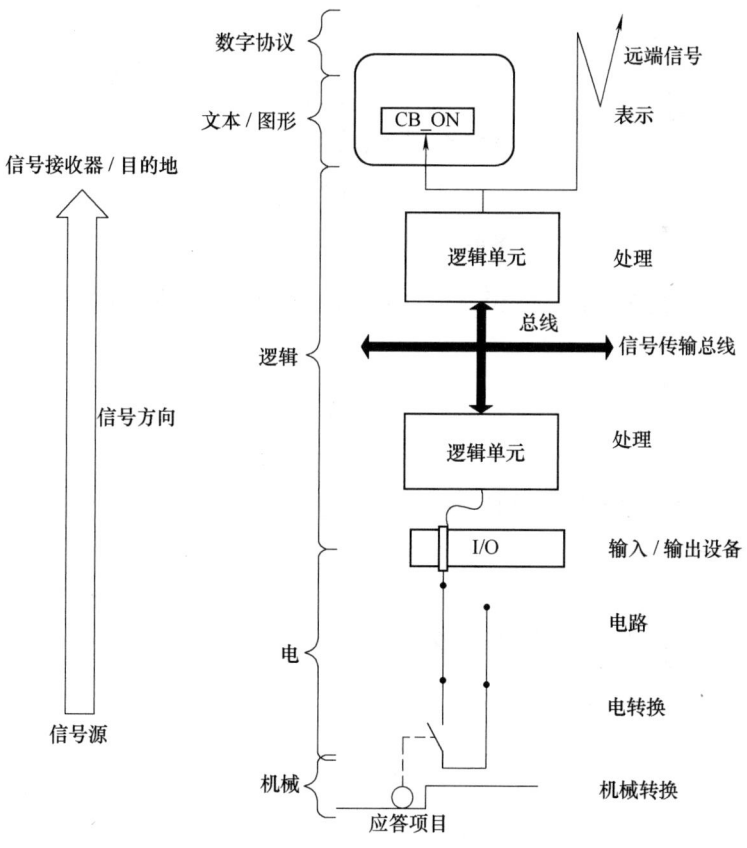

图 4-17 通告性信号的模型

图 4-18 中，信号源由电信号经转换后作用于机械传动装置（阀门）。这里的信号接收器（目的地）接收的是控制性信号。

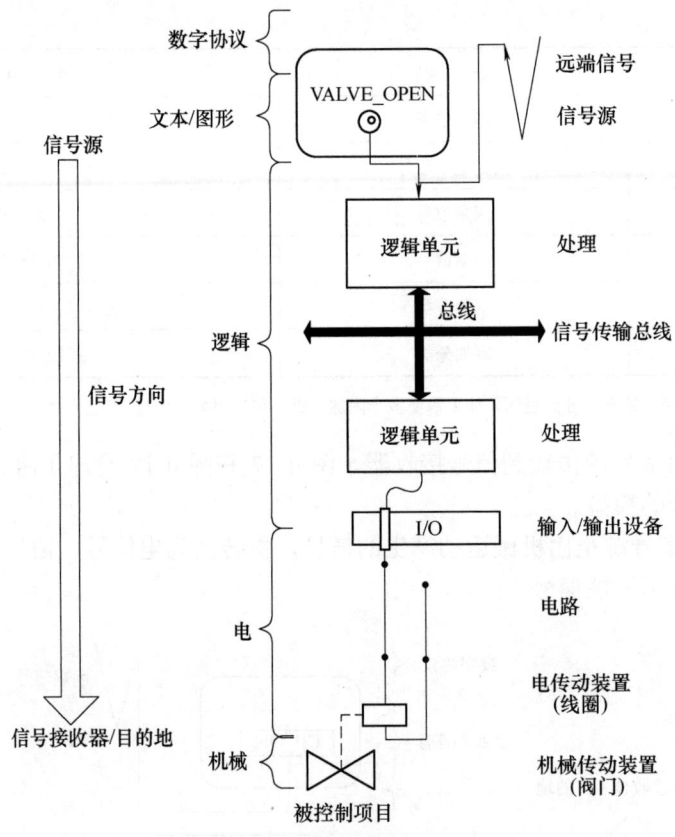

图 4-18 控制性信号的模型

（2）短名　短名是对通告（告示）项目或受控项目的简短的文本描述。例如：

A（Auto）——自动；

Bus——总线（或母线）；

CD——光盘；

EI——电的。

（3）基本信号名　基本信号名是对信号的特定功能的简短描述。

三、信号代号的构成

信号代号一般由四部分构成：

| 参照代号 | ； | 信号名 | ： | 变量 | （附加信息） |

信号代号的结构如图 4-19 所示。

其中：

1）参照代号——项目（信号名称域）的代号，信号名称域应用一个参照代号来表示。

2）";"（分号）——信号名的前缀。

3）信号名。

4）":"（冒号）——信号名和变量或附加信息（如果没有变量）之间的分隔符。

5）变量——信号变量的代号。变量部分用来在必要的位置标识从源到目的地的路径上的信号段。如果只有一个段，不需要使用变量编号或代码。

6)（附加信息）——表示附加信息。附加信息描述的是信号变量的特征及其可能的子集。

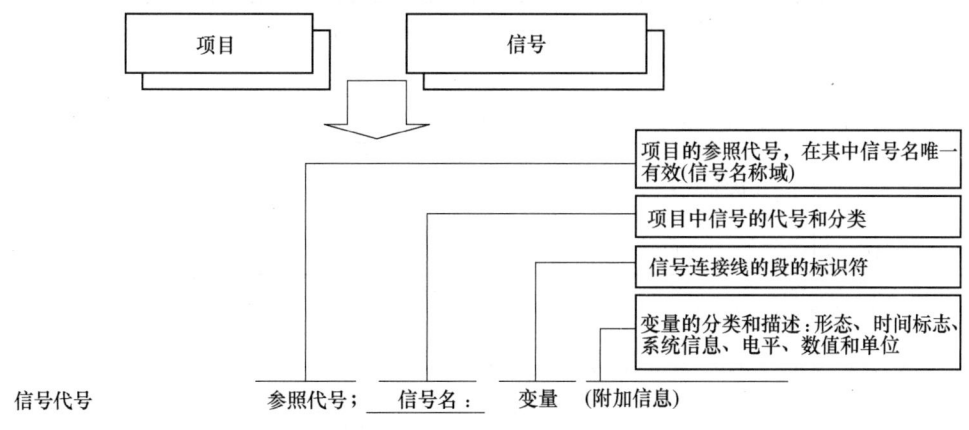

图 4-19 信号代号的结构

四、信号代号的应用

1. 信号代号标识的基本要求

1) 信号代号应清楚地与有关的连接线相关联，信号代号应不与连续线接触或交叉。

2) 不同的信号，不能用同一信号名，而不管它们的功能有多相似。

3) 当一个信号被放大、反相，被另一信号选通、延迟、斩波或被以任何方法改变时，其信号名必须改变。变化可体现在基本信号名上，或在基本信号名上加信号形态识别符。

4) 信号名要尽量采用助记符名称、标准缩写和标准字母代码。当采用助记符、缩写和字母代码命名的信号名出现在有关文件中时，应当对这些助记符、缩写和字母代码的含义加以解释。

信号名不应包含内在的矛盾。

例如，信号 ON 或 OFF 为互补信号，即当 ON 为"真"时，OFF 必为"假"，同样 OFF 为"真"时，ON 必为"假"，那么信号名 ON/OFF 意味着两者同时为真的语句，因而不能采用。

5) 附加信息只在必要时使用。

信号变量的附加信息可以包含如下内容：

① 形态、时间标志或电平等。

② 系统信息，例如参数协议。

③ 其他的系统信息。

附加信息中的形态序号或时间标志可以用来创建指定形态下的唯一标识符。

2. 推荐字符

信号代号应由标准字符集组成。为了提高易读性，信号名中不同的助记符、缩写、标识符和后缀等可以用空格或下横线隔开。为了和计算机处理兼容，字符集应符合有关规定。

推荐字符见表 4-9。

表 4-9 推荐字符

字 符 类 型	字 符	字 符 类 型	字 符
大写字母	A~Z	信号版次分隔符	冒号（:）
数字	0~9	算术运算符	短画线或减号（-），加号（+）
否定字符	上横线（‾）	布尔运算符	上圆点（°）
分隔符	下横线（_）或空格	特种字符	! " % & ' ( ) * , 。/ < = > ?
参照代号分隔符	分号（;）		

3. 信号代号及标识示例

图 4-20 中，接地开关的两个辅助开关（触点），分别发出的是接通（Open）信号和关闭（Close）信号。

假定其参照代号是 LDC 110V，则这两个信号的信号代号分别标识为：

LDC 110V；I_E-Sw_Open；
LDC 110V；I_E-Sw_Close。

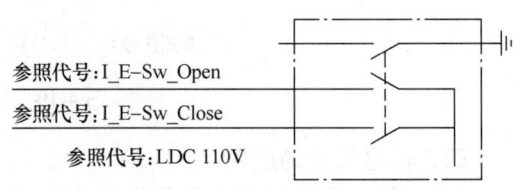

图 4-20 信号代号及标识示例（接地开关）

第六节 文件代号

一、文件的基本概念

1. 文件

能够进行数据记录和读取的介质，称为数据媒体。

数据媒体上的信息，称为文件。通常，文件按照信息的类型和表达方式来命名，例如概略图、接线图、功能表图等。

信息可以静态方式表示在纸上和微缩胶片上，或者动态地显示于（视频）显示器上。

文件也可以这样表述：人可感知的作为一个整体在用户和系统之间可进行交换的结构化信息量；或者，也可作为一个整体进行处理的数据载体上的信息。

"文件"一词是广义的，它包括了记录数据的一切可能的媒体上的信息，如电子媒体上或数据库中的数据文件。但文件种类的描述来源于信息的纸基表达形式。

2. 文件集

逻辑上构成整体的文件的组合，称为文件集。例如，某工程设计、施工、维修等全部相关的数据媒体，包括文件和图纸等。

3. 成套文件

成套文件是指涉及某一项目的文件集。例如，某工厂电气工程施工图，包括供电系统图、负荷统计表、电力平面图、电气照明平面图、防雷电气图、接地平面图及其相关的目录、设备和材料明细表、设计和施工说明等，可以称为某工厂电气工程施工成套文件。

成套文件可包括技术文件、商业文件或其他文件。

4. 文件种类

文件种类是指按文件表示的信息内容和表达方式所定义的文件类型。

5. 文件种类级

文件种类级是指在信息内容方面有类似特征而与表达方式无关的文件种类族。

二、文件代号及用途

与某种项目相关的用来表示该项目的特定文件的识别符,称为文件代号。

文件代号是代号系统的重要组成部分。技术产品(包括成套设备、系统和设备)在其寿命周期内一切工作的信息应该由文件提供。如何对诸多的文件种类采用规则统一的、公认的分级方法,如何使不同的用户群对同一种文件使用相同的名称是加快信息交流速度、提高工作效率的重要保证。

文件代号的基本用途是:

1)文件代号是文件交流的工具。工程项目中或产品寿命期内的不同阶段(如工程设计、制造、安装、试运转、运行和维修)需要不同的信息,也需要不同的文件种类。

采用文件代号可使一个工程项目内所编制的各种文件能更好地交流。

需要哪些文件种类,取决于提供信息的目的和用途。首先推荐把所研究的系统或设备的结构和参照代号一致起来,而后把必需的文件种类与该结构相关联,参照代号成为文件代号的组成部分。

显然,文件代号为电气技术文件及其电气图实现数字化管理提供了重要基础。

2)文件代号是识别文件的基本依据。文件代号的唯一性为识别文件提供了依据。

对于成套设备或系统内,每一个文件由其文件代号,主要是参照代号(标识代号)和DCC的组合,获取了文件的类别、等级、用途、特性等信息。

3)文件代号为文件管理提供了科学依据,为搜索、查找文件提供了便捷工具。

三、文件种类分级及其代码(DCC码)

1. 文件种类分级结构

文件编制应该提供技术产品(包括成套设备、系统和设备)在其寿命期内一切工作的信息。文件可以按照不同方式分级,如文件所属的项目、信息内容、编制文件的用途、表达方式等。一般以信息内容为依据,文件种类按其特征信息内容及其表达方式来定义。两个不同的文件,当它们的信息内容相似、表达方式相同时,属于同一种文件。

文件种类分级结构如图4-21所示。

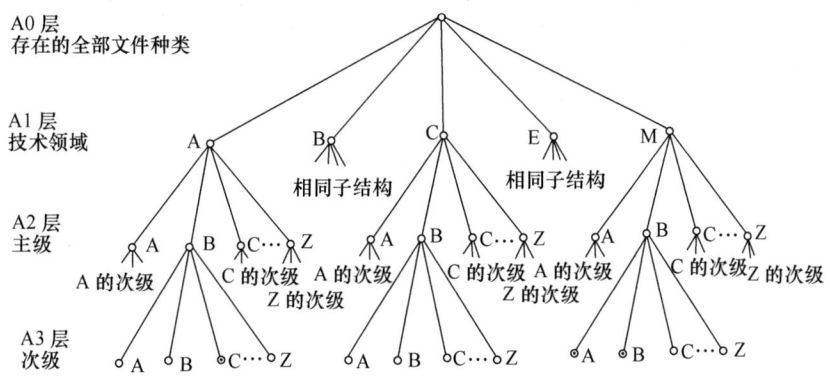

图4-21 文件种类分级结构

A0 层代表存在的全部文件种类。最高层节点不涉及代号。

A1 层的每一个节点代表特定领域用的全部文件种类。例如字母 E 表示的节点,代表电气技术领域用的全部文件种类。A1 层的每一个节点应使用 A2 和 A3 层所代表的相同子结构。

A2 层的每个节点代表文件种类的主级。主级代表与 A1 层中一个节点(某领域)相关的部分文件种类中的一个细目。当文件种类包含同一种主导信息时,则它们属于相同的主级。

A3 层的每个节点代表文件种类的次级。次级代表 A2 层主级下的一个细目。当文件种类在 A2 层的主级说明中具有共同的信息内容说明时,则它们属于相同的次级。

2. 文件种类分级代码(DCC)

为了使各种用户对所交换或传送的文件理解一致,必须规定统一的文件种类分级代码。这个代码缩写为 DCC。DCC 码是理解信息内容的共同依据,而与非定义的或非标准化的文件种类的名称无关。

DCC 码由前置符号"&"及三个代码字母组成。每个代码字母的位置用 A1、A2、A3 示出。如果不存在产生误解的可能,前置符号可以省略。

DCC 码排列结构如图 4-22 所示。

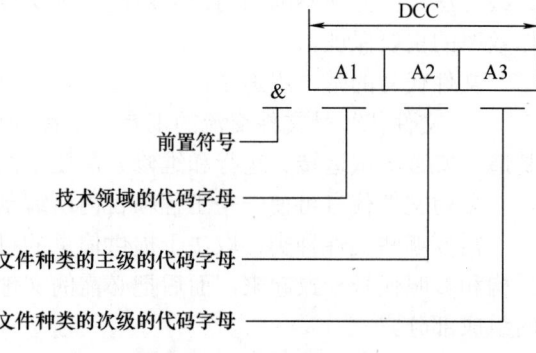

图 4-22 DCC 码排列结构

DCC 码中的每个位置定义如下:

1) A1 代表分类结构 A1 层的节点,表示技术领域,见表 4-10。

表 4-10 技术领域代码字母(A1)

& A1 A2 A3	技 术 领 域	& A1 A2 A3	技 术 领 域
A	综合管理	E	电气技术(包括控制、信息和传输技术)
B	综合技术	M	机械工程(通常包括加工工程)
C	建筑工程(建筑结构和土木工程)	P	加工工程(只用于当需要从 M 中分离时)

2) A2 代表分类结构 A2 层的节点,供文件种类主级的代码字母使用,见表 4-11。

3) A3 代表分类结构 A3 层的节点,供文件种类次级的代码字母使用。次级分属于各自的主级,应在与 A2 组合时使用,见表 4-11。

表 4-11 文件种类主级/次级(A2/A3)的代码字母及说明

& A1 A2 A3	文件种类等级(主级/次级)	说 明
A	成套文件——描述文件	提供文件自身信息的文件。信息要素包括: ● 图/文件号 ● 文件种类分级代码 ● 总张数

（续）

& DCC / A1 A2 A3	文件种类等级（主级/次级）	说明
A	成套文件——描述文件	• 文件（或文件集）标题 • 文件结构
B	管理文件	主要提供有关资源信息的文件，如在计划、制造、运输、安装、试运转、运行等各种业务所需的人员、费用、材料、工作时间等，以及/或主要包含各种业务有关程序和规则的信息的文件
C	合同和非技术文件	主要提供有关成套设备、系统或设备的合同（技术和商务的）和非技术方面的信息的文件
D	一般技术信息文件	主要提供成套设备、系统或设备一般技术方面信息的文件，它们不包括在任何其他较多的特定机组之内
E	技术要求和尺寸标注文件	主要提供成套设备、系统或设备总的技术方面的或寿命周期内任何相关工作的信息的文件
F	功能描述文件	用图形或文字主要描述对象的功能、任务或特性的文件。包含的信息要素有： • 功能描述符号 • 符号间的互连线 • 相关性 • 命令、动作 • 时间关系
L	位置文件	主要描述对象的地形位置或几何位置的文件。信息要素有： • 真实对象的简化形状 • 主要尺寸 • 对象的图形表示法
M	连接——描述文件	主要描述对象间物理连接的文件，着重于它们本身的连接及其实现方法。信息要素有： • 端子代号 • 信号代号 • 两端的代号 • 连接对象的位置代号 • 连接形式
P	产品编目	主要将建造成套设备、系统或设备所用材料和元件列成表格的文件。信息要素有： • 型号 • 技术数据 • 标识码 • 数量 • 制造商 • 引用标准

（续）

& ![DCC A1 A2 A3]	文件种类等级（主级/次级）	说明
Q	质量管理文件；安全——描述文件	主要提供满足质量要求的证明和质量保证体系功能的信息的文件和主要提供有关防止人身、环境和设备损害信息的文件
T	外形尺寸相关文件	提供制造对象几何形状及其相互关系信息的文件。信息要素有： • 采用不同视图和剖面的图示法 • 形状、处理、制造用图形符号 • 尺寸
W	运行记录	主要提供成套设备或系统工作期间连续或循环记录的设定点、事件和数值及其评价信息的文件。信息要素有： • 设定值 • 测量值 • 状态（数量、压力、温度、高度） • 时间关系 • 文本（报告）

四、DCC 码和文件代号的构成

对每一种文件，应该用文件所属项目的标识代号（例如功能、位置或产品）和 DCC 的组合来表示。其格式为

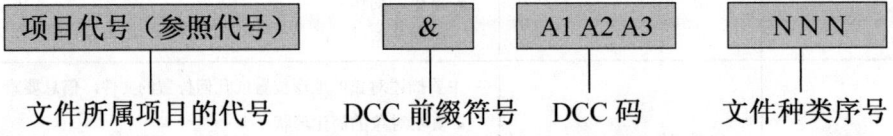

文件代号所选定的标识代号，可不同于文件本身所提供的项目的参照代号（在这里也可称为项目代号）。

对于标识代号，应采用标准化的或至少是人们熟知的代码。

例如：某工厂电气系统，其参照代号（标识代号）为=E131。

其中的电路图（文件），则 DCC 码构成如下：

技术领域为电气技术，A1 为 E；

文件种类主级，A2 为 F；

文件种类次级，A3 为 S；

则 DCC 码为 EFS；

图纸序号为 229。

这一电路图图纸的文件代号应标识为

$$=E131\&EFS229$$

五、文件清单

1. 文件交换清单

为了更有效地进行文件交流和管理，应该对文件种类的名称作进一步的说明，提供其他管理信息，还必须编制出详细的全部文件的清单，明确文件编制者、文件接受者、储存媒体

规范、文件份数和复印件数量等。

表 4-12 给出了文件交换清单的表格式样。此种格式对所有被交付的文件是通用的。此种格式只分别适用于每一特定的项目（机柜、功能系统、软件等），如果存在项目的参照代号，可一同标出。

表 4-12 文件交换清单（式样）

工 作	投 送 地 址	复印件数量	数 据 媒 体	备 注
设计				
制造				
安装				
试运转				
运行				
维修				

工程： 项目：

表 4-13 所示为某文件集的交换清单的例子。这一清单，也是这套文件集的一个文件，因此也应该标识出文件代号。表中，标识的文件代号是"=AB1&BD"。

表 4-13 项目相关部分的文件交换清单（示例）

| DCC | 文件种类名称 | 表达方式 | 编制者 | 为下列工作提供的文件 | | | | | | 备 注 |
				设计	批准	制造	安装	试运转	运行	维修	
AB	文件表		AAA			×	×	×	×	×	
EC	电动机和负载表	T	CCC	×							格式纸 ML12
ED	选择性计算		AAA	×	×				×		
FA	概略图		CCC	×						×	
FA	概略图		AAA			×				×	
FS	电路图		AAA				×		×	×	×
FF	功能表图		AAA			×			×	×	×
LU	布置图，机柜		AAA			×	×		×		
LU	布置图，机架		BBB	×			×		×		
MA	接线文件		AAA			×	×	×		×	
PB	元件表，机柜		AAA			×			×		
PB	元件表，机架		BBB	×					×		
QA	测试合格证		AAA		×						
QA	测试报告		AAA		×						

(续)

DCC	文件种类名称	表达方式	编制者	为下列工作提供的文件						备注
				设计	批准	制造	安装	试运转	运行	维修	
			工程：XYZ 成套设备			项目：控制系统：=AB1					=AB1&BD

2. 文件页的代号

为了相互参照，常常需要标识文件的每一单页。应采用页计数号。当用单行表示时，页计数号和文件代号部分应用符号"／"（线分隔符）分隔。如果不会引起混乱，分隔符可以省略，例如，当页计数号在文件标题栏单独区域或在表格中单独行出现时。

第五章 电气元器件的表示法

第一节 元器件的集中表示法和分开表示法

一、集中表示法

把设备或成套装置中一个项目各组成部分的图形符号在简图上绘制在一起的方法,称为集中表示法。

集中表示法只适宜于简单的图。在集中表示法中,各组成部分用机械连接线(虚线)互相连接起来。连接线必须是一条直线。图 5-1 所示的两个项目,继电器有一个驱动线圈 A1-A2 和两对触点 13-14、23-24,按钮有两对触点 13-14、21-22/24,它们分别用机械连接线联系起来,分别构成一个整体。

序号	集中表示法	说明
1	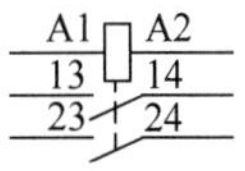 A1 A2 / 13 14 / 23 24	继电器
2	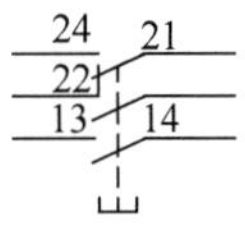 24 21 / 22 / 13 14	按钮

图 5-1 集中表示法示例

二、半集中表示法

为了使设备和装置的电路布局清晰,易于识别,把一个项目中某些部分的图形符号,在简图上分开布置,并用机械连接符号表示它们之间关系的方法,称为半集中表示法。

在半集中表示法中,机械连接线可以弯折、分支和交叉。如图 5-2 所示,驱动线圈 A1-A2 和两对触点 13-14、23-24,按钮两对触点 13-14、21-22/24,它们分属不同的电路,分别用机械连接线联系起来,构成不同的回路或装置。

序号	半集中表示法	说明
1	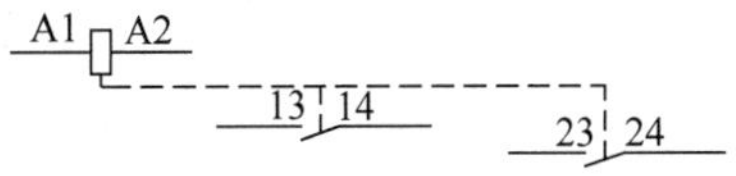 A1 A2 / 13 14 / 23 24	继电器
2	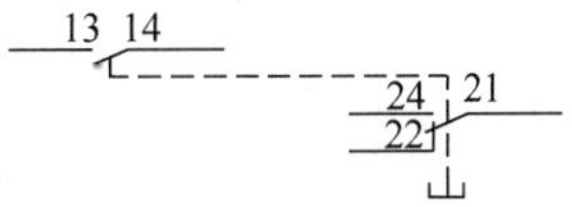 13 14 / 24 21 / 22	按钮

图 5-2 半集中表示法示例

如果把这些部分都集中在一处表示,势必造成图面上连接线的过多交叉,甚至完全不可能。例如,该图中按钮用集中表示法表示,电路的连接线交叉增加了,图面布局也不清晰了。

三、分开表示法

为了使设备和装置的电路布局清晰,易于识别,把一个项目中某些部分的图形符号,在简图上分开布置,并用参照代号表示它们之间关系的方法,称为分开表示法。

分开表示法过去被称为展开表示法。如图 5-3 所示,继电器和按钮的各组成部分,采用分开表示法,分别画在不同的电路中。这些触点和线圈还可画在不同张次

序号	分开表示法	说明
1	A1 -K1 A2 / -K1 13 14 / -K1 23 24	继电器
2	-S1 13 14 / -S1 24 21 / 22	按钮

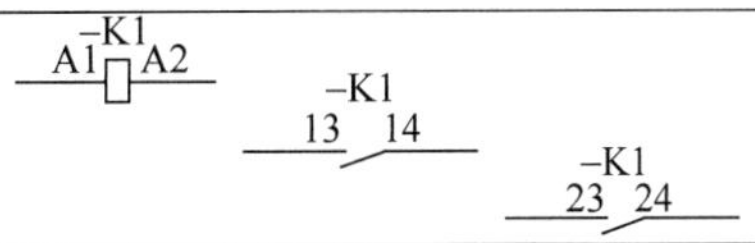

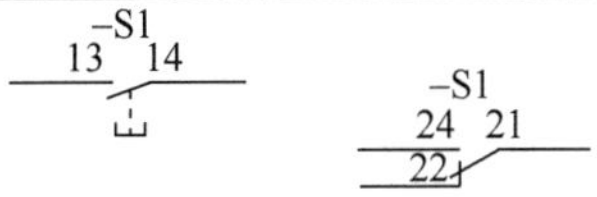

图 5-3 分开表示法示例

的图上。由于分开表示法既没有机械连接线,又可避免或减少图线交叉,因而图面更为清晰。

采用分开表示法的图与采用集中或半集中表示法的图给出的信息量应等量。这是一条基本原则。以图 5-4 为例,图中所示的继电器 K,其线圈符号上加了缓慢释放(缓放)的限定符号,则其触点的释放是带时限的,即其常开触点 1-2,在线圈断电(释放)后延时断开,其常闭触点 3-4 在线圈释放后延时闭合。为了使分开表示法的图与图 5-4a 的集中表示法的图信息量等量,则在分开表示法中,要么将线圈 A1-A2 重复加缓慢释放的限定符号,如图 5-4b 所示;要么将触点 1-2、3-4 加上延时动作的限定符号,如图 5-4c 所示。这样,图 5-4a、b、c 所给出的信息量才等量。

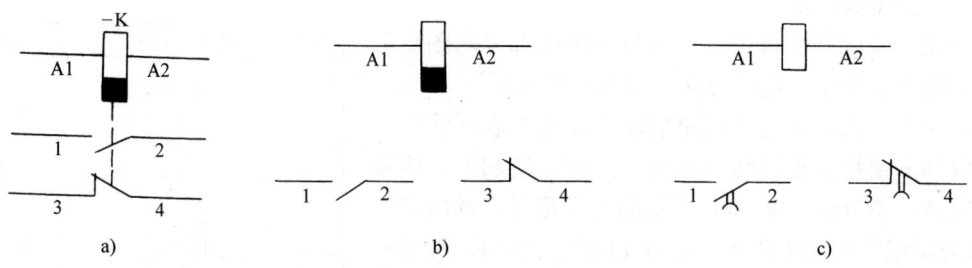

图 5-4 集中与分开表示法信息量相等示例

a)集中表示 b)、c)分开表示

由于采用分开表示法的图省去了项目各组成部分的机械连接线,因而,查找各组成部分比较困难。为看清元器件和设备各组成部分和寻找其在图中的位置,通常采用如下方法:一是与半集中表示法结合起来使用,即对项目各组成部分的图形符号,除重复标注参照代号外,并在这些图形符号之间加上机械连接线;二是采用插图或表格表示各部分的位置。以图 5-5 为例,继电器-K 有一个驱动线圈(A1-A2)和 4 对触点(其中一对未用),为了更清楚地表示各组成部分的位置,对应图 5-5a 可列出表 5-1。

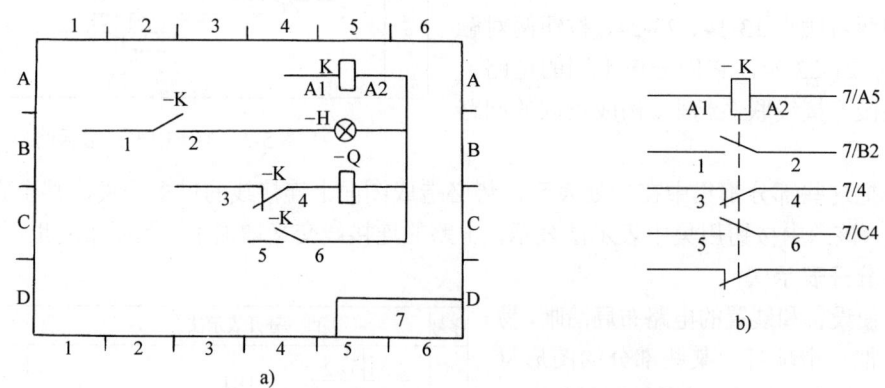

图 5-5 分开表示法中各组成部分的位置确定方法

a)示例图 b)插图

表 5-1 中,"图中位置"一栏所标的是图幅分区代号,"7/4"是 7 号图 4 行,"7/C4"是 7 号图 C4 区。

表 5-1　继电器—K 各组成部分的位置

名　称	代　号	图中位置	备　注
驱动线圈	A1-A2	7/5，7/A5	
常开触点	1-2	7/2，7/B2	-H 电路中
常闭触点	3-4	7/4，7/C4	-Q 电路中
常开触点	5-6	7/4，7/C4	
常闭触点	7-8	—	备用

若用插图表示各组成部分的位置，其插图形式如图 5-5b 所示，对应于线圈和触点的符号，就是该组成部分在图 5-5a 中的位置代号。

表 5-1 中线圈和触点的文字符号 A1-A2、1-2、3-4 等也可以用线圈和触点的图形符号来代替。这种表格也可直接布置在图的下方。

四、三种方法的比较

集中、半集中、分开三种表示法是电气图中最基本的表示方法，它们各有特点，比较见表 5-2。

表 5-2　集中、半集中、分开三种方法的比较

方　法	表　示　方　法	特　　点
集中表示法	图形符号的各组成部分在图中集中（靠近）绘制	易于寻找项目的各个部分，适用于较简单的图
半集中表示法	图形符号的某些部分在图上分开绘制，并用机械连接符号（虚线）表示各部分的关系，机械连接线可以弯折、交叉和分支	可以减少电路连线的往返的交叉，图面清晰，但是会出现穿越图面的机械连接线，适用于内部具有机械联系的元件
分开表示法	图形符号的各组成部分在图上分开绘制，不用机械连接符号而用参照代号表示各组成部分的关系，还应表示出图上的位置	既可减少电路连线的往返和交叉，又不出现穿越图面的机械连接线，但是为了寻找被分开的各部分，需要采用插图或表格，适用于内部具有机械的、磁的和光的功能联系的元件

为了使读者更好地理解这三种表示法，以达到灵活应用的目的，图 5-6～图 5-8 分别用集中表示法、半集中表示法和分开表示法对电动机正反转控制电路这个同一对象进行描述，其中的区别就显而易见了（尤其请读者注意交流接触器 Q2、Q3 和热继电器 FR 的表示方法）。

五、参照代号的标注方法

在图形符号旁通常还应标注参照代号。比较简单的图一般只标注产品面参照代号，较复杂的图还应标注功能面参照代号和位置面参照代号。

参照代号在符号旁的标注方法如下：

1）采用集中表示法和半集中表示法绘制的元件，其参照代号只在符号旁标注一次，并与机械连接线（如果有的话）对齐。例如图 5-6 和图 5-7 中的 Q2、Q3、FR 等。

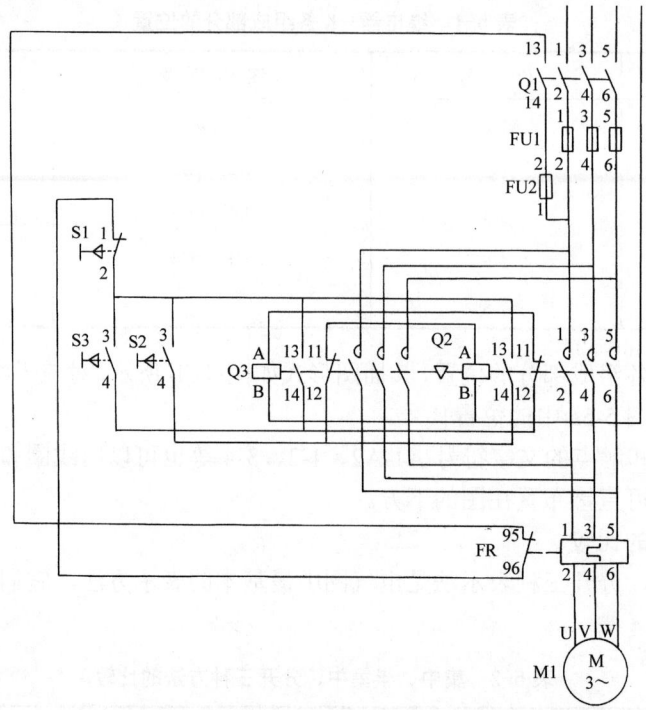

图 5-6 用集中表示法绘制的电动机正反转控制电路图

Q1—刀开关　Q2、Q3—接触器　FR—热继电器　FU1、FU2—熔断器　S1—停止按钮
S2、S3—正、反转控制起动按钮　M1—电动机

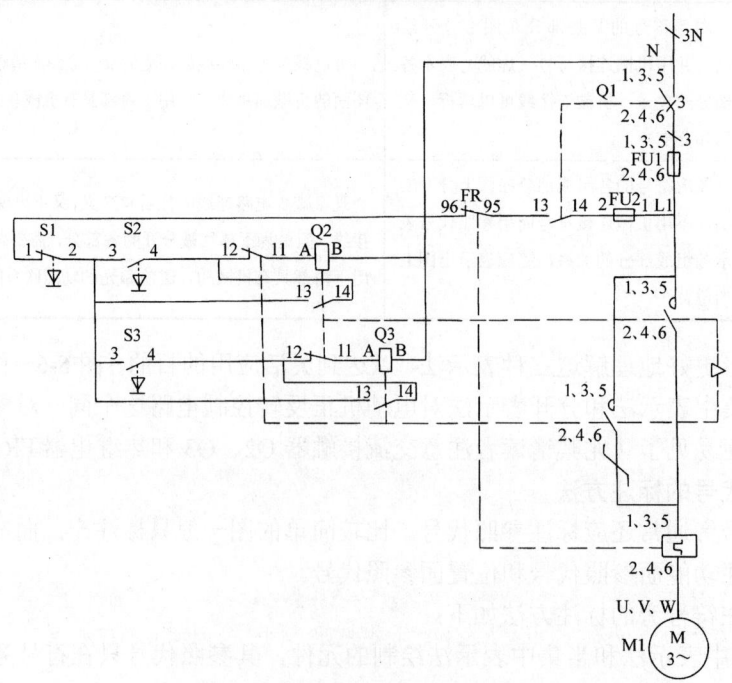

图 5-7 用半集中表示法绘制的电动机正反转控制电路图
（主电路用单线路表示）

2）采用分开表示法绘制的元件，其参照代号应在项目的每一部分的符号旁标注，如图5-8中的Q2、Q3、FR等。必要时，对同一项目的同类部件（如各辅助开关、各触点）可加注顺序号，例如开关Q2的三个辅助触点可标注为Q2.1、Q2.2、Q2.3等。

3）参照代号的标注位置应尽量靠近图形符号，尤其是参照代号的第三段（产品面代号）应靠近符号的中心。

4）当电路水平布置时，参照代号标注在符号的上方，如图5-9a所示，参照代号为"=S-AK+D1"；当电路垂直布置时，参照代号标注在符号的左方，如图5-9b所示。无论是水平布置还是垂直布置，参照代号都应水平书写，可以从上到下或从左到右排列。

5）参照代号中的端子代号应标在端子或端子位置的旁边。当连接线为水平布置时，一般应标在线的上方；垂直布置时，应标在线的左方。代号的方向一般应与线的方向一致。但当连接线垂直布置时，代号也可以水平标注，不过同一张图上代号标注的方法应一致。

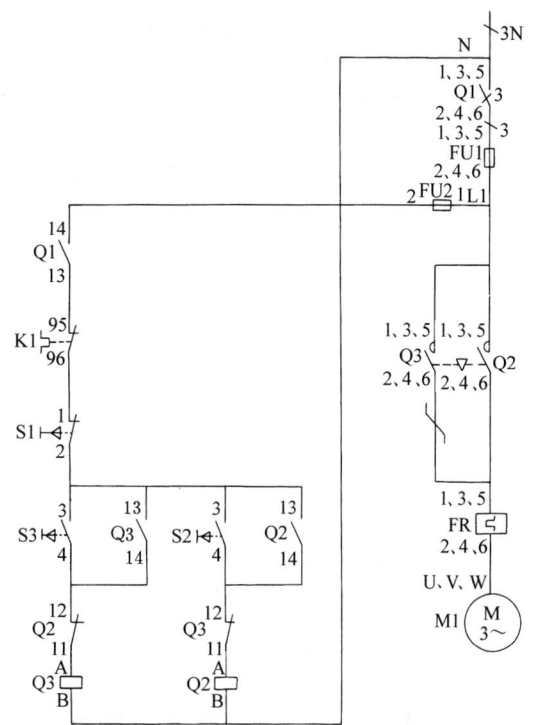

图5-8 用分开表示法绘制的电动机正反转控制电路图
（主电路用单线路表示）

端子代号标注方法示例如图5-9所示（端子代号为1、3、5和2、4、6）。

6）对于画有围框的功能单元或结构单元，其参照代号应标注在围框的上方或左方。

7）在大多数情况下，参照代号中的功能面代号（如图5-9中的"=S"）可以标注在标题栏内或图纸的上方，这样可以简化符号旁参照代号的标注。

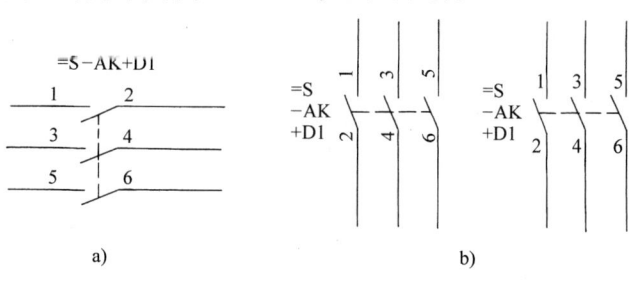

图5-9 参照代号标注方法示例

第二节 可动的元器件状态、触点位置和技术数据的表示方法

一、可动的元器件工作状态的表示方法

元器件和设备的可动部分通常应表示在非激励或不工作的状态或位置。例如：

1）继电器和接触器在非激励的状态。
2）断路器、负荷开关和隔离开关在断开位置。
3）带零位的手动控制开关在零位位置，不带零位的手动控制开关在图中规定的位置。

4) 机械操作开关，例如行程开关，在非工作的状态或位置，即搁置时的情况。机械操作开关的工作状态与工作位置的对应关系，一般应表示在其触点符号的附近，或另附说明。

事故、备用、报警等开关应该表示在设备正常使用的位置。当在特定的位置时，则图上应有说明。多重开闭器件的各组成部分必须表示在相互一致的位置上，而不管电路的工作状态。

二、触点位置的表示方法及功能说明

许多电气元件、器件和设备都带有一定数量的触点。按其操作方式，触点分为两大类：一类是靠电磁力或人工操作的触点，如接触器、电继电器、开关、按钮等的触点；另一类是非电和非人工操作的触点，如非电继电器、行程开关等的触点。这两类触点，在电气图上有不同的表示方法。

1) 接触器、电气继电器、开关、按钮等项目的触点符号，在同一电路中，在加电和受力后，各触点符号的动作方向应取向一致，当触点具有保持、闭锁和延时功能的情况下更应如此。但是，在分开表示法表示的电路中，当触点排列复杂而没有保持等功能的情况下，为了避免电路连接线的交叉，使图面布局清晰，在加电和受力后，触点符号的动作方向可不强调一致。

2) 对非电和非人工操作的触点，必须在其触点符号附近表明运行方式，为此可采用下列方法：

① 用图形表示。
② 用操作器件的符号表示。
③ 用注释、标记和表格表示。

例如，某行程开关的触点，在转轮自 0° 开始，转到 60°~180° 之间闭合，转到 240°~330° 之间也闭合，在其他位置均断开。这一行程开关的触点的运行方式，若采用图形表示，则如图 5-10a 所示。其中，垂直轴上以 "0" 表示触点断开，而 "1" 表示触点闭合。若采

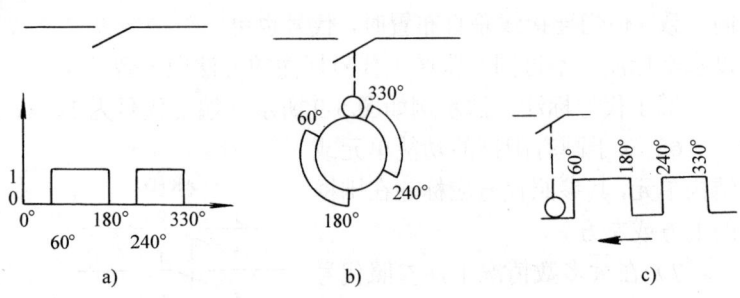

图 5-10 某行程开关触点位置表示方法
a)用图形　b)、c)用操作器件符号

用操作器件的符号表示，则如图 5-10b 或图 5-10c 所示。图 5-10b 中，凸轮推动圆球，触点便闭合，其余为断开。图 5-10c 中，凸轮被画成展开式，箭头表示凸轮行进的方向；若采用表格形式表示，则见表 5-3。这三种表示方式完全等效，可根据图的特点和图面的布置，决定采取哪一种方式。这类触点的表示方式是读图的难点，务必要准确地分析和理解。

表 5-3 某行程开关触点运行方式

角度/(°)	0~60	60~180	180~240	240~330	330~360
触点状态	0	1	0	1	0

当元器件的某些内容不便于用图示形式表达清楚时，可以采用注释的方式。注释有两种方法：一是直接放在所要说明的对象附近；二是将注释放在图中的其他位置。图 5-11 是采用注释补充开关功能的示例。图中，由电动机驱动的开关，与转速有关：当 $n=0$ 时，11-12 闭合；当 100r/min＜n＜200r/min 时，23-24 闭合；当 n＜1 400r/min 时，31-32 闭合。

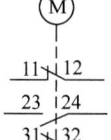

$n=0$ 时，11～12 闭合
100r/min＜n＜200r/min 时，23～24 闭合
n＞1400r/min 时，31～32 断开

图 5-11 采用注释补充开关功能的示例

三、技术数据的标注方法

电气元器件的技术数据（如型号、规格、整定值等）一般标在图形符号的近旁。如图 5-12a 所示的变压器，参照代号为-TM，标注的主要技术数据：型号为 S9，电压比为 35 kV/10.5kV，容量为 2500kVA，联结组标号为 Yd11。

技术数据标注的位置：当连接线水平布置时，尽可能标在图形符号的下方；垂直布置时，则标在参照代号的左方。图 5-12b 的电容器 C1、C2，其电容量均为 0.1μF，分别标注在下方和左方。

技术数据也可以标在继电器线圈、仪表、集成块等元件的框形符号或简化外形符号内。图 5-12c 所示的电流继电器，参照代号为-KA，继电器的额定电流为 5A。

技术数据也可用表格的形式给出，表格的主要内容为序号、代号、型号、规格、数量、备注等，例如图 5-12 所示的几个元件，若是同一图上的元件，则在图上只标注参照代号，有关的技术数据则可列于表 5-4 中。

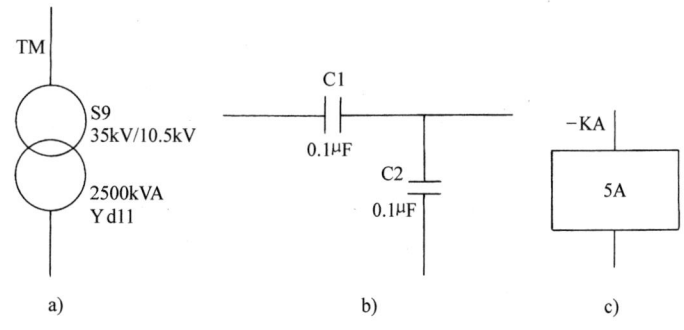

图 5-12 技术数据标注方法

表 5-4 元件明细表

序 号	代 号	名 称	型号及技术数据	数 量	备 注
1	TM	变压器	S9-2500kVA-35kV/10.5kV	1	
2	C1、C2	电容器	0.1μF	2	
3	KA	电流继电器	DL11-5A	1	

第三节 元器件接线端子的表示方法

一、端子的图形符号

在电气元件中，用以连接外部导线的导电元件，称为端子。端子分为固定端子和可拆卸端子两种，其图形符号为：

固定端子，"O"或"·"；

可拆卸端子,"ϕ"。

装有多个互相绝缘并通常与地绝缘的端子的板、块或条,称为端子板。端子板的一般图形符号为

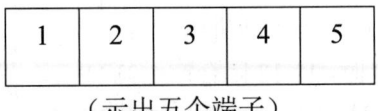

(示出五个端子)

二、以字母数字符号标志接线端子的原则和方法

电气元件接线端子标记由拉丁字母和阿拉伯数字组成,例如 H1、1H1,如果不需要字母 H,可以简化成 1、1.1(或 11)。

接线端子的符号标志方法,通常应遵守以下原则:

1. 单个元件

单个元件的两个端点用连续的两个数字表示,如图 5-13a 所示的电阻器的两个接线端子用 1 和 2 表示。

单个元件的中间各端子一般也用自然递增数序的数字表示,如图 5-13b 所示的电阻器的中间端子用 3 和 4 表示。

2. 相同元件组

如果几个相同的元件组合成一个组,各个元件的接线端子可按下列方式标志:

1)在数字前冠以字母,例如标志三相交流系统的字母 L1、L2、L3 等,如图 5-14a 所示。

2)当不需要区别相别时,可用数字 1.1、2.1、3.1 标志,如图 5-14b 所示。

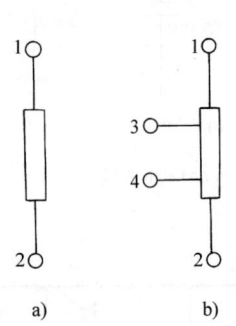

图 5-13 单个元件接线端子标志示例

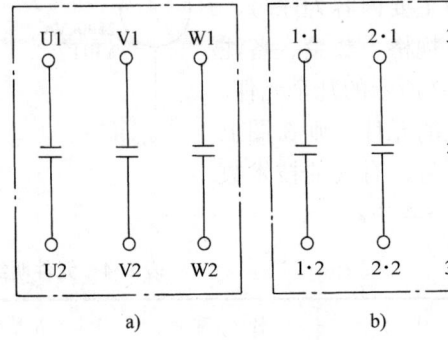

图 5-14 相同元件组接线端子标志示例

3. 同类的元件组

同类元件组用相同字母标志时,可在字母前冠以数字来区别,如图 5-15 中的两组三相电感的接线端子用 1U1、2U1 等来标志。

4. 与特定导线相连的电器接线端子的标志

与特定导线(例如:三相电源线 L1、L2、L3,中性线 N,接地线 PE 等)相连的电器接线端子的标志示例如图 5-16 所示。

三、端子代号的标注方法

在许多图上,电气元器件和设备不但要标注参照代号,还应标注端子代号。端子代号可按以下三种情况进行标注。

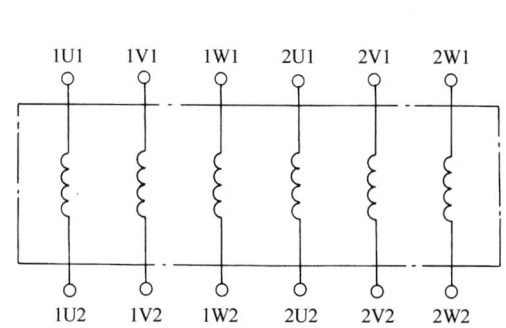
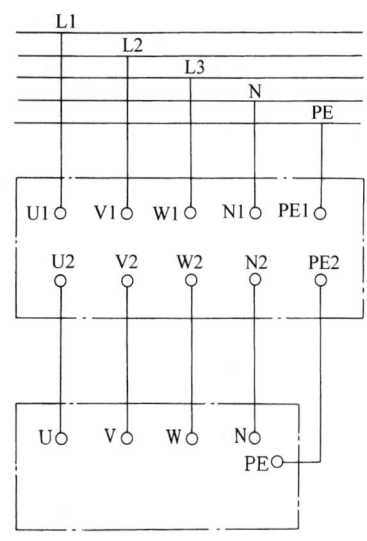

图 5-15 同类的元件组接线端子标志示例　　图 5-16 与特定导线相连的电器接线端子的标志示例

1）电阻器、继电器、模拟和数字硬件的端子代号应标在其图形符号的轮廓线外面。符号轮廓线内的空隙留作标注有关元件的功能和注解，如关联符、加权系数等。作为示例，图 5-17 所示为电阻器、求和模拟单元、与非功能模拟单元、编码器的端子代号的标注方法。

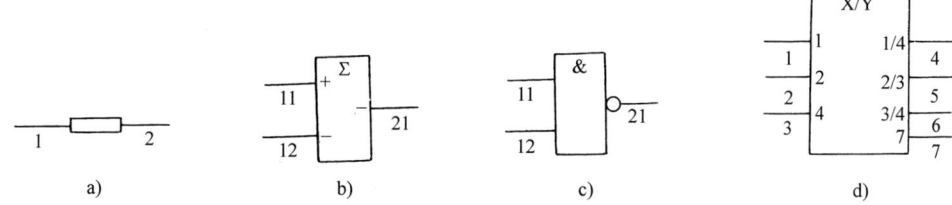

图 5-17　模拟和数字硬件的端子代号标注示例

a) 电阻器符号　b) 求和模拟单元的符号　c) 与非功能模拟单元符号　d) 编码器符号

2）对用于现场连接、试验和故障查找的连接器件（如端子、插头和插座等）的每一连接点都应标注端子代号。图 5-18 所示为接线端子板和多极插头插座的端子代号的标注方法。

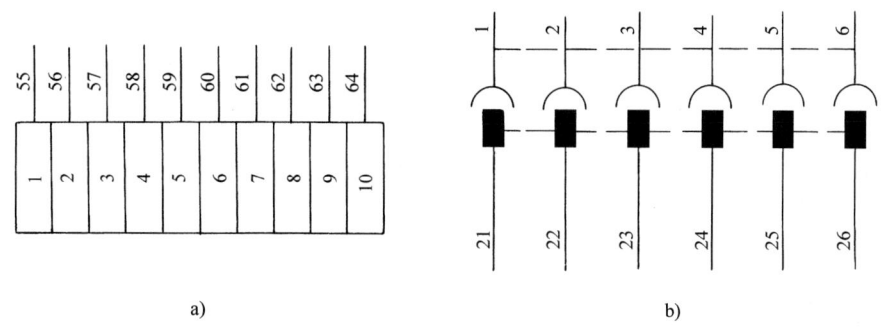

图 5-18　连接器件的端子代号标注方法示例

a) 端子板　b) 多极插头插座

3）在画有围框的功能单元或结构单元中，端子代号必须标注在围框内，以免被误解，如图5-19所示。该图所示的A5围框引出7根线，则应标出7个端子代号。这些端子代号是：

-A5-X1：1、2、3、4、5；

-A5-X2：1、2。

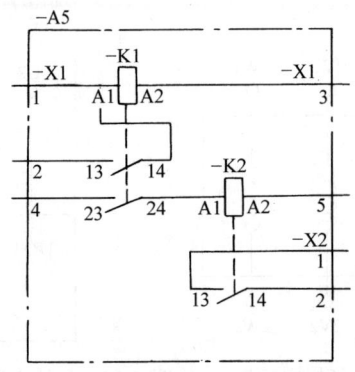

图5-19 围框端子代号标注方法

第六章 连接线的表示方法

第一节 连接线的一般表示方法

一、导线的一般表示方法

导线的一般表示方法如图 6-1 所示。主要内容说明如下：

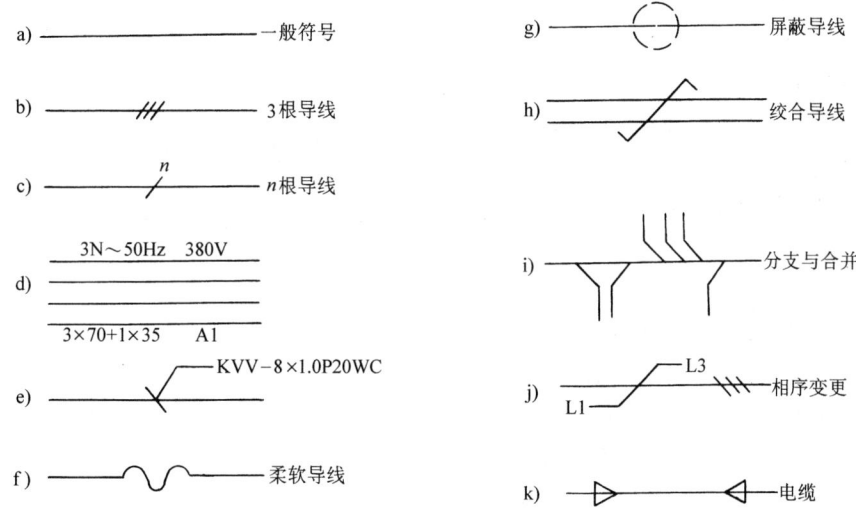

图 6-1 导线的一般表示方法及示例

（1）导线的一般符号 导线的一般符号如图 6-1a 所示，可用于表示一根导线、导线组、电线、电缆、电路、传输电路（如微波技术）、线路、母线、总线等。这一符号可根据具体情况加粗、延长或缩小。

（2）导线根数的表示方法 当用单线表示一组导线时，若需示出导线根数，可加小短斜线表示。根数较少时（例如 4 根以下），其短斜线数量代表导线根数；根数较多时，可加数字表示，示例如图 6-1b、c 所示。图中 n 为正整数。

（3）导线特征的标注方法 导线的特征通常采用符号标注，标注方法是：

在横线上面标出电流种类、配电系统、频率和电压等；

在横线下方注出电路的导线数乘以每根导线的截面积（mm^2），若导线的截面积不同，可用"+"将其分开；

导线材料可用化学元素符号表示。

图 6-1d 的示例表示，该电路有三根相线，一根中性线（N），交流 50Hz，380V，导线截面积为 70mm^2（3 根），35mm^2（1 根），导线材料为铝（Al）。

在某些图（例如安装平面图）上，若需表示导线的型号、截面积、安装方法等，可采用

图 6-1e 所示的标注方法。示例的含义是：导线型号，KVV（铜芯塑料绝缘控制电缆）；截面积，8×1.0mm²；安装方法，穿入塑料管（P），塑料管管径ϕ20mm，沿墙暗敷（WC）。安装方法的文字代号见第十二章。

（4）导线换位及其他表示方法　在某些情况下需要表示电路相序的变更、极性的反向、导线的交换等，则可采用图 6-1j 所示的方式表示。示例的含义是 L1 相与 L3 相换位。其他含义见图中文字标注。

二、图线的粗细

为了突出或区分某些电路及电路的功能等，导线、连接线等可采用不同粗细的图线来表示。一般来说，电源主电路、一次电路、主信号通路等采用粗线，与之相关的其余部分用细线。例如图 6-2 中，由隔离开关 QS、断路器 QF 等组成的变压器 T 的电源电路用粗线表示，而由电流互感器 TA 和电压互感器 TV、电能表 Wh 组成的电流测量电路用细线表示。

三、连接线的分组和标记

母线、总线、配电线束、多芯电线电缆等都可视为平行连接线。为了便于看图，对多条平行连接线，应按功能分组。不能按功能分组的，可以任意分组，每组不多于三条。组间距离应大于线间距离。图 6-3a 所示的 8 条平行连接线，具有两种功能，其中交流 380V 导线 6 条，分为两组，直流 110V 导线两条，分为一组。

为了表示连接线的功能或去向，可以在连接线上加注信号名或其他标记，标记一般置于连接线的上方，也可以置于连接线的中断处，必要时还可以在连接线上标出信号特性的信息，如波形、传输速度等，使图的内容更便于理解。图 6-3b 给出了几种标注方法，如表示功能"TV"，电流"I"，传输波形为矩形波等。

四、可供选择的几种连接方式的表示法

当连接线有可供选择的几种接线方式时，应分别用序号表示，并将序号标注在连接线的中断处。例如图 6-4 所示

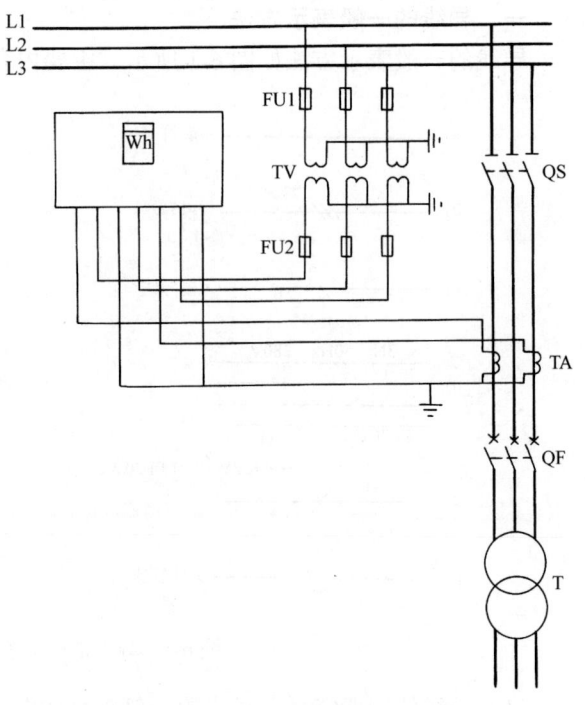

图 6-2　图线粗细示例

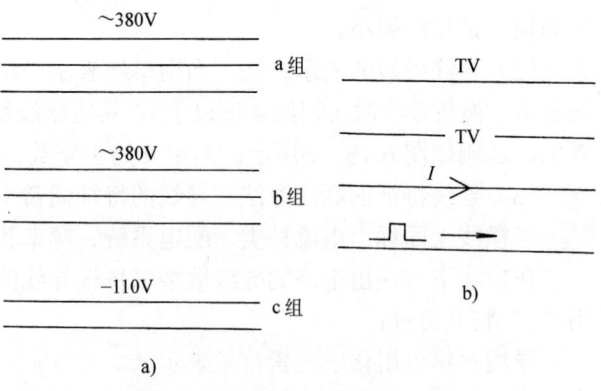

图 6-3　连接线分组和标记示例
a)连接线分组　b)连接线标记

的微安（μA）表电路，一般情况下按方式1接线，微安表不接入电路；测量时按方式2接线，微安表接入。

五、导线连接点的表示方法

导线的连接点有"T"形连接点和多线的"十"形连接点。

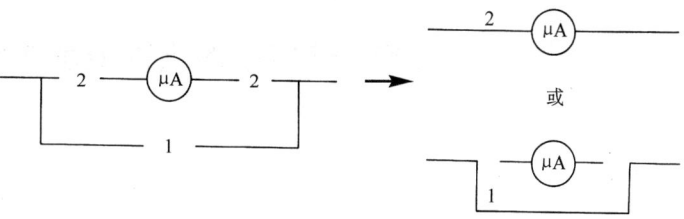

图 6-4 可供选择的接线方式表示方法

对"T"形连接点可加实心圆点（·），也可不加实心圆点；对"十"形连接点，必须加实心圆点。如图 6-5a 所示。

对交叉而不连接的两条连接线，在交叉处不能加实心圆点，并应避免在交叉处改变方向，也应避免穿过其他连接线的连接点。

图 6-5b 是导线连接点的示例。图中连接点①属"T"形连接点，没有实心圆点；连接点②属"十"字交叉，必须加实心圆点，否则表示不连接；连接点③是导线与设备端子的固定连接点；连接点④是导线与设备端子的活动连接点（可拆卸连接点）。

图中 A 处，表示的是两导线交叉而不连接，显然，这一交叉如果放在①～④各连接点上必将引起误解，这是不允许的。

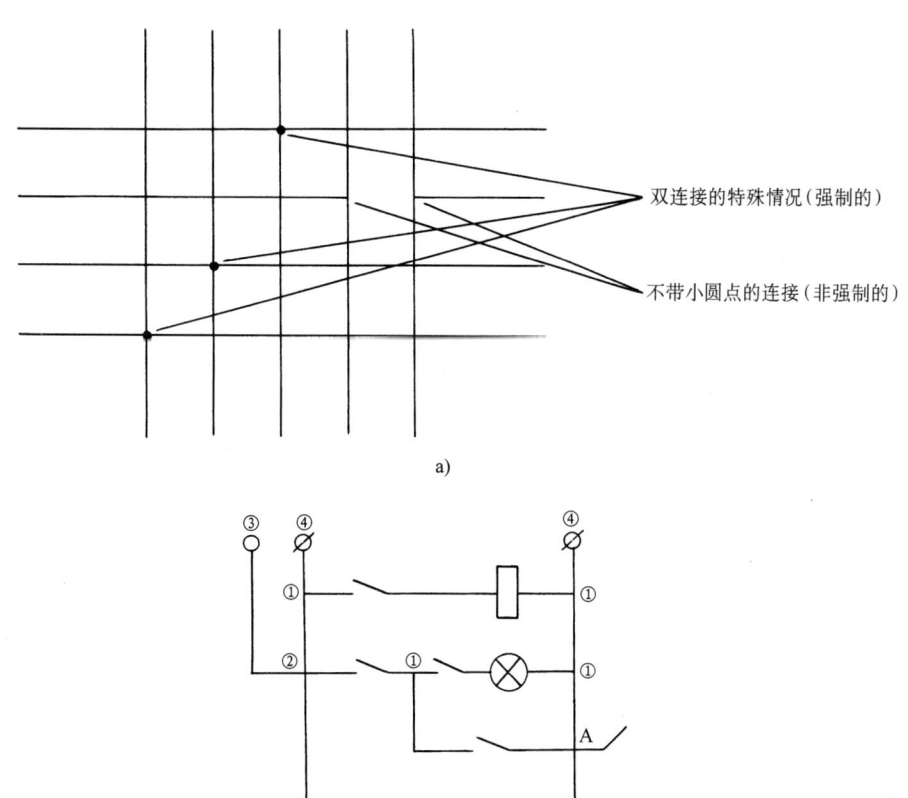

图 6-5 导线连接点的表示方法及示例

第二节　连接线的连续表示法和中断表示法

一、连续表示法

连续表示法是将连接线头尾用导线连通的方法。在表现形式上又分平行连接线和线束两种情况。

1. 平行线

如为平行连接线，可以用多线表示，也可以用单线表示。为了避免线条太多，以保持图面的清晰，对于多条去向相同的连接线常采用单线表示法。

图 6-6 是平行连接线的几种表示方法示例。图 6-6a 表示了 5 根平行线，图 6-6b 采用圆点标记出平行线端部的第一根连接线，图 6-6c、d 采用标记 A、B、C、D、E 表示出了连接线的连接顺序。

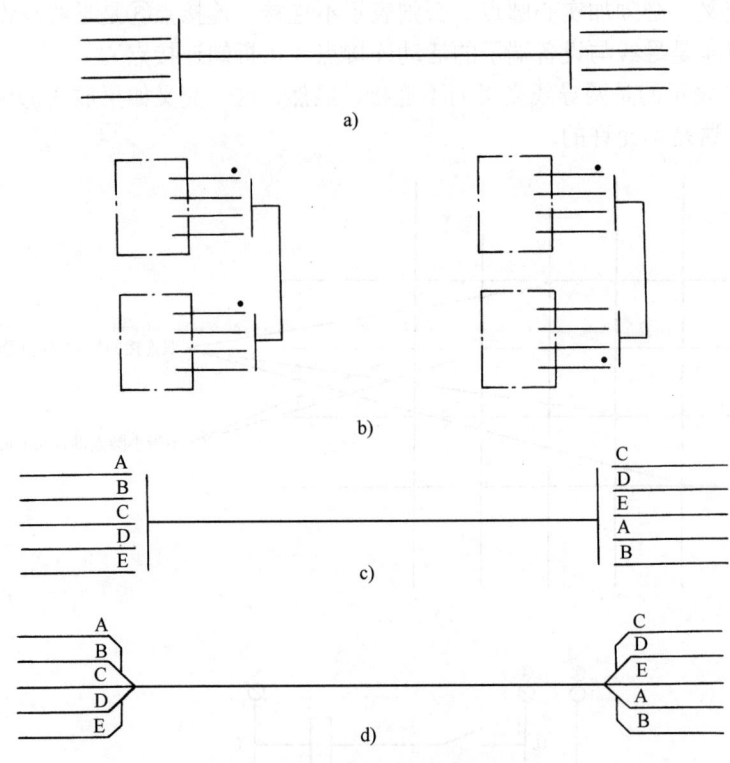

图 6-6　平行连接线表示方法示例

2. 线束

电气图中的多根去向相同的线可采用一根图线表示，这根图线实际代表着一个连接线组，称为线束。线束的表示方法示例如图 6-7 所示。图 6-7a 每根线汇入线束时，与线束倾斜相接，并加上标记 A—A、B—B、C—C、D—D。这种方法通常需要在每根连接线的末端注上相同的标记符号。汇接处使用的斜线，其方向应使看图者易于识别连接线进入或离开线束的方向。图 6-7b、c 给出了线束所代表的连接线数目。图 6-7d 给出了连接线的标记和被连接项目的参照代号（—D1、—D2、—D3）。

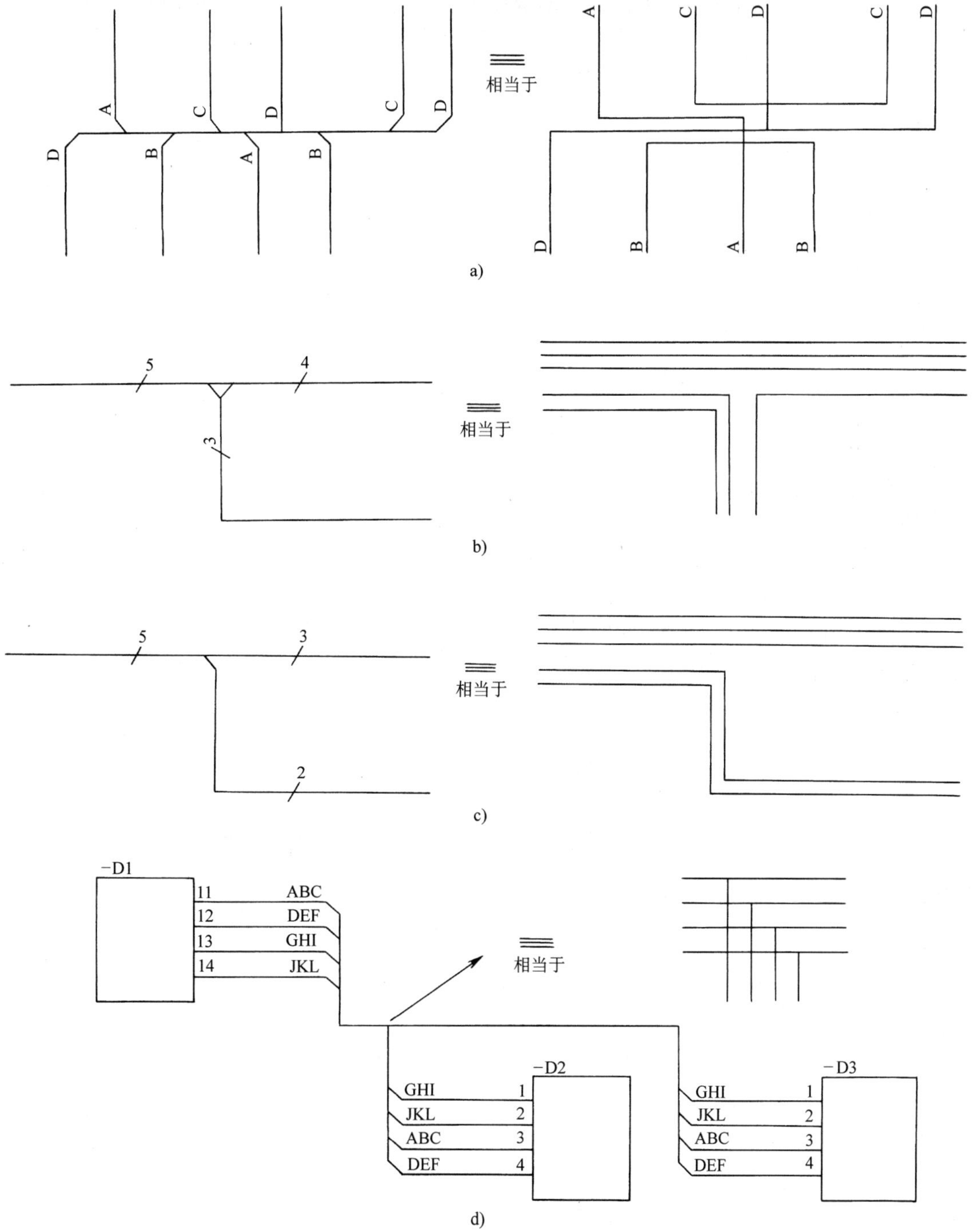

图 6-7 线束表示方法示例

二、中断表示法

中断表示法是将连接线在中间中断，再用符号表示导线的去向。连接线在下列情况下可

以中断:

同一张图中,连接线需要大部分幅面或穿越符号稠密布局区域,或连接点之间的接线布置比较曲折复杂时;两张或多张图内的项目之间有连接关系时。

中断线标记可由下列一种或多种组成:

1) 连接线的信号代号,或其他文字标记。
2) 与地、机壳或其他共用点的符号。
3) 位置标记。
4) 插表。
5) 其他方法。

图 6-8 为在同一张简图中采用信号代号或代号(X、Y)及采用位置代号标记(A5、B1),以表示中断线关系示例。

图 6-9 为多张图之间有连接关系的中断线及其标记的示例。图中,一条图线需要连接到另外的图上去,则必须采用中断线表示。例如,图中=A1 第 5 张图内的两根线 EF 和 JK 分别接至=P1 的 B3 位置=P2 第 2 张图的 A4 位置(JK 未表示)。

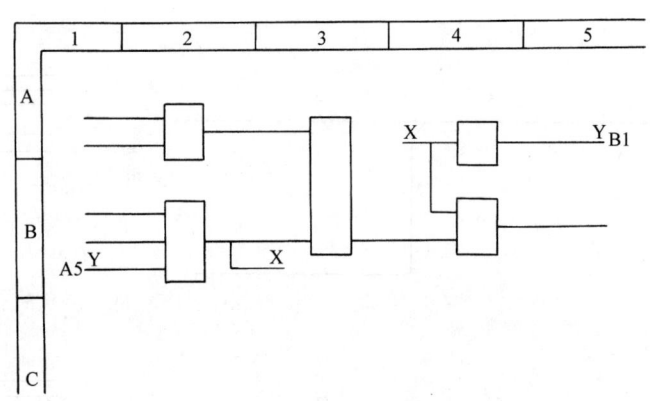

图 6-8　在同一张图上连接线中断标注信号和位置标记的示例

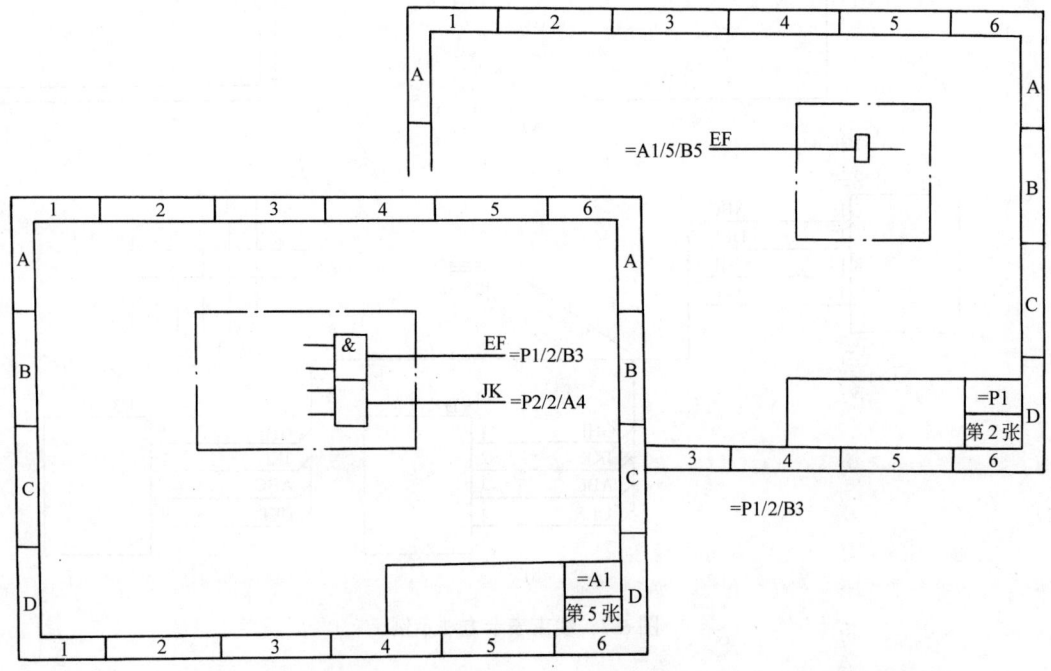

图 6-9　多张图之间有连接关系的中断线及其标记的示例

第三节 多线表示法和单线表示法

一、多线表示法

每根连接线或导线各用一条图线表示的方法,称为多线表示法。图 6-10a 是用多线法表示的三相异步电动机Y/△起动控制的主电路图。电路的工作原理是:刀开关 Q1、交流接触器 Q2、Q4 接通后,电动机三相绕组接成Y,电动机减压起动;经过一定时间,电动机起动完毕,Q4 断开,Q3 接通,三相绕组接成△,电动机转入正常的全电压运行。

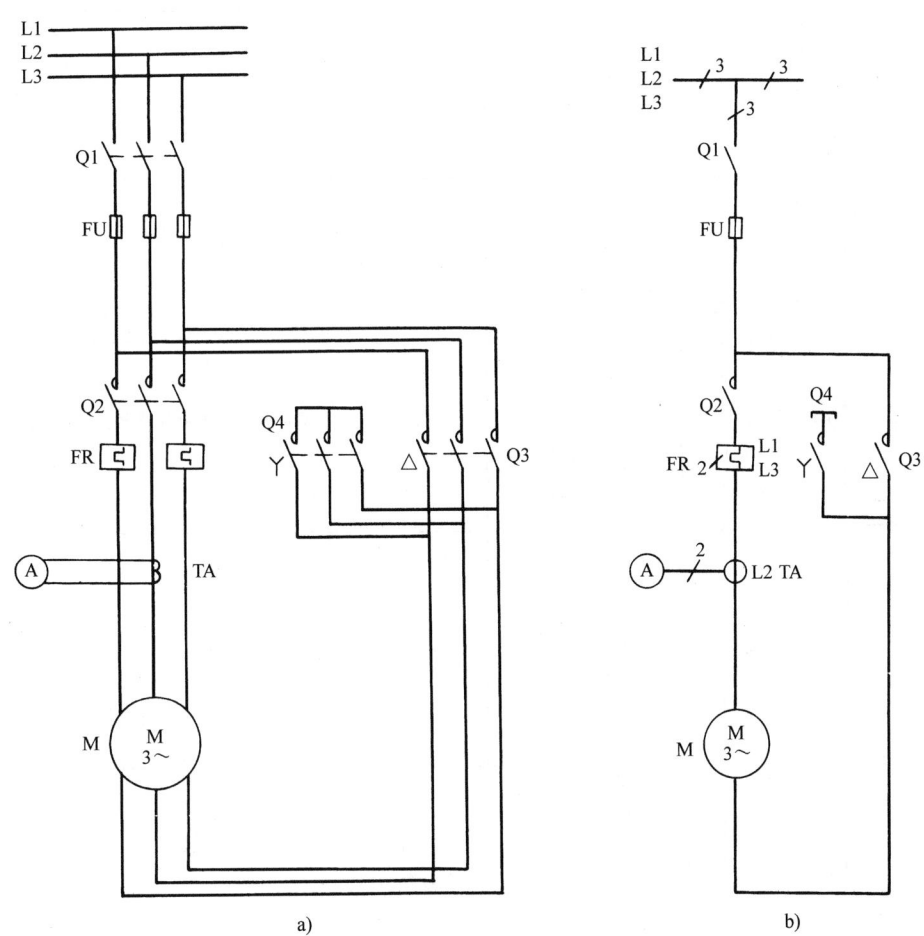

图 6-10　多线表示法和单线表示法示例
a)多线表示法　b)单线表示法

用多线表示法绘制的图,能详细地表达各相或各线的内容,尤其是在各相或各线内容不对称的情况下,宜采用这种方法。

二、单线表示法

两根或两根以上的连接线或导线,只用一条线表示的方法,称为单线表示法。图 6-10b

是上述Y/△起动器电路的单线表示法示例。这种表示法主要适用于三相或多线基本对称的情况。对于某些不对称的部分或用单线没有明确表示的部分，在图中应有另外的说明，补充某些附加信息。例如，图中的热继电器 FR 是两相的，图中标注了数字"2"和"L1"、"L3"；电流互感器 TA 装在 L2 相，标注了"L2"等。

这种单线表示法还可用于图形符号，即用单个图形符号表示多个相同的元器件，示例见表 6-1。

表 6-1 单线表示法用于图形符号示例

序号	示例	对应的多线表示	说明
a	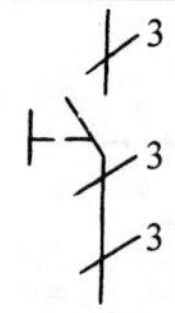	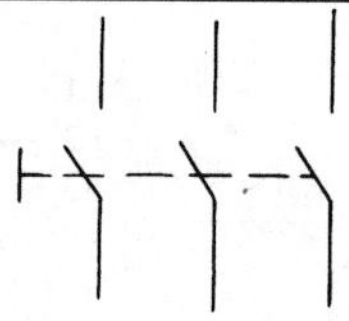	一个手动三极开关
b	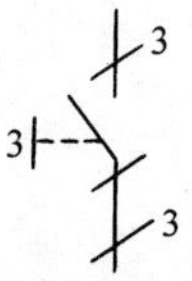	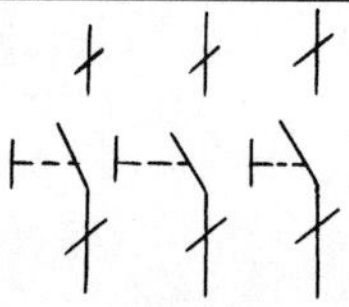	三个手动单极开关
c	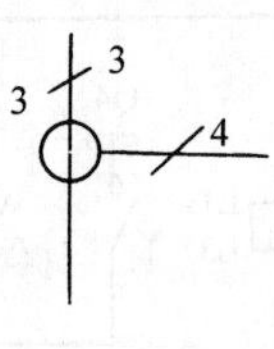	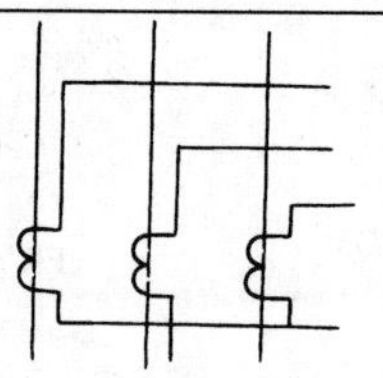	三根导线，每根都带有一个电流互感器，共有四根次级引线引出
d	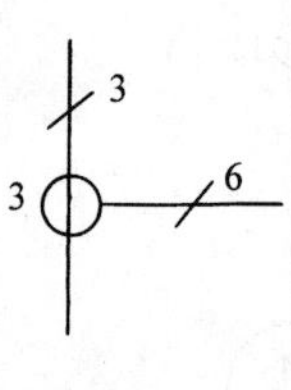	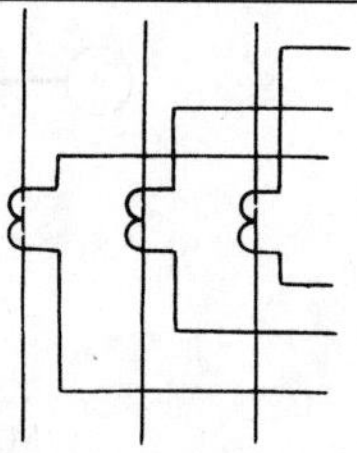	三根导线，每根都带有一个电流互感器，共有六根次级引线引出
e	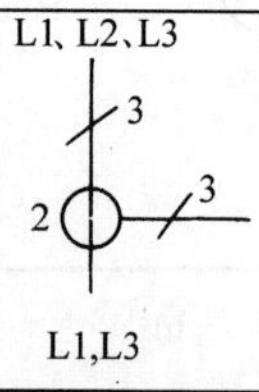	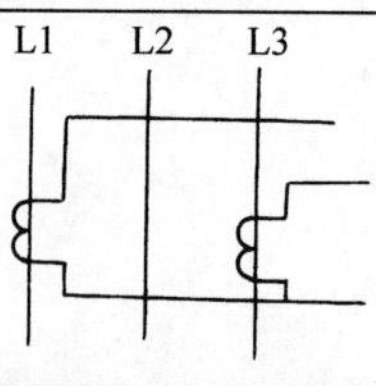	三根导线 L1、L2、L3，其中二级各有一个电流互感器，共有三根次级引线引出

三、混合表示法

在一个图中，一部分采用单线表示法，一部分采用多线表示法，称为混合表示法。图 6-11 是混合表示法示例。

将图 6-11 与图 6-10 进行比较后，可以看出："△"起动部分，为了表示三相绕组的连接情况，用了多线表示法；为了说明不对称布置的两相热继电器和单相电流互感器，也用了多线表示法。其余三相完全对称部分则用单线表示法。

这种表示法兼有单线表示法简洁精炼的优点，又兼有多线表示法对描述对象精确、充分的优点，并且由于两种表示法并存，变化、灵活，能给看图者以动感和美感，是值得提倡的一种形式。

第四节 导线的识别标记及其标注方法

在一些电气图（例如接线图）上，必须作出标记，供用图者识别和接线、查线用。

标在导线或线束两端，必要时，标在其全长的可见部位（或标在图线上），以识别导线或线束的标记，称为导线的识别标记。识别标记一般由主标记和补充标记两部分组成。

一、主标记

只标记导线或线束的特征，而不考虑其电气功能的标记系统，称为主标记，主标记分为从属标记、独立标记和组合标记三种。

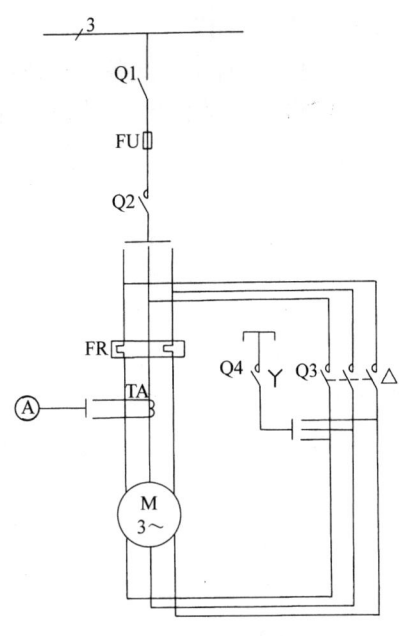

图 6-11 混合表示法示例

1. 从属标记

以导线所连接的端子的标记或线束所连接的设备的标记为依据的导线或线束的标记系统，称为从属标记。从属标记又分为从属本端标记、从属远端标记和从属两端标记三种。

（1）从属本端标记 导线或线束终端的标记与其所连接的端子或设备部件的标记系统，称为从属本端标记。例如图 6-12 中，元件-A、-B 之间有两根连接导线，-A 的端子 1、3 与-B 的端子 a、d 相连。当采用本端标记时，导线两端各标注本端端子号"1"、"3"和"a"、"d"，如图 6-12a 所示。

（2）从属远端标记 导线或线束终端的标记与远端所连接的端子或设备的部件

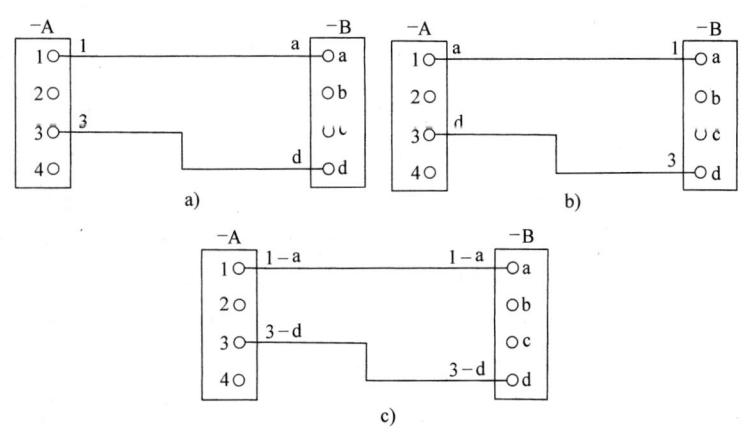

图 6-12 从属标记示例

a)从属本端标记 b)从属远端标记 c)从属两端标记

相同的标记系统，称为从属远端标记。例如图 6-12b 中，导线两端分别标记了远端的端子号，设备-A 的一端的连接导线标注了设备-B 的一端的端子号"a"、"d"，而与-B 连接的一端则标注了-A 的一端的端子号"1"、"3"。

（3）从属两端标记 导线或线束每一端都标出与本端连接的端子标记与远端连接的端子的标记或两端设备部件的标记系统，称为从属两端标记。例如图 6-12c，导线两端分别标注为"1-a"、"3-d"。

上述三种标记方式各有优缺点,从属本端标记对于本端接线,特别是导线拆卸以后再往端子上接线,比较方便;从属远端标记清楚地表示了导线连接的去向;从属两端标记综合前二者的优点,但文字较多,当图线较多时,容易混淆。

如果采用中断线表示,从属本端标记则在端子旁标注本端端子号,如"-A:1"、"-A:3"和"-B:a"、"-B:d",如图 6-13 所示;从属远端标记,则在端子旁标注远端端子号,如"-B:a"、"-B:d"和"-A:1"、"-A:3",如图 6-13b 所示。

2. 独立标记

与导线所连接的端子的标记或线束所连接的设备的标记无关的导线或线束的标记系统,称为独立标记。图 6-14 中,两导线分别标记"1"和"2",与两端的端子标记无关。这种标记方式,一般只用于用连续线方式表示的电气接线图中。

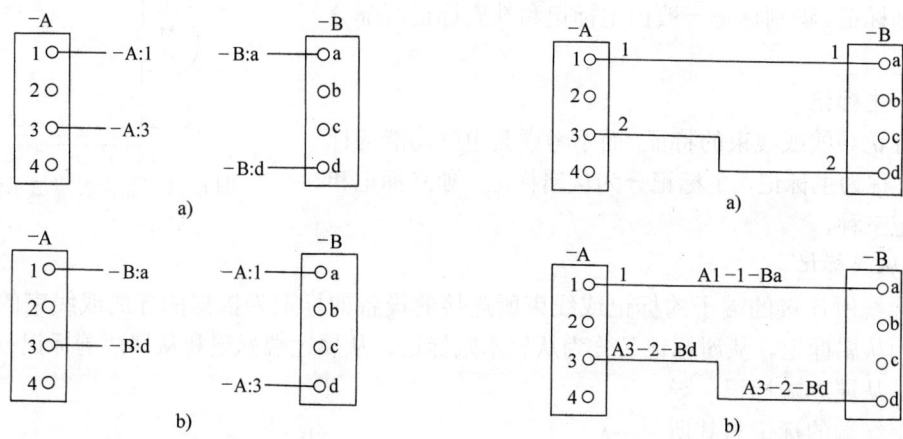

图 6-13 中断线从属标记示例
a)从属本端标记 b)从属远端标记

图 6-14 独立标记和组合标记示例
a)独立标记 b)独立标记和从属本端标记的组合

独立标记的符号通常采用阿拉伯数字。标记的一般原则是:将导线按用途分组,每组给以一定的数字范围;导线的标号一般由三位或三位以下的数字组成,当需要标明导线的相别或其他特征时,可在数字前面或后面增注文字符号;导线标号按等电位原则进行,即在电路中连于一点的全部导线都用一个数码表示,当导线经过开关或触点断开后,在其断开时已不是等电位,所以应给予不同的数码;标号应从交流电源一相或直流电源正极开始,以奇数顺序号 1、3、5…或 101、103、105…开始,直至电路中一个主要降压元件(线圈等)为止,之后则按偶数顺序号…6、4、2 或…106、104、102 至交流电源的中性线(或另一相线)或直流电源的负极,某些特殊用途的回路导线常给以固定数字标号,例如断路器跳闸回路用 33、133 等。

3. 组合标记

从属标记和独立标记一起使用的标记系统称为组合标记。图 6-14b 是从属本端标记和独立标记一起使用的组合标记,两根导线分别标记为"A1-1-Ba"、"A3-2-Bd"。

二、补充标记

补充标记一般用作主标记的补充,并且以每一导线或线束的电气功能为依据。补充标记通常用字母或特定符号表示，如表示导线的功能（开关的闭合或断开、安装位置、电流和电压的测量以及用于加热、照明、信号、测量电路等），表示交流系统的相位，表示直流电路的极性，表示导线的接地，等等。

表示功能的补充标记符号应与现行的国家标准一致，或在图纸的某一位置列出它们的含义。

为了避免混淆，补充标记和主标记最好用符号（如斜杠"/"）将其分开。图6-15给出了项目-A的端子1与项目-D的端子3之间连接线的几种识别标记的标注方法。

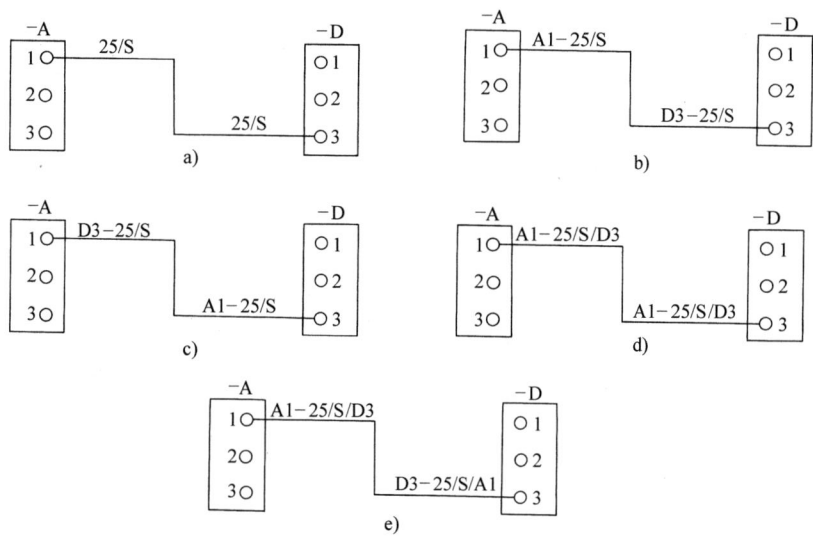

图6-15 主标记和补充标记标记方法示例

A、D—参照代号 S—补充标记 25—主标记（独立标记）

图中：

a 为独立标记+补充标记。

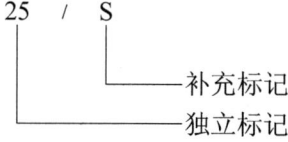

b 为从属本端标记+独立标记+补充标记。

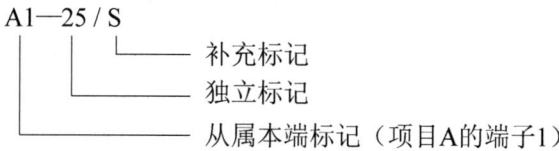

c 为从属远端标记+独立标记+补充标记。

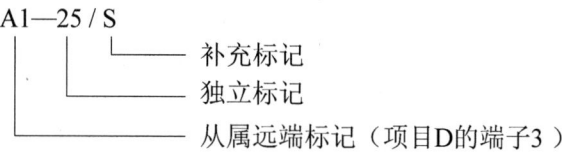

d 为从属两端标记+独立标记+补充标记。

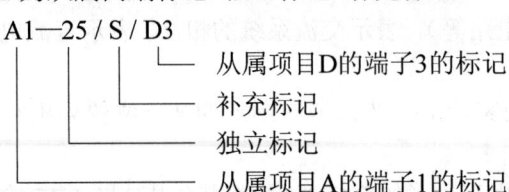

e 的标记方法与 d 基本相同,但两端标记为远端标记。

第七章 概略图

第一节 概略图的基本特点和用途

一、概略图的基本含义

现代电力供应一般不是由发电厂直接向用户供电,而是经过升压变电所升压后,送向电网,再由电网经过各级变电所分级降压,以及各种电压等级的输电线路、配电线路,送给各用户使用。发、供、用电示意图如图 7-1a 所示。

如果用图形符号代表发电机、变压器、线路,并标注一定的代号,如发电机为 G,变压器为 T,线路为 W,负荷为 P,则可用图 7-1b 来表示。

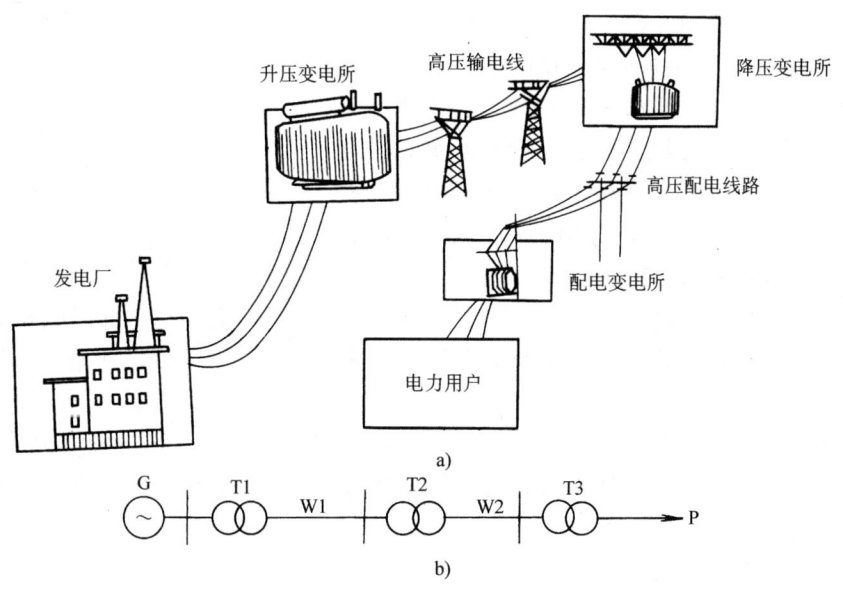

图 7-1 发、供、用电示意图和概略图
a)示意图 b)概略图

类似图 7-1b 这种表示电能输送和分配的图,称为概略图。描述电气系统基本构成的,也称为系统图;如果用框的形式概略表示其组成,也称为框图。

概略图的基本含义是:

在 1997 年的国家标准 GB 6988—1997 中,概略图的定义是:用符号或带注释的框,概略表示系统、分系统、装置、部件、设备、软件中各项目之间的主要关系和连接的相对简单的简图,通常用单线表示。

在 2008 年的国家标准 GB 6988—2008 中,概略图的定义是:概略地表达一个项目的全面特性的简图。

电气概略图中的各元件,如发电机、变压器、导线、开关、用电器等,流过的电流一般都是主电流或一次电流,这些设备又称为一次设备。所以,常见的电气概略图又特指一次设备按一定次序连成的电气图,故又习惯称为一次电路图或主接线图。

概略图过去被称为系统图,实际上"系统"与装置、设备、器件等术语一样,表示一项实际的"硬件",因此,采用系统图与采用装置图、设备图、器件图等术语一样,其概念是含糊的,至少是不明确的。人们在不了解系统图之前,对系统图这一术语至少要产生这样的疑问:系统图是指系统的框图、电路图等功能简图,还是指系统的安装图、平面图?因此,将系统图定义为概略图,对澄清概念是有益的。

二、概略图的基本特点

1) 概略图所描述的对象是系统或分系统。

系统是一个没有十分明确界定的概念,因而电气概略图可用来表示大型区域电力网,也可用来描述一个较小的供电系统,如一个工厂、一个企业、一栋住宅楼的供电系统,还可用来描述某一电气设备的供电关系,如一台电动机、一个或几个照明灯具的供电关系。

图 7-2 所示是一分系统供电概略图。

图 7-2a 中,供电电源为三相 380V,经隔离开关 QS、电流互感器一次绕组 TA、空气断路器 QF,送至电动机 M。图 7-2b 中,电源为单相 220V,经总开关 Q 和熔断器 FU1,分成 3 路,分别送到一层、二层、三层,各层装有熔断器 FU2~FU4。

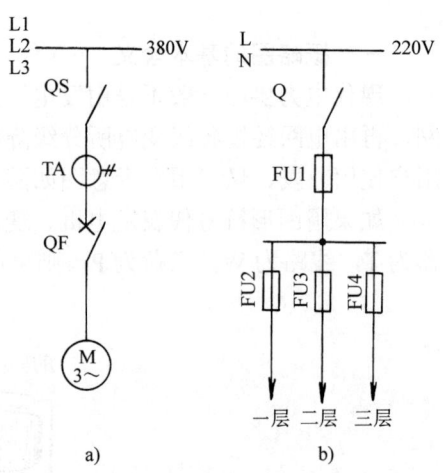

图 7-2 分系统供电概略图

a)某电动机供电概略图 b)某住宅楼照明供电概略图

2) 概略图所描述的内容是系统的基本组成和主要特征,而不是全部组成和全部特征。例如图 7-1 所描述的发、供、用电系统,仅限于基本组成和相互关系,而略去了其他许多环节和设备。

3) 概略图描述的是产品的某一方面,如从功能面描述产品,从产品面描述产品。

4) 概略图对内容的描述是概略的而不是详细的,但其概略程度则依描述对象不同而不同,例如,描述的一个大型电气系统,只要画出发电厂、变电所、输电线路即可,而要描述某一设备的供电系统则应将熔断器、开关等主要元件表示出来。

5) 在概略图中,表示多线系统通常采用单线表示法,表示系统的构成一般采用图形符号。对于某一具体的电气装置,其电气概略图也可采用框形符号。这种用框形符号绘制的图又称为框图。图 7-3 是晶闸管直流传动装置

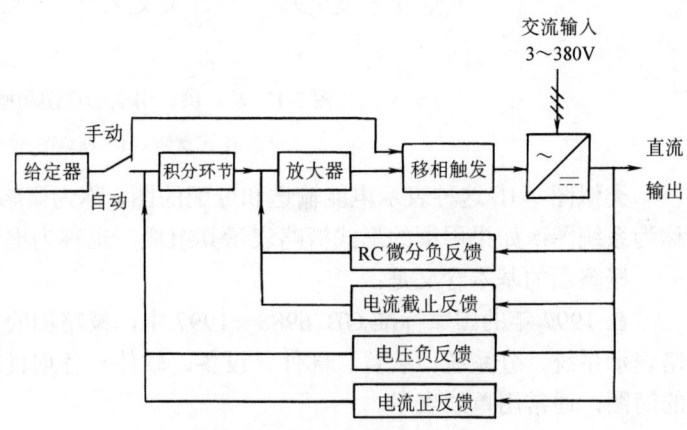

图 7-3 晶闸管直流传动装置概略图(框图)

框图。该图概略地描述了这一传动装置的基本构成及各部分的相互关系：晶闸管整流器将三相交流电整流为直流电，对直流电动机供电。为了满足调速的要求，该装置设有电压负反馈、电流正反馈、电流截止反馈、RC 微分负反馈及积分环节、放大器、移相触发器等，组成自动稳速的无级调速系统。

这种形式的框图是概略图的一种，两者都是用符号绘制的概略图，但在实际应用中，两者又有比较大的区别：概略图采用一般符号和框形符号，框图则采用框形符号；概略图标注的参照代号为高层代号，框图若标注参照代号，一般为产品面代号；两者所描述的对象也有区别，概略图通常用于表示系统或成套装置，而框图通常用于表示分系统和设备。

6) 有的时候，电气概略图也可以与非电过程的流程图一并绘制，以便更清楚地表示系统的特征。图 7-4 所示为电气概略图和非电流程图联合绘制示例，它将水泵电动机的电气概略图与水泵给水系统（流程）联合绘制，对系统的功能描述更加详细。

图中，描述了三个系统：

① 电动机 M 的供电系统。由电源 L1、L2、L3，经开关 Q，送至水泵电动机 M。

② 水泵给水系统（流程）。由水泵抽水，经管道输送到水塔。

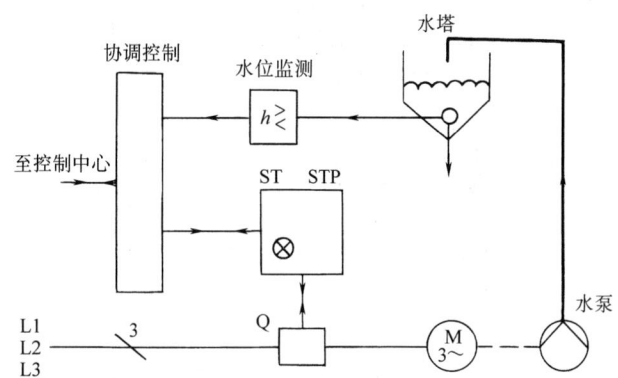

图 7-4 电气概略图和非电流程图联合绘制示例

③ 控制系统。水位监测装置将测量到的水位 h 的信号送至协调控制系统及控制中心，由此发出命令，决定电动机 M 的控制开关 Q 是否起动（ST）或停止（STP），即决定水泵是抽水或停止，此外，电动机工作情况（如电流、电压、温升等）也要反馈到协调控制系统。

三、概略图的基本用途

概略图是从总体上描述系统、分系统、成套电气装置、设备、软件等的概况，并表示出各主要功能件之间和（或）各主要部件之间的主要关系。它是一种最基本的电气技术文件。

1) 概略图是设计人员进一步编制更为详细的其他电气图（如电路图、接线图、位置图等）的基础，也是编制其他详细技术文件的依据。例如，图 7-1 所示的供电概略图，从整体上确定了该项电气工程的规模，它为设计其他电气图，编制其他技术文件，进行有关的电气计算，选择导线、开关等设备，拟订配电装置的布置和安装位置等提供了主要依据。

2) 概略图供操作和维修时参考。电气概略图是有关操作、培训和维修不可缺少的重要电气图。同时，电气概略图也是作为电气运行中开关操作和电路切换的主要依据，例如，图 7-1 所示的供电概略图就是电气运行中开关操作顺序、切换电路的主要依据，因此，在配电室、控制室、调度指挥中心等场所，电气概略图是必备图纸之一，有的还被放大，张贴在显要的墙壁上，甚至制成模拟板，供运行人员模拟操作，或者编成计算机软件，随时调出使用。

3) 概略图供有关部门了解设计对象的整体方案、工作原理和组成概况。例如，若要对某型晶闸管直流传动装置的设计方案进行可行性论证，图 7-3 所示的框图一定是必需的图样之一。

第二节 概略图绘制的基本原则和方法

一、概略图布局

概略图通常应按功能布局法绘制,但是,当位置信息对理解简图功能非常重要时,也可采用位置布局方式。为了在功能布局法绘制的概略图中给出位置信息,可在图中补充某些位置信息。图 7-5 所示的高压配电装置构成概略图中,补充了位置信息,如+H1、+H2…,这样,对功能的描述更具体。

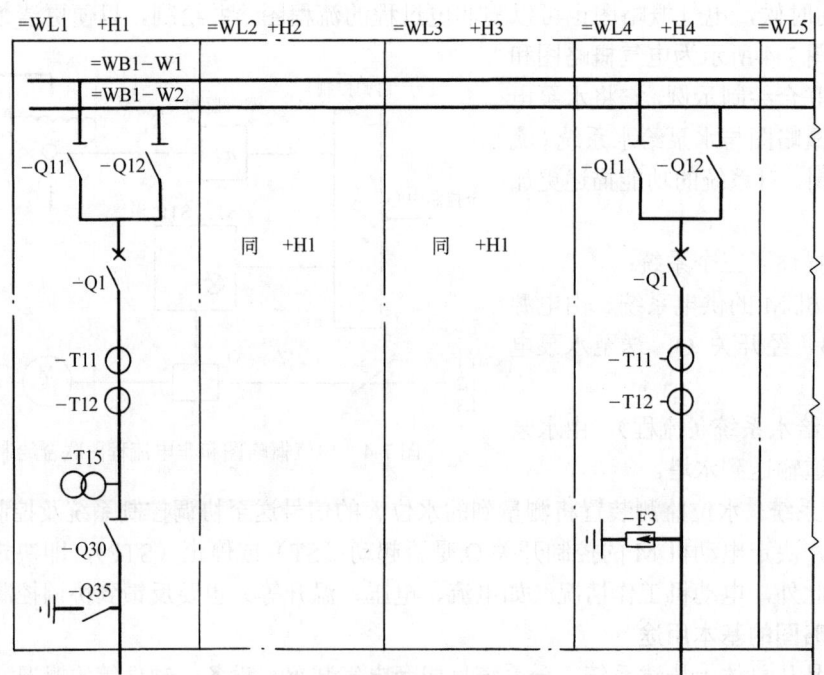

图 7-5 高压配电装置构成概略图

概略图用以表示项目的包括框形符号在内的图形符号的布局,应做到使信息、控制、能源和材料的流程清晰,易于区分辨认。必要时每个图形符号应标注参照代号。

二、图形符号的运用

概略图采用符号(以框形符号为主)或带有注释的框绘制。

(1)采用框形符号 框形符号是用以表示元件、设备等的组合及其功能,既不给出元件、设备的细节,也不考虑所有连接的一种简单的图形符号。

(2)采用带注释的框 概略图中的框可能为一系统、分系统、成套装置或功能单元。显然,统一用一种空洞的、不加任何注释的框来构成概略图,是很难将对象表示清楚的。所以,在概略图中,广泛地采用带注释的框,框的形式有两种:实线框和点画线框。点画线框包含的容量一般大些。框内注释可以采用符号、文字或同时采用符号与文字,如图 7-6 所示。

图 7-6a 中,注释的符号为通用的电气图用图形符号,较详细地表示了框内各主要元件的连接关系:电源输入,经隔离开关、电流互感器、负荷开关、隔离开关,至输出;一组避雷

器和一组接地隔离开关并联，一端接电源、一端接地。

图 7-6b 中，采用文字注释，主要表示该框的功能——时间开关。

图 7-6c 中，采用符号与文字相结合的方式注释。该框用两个符号（一个按钮、一个信号灯）注明了元件的组成，并用文字注明了该框的功能是"ON/OFF"（开/关）互相切换，并给出一定的信号。

上述三种注释方式，各有优点：符号注释，由于符号通用，便于统一理解；文字注释，简便、明了；符号与文字注释，两者兼之。但究竟采用何种注释方式，主要取决于表达的内容及用途。一般在方案

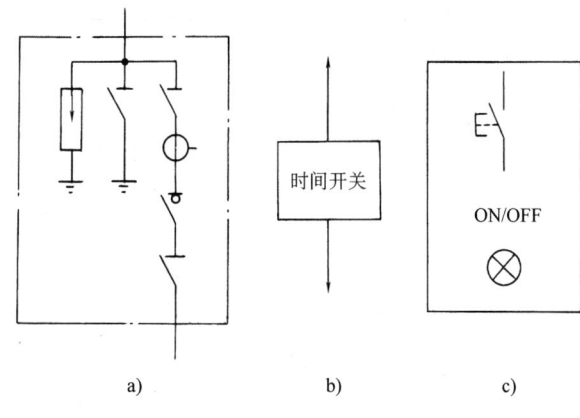

图 7-6 框的注释方法示例

论证阶段的概略图，框中多采用文字注释，以便于说明其功能与组成，让非专业人员也能知其一；出口产品的概略图，尽量采用符号注释，有利于技术交流；用在产品说明书中提供使用维修的概略图，多采用符号与文字注释，注释的内容尽可能详细一些。

概略图中框的大小，由设计者根据图面布局、注释内容及使用方便等条件来确定，其目的是使概略图能清晰地显示信息流向及各级之间的功能关系。

三、层次划分

概略图可以在功能或结构的不同层次上绘制。较高的层次描述总系统，反映对象的概况；较低的层次描述系统中的分系统，将对象表达得更为详细。某一层次的概略图应包含检索描述较低层次文件的标记。

对于一个比较复杂的产品，可按系统或设备的组成、功能等逐级分解来划分若干层次，分别绘制成多张图。

当产品的组成关系不太复杂时，可以在同一张概略图中，采用图框嵌套的形式来表达产品组成部分的层次关系、功能关系。图 7-7 是框嵌套示意图，其中框"=U"内嵌有框"=A"。

四、单线表示法

在概略图中，多回路和多相电路及其元器件多采用单线表示。图 7-8 是某发电厂电气概略图，

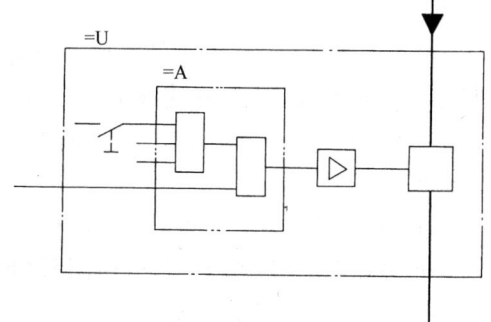

图 7-7 框嵌套示意图

11kV 三相交流电路和三相设备（如变压器 T1、T2、T3，电动机 M1 等）均采用单线表示。

五、连接线及物理流流向的表示方法

在概略图中的框形符号或带注释的框之间，都有反映基本作用原理的电气的、机械的和非电过程流程的连接线。

1) 连接方法。当采用带点画线框绘制时，其连接线接到该框内的图形符号上；当采用框形符号或带注释的实线框时，则连接线接到框的轮廓线上。

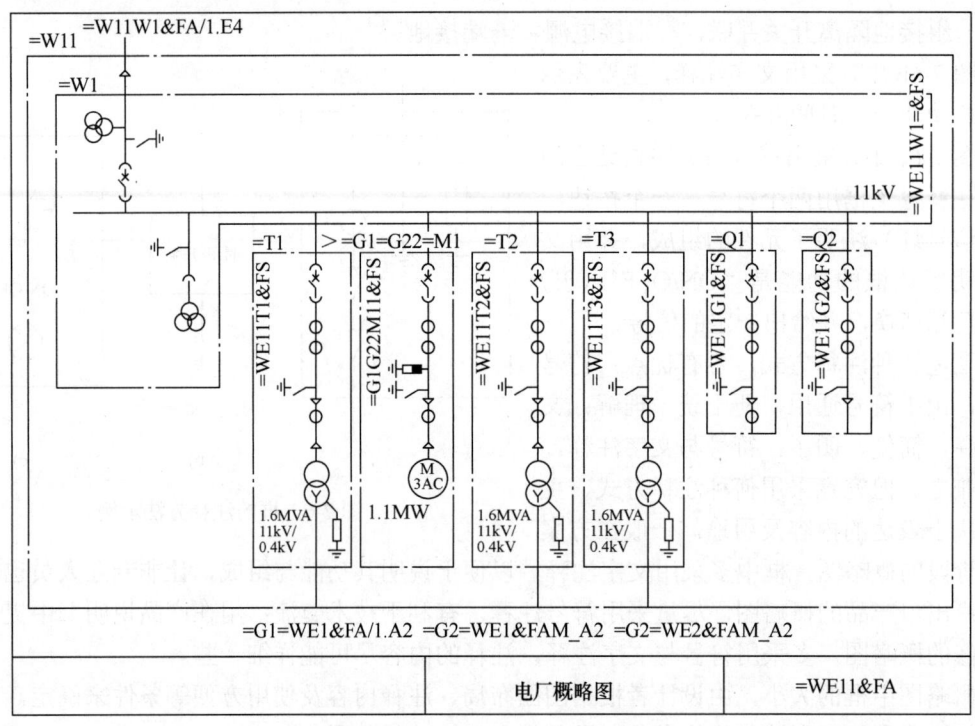

图 7-8 某发电厂电气概略图

2）连接线型式。连接线型式的一般规定如下：

电气连接线采用与图中图形符号相同的细实线；必要时，可将表示电源电路和主信号电路的连接线用粗实线表示；机械连接线一般用虚线表示；非电过程流向的连接线采用明显的粗实线。

3）信号流向。概略图的布局，应清晰并利于识别过程和信息的流向。控制信号流向应与过程流向垂直绘制。在连线上用开口箭头表示电信号流向，实心箭头表示非电过程和非电信息的流向。

4）连接线上有关内容的标注。在概略图上，还可根据需要加注各种形式的注释和说明（但文字必须十分简练）。例如，在连接线上可标注信号名称、电平、频率、波形、去向等，也允许将上述内容集中表示在图的空白处，图 7-9 就是在概略图连接线上标注方法的示例。

图 7-9a 中，表示该线传送的是"实际速度"的传感信号，单向传送。

图 7-9b 中，表示该连接线传送的是"语音 2048kbit/s"（bit——二进制单位）。

图 7-9c 中，集中表示①、②、③三条连接线

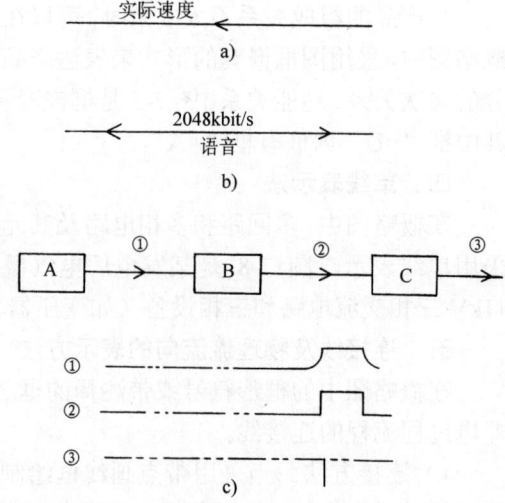

图 7-9 连接线上有关内容标注方法示例

分别传送的是不同波形的信号，单向传送。

连接线应清晰地显示各种物理流的流向。

图 7-10 描述了某轧钢厂的生产过程概况，对其中的电力流、液压动力流、冷却水流和材料流采用单线箭头表示，流向特别清晰。

六、参照代号的标注方法

在概略图上，各个框一般应标注参照代号。通常，在较高层次的概略图上标注功能面的参照代号如图 7-11 所示的各项目；在较低层次的框图上，一般标注产品面的参照代号。若不需要标注参照代号，也可不标注。

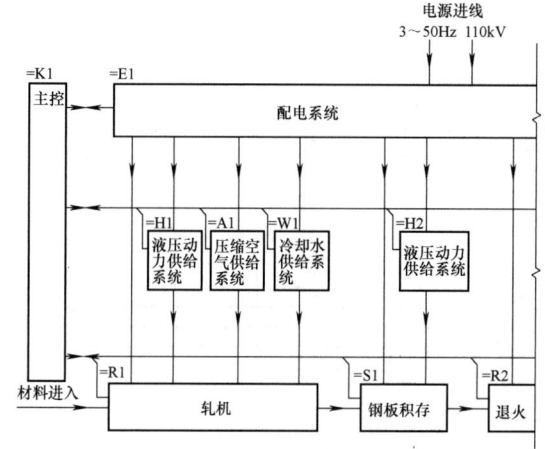

图 7-10 单线表示的物理流向概略图

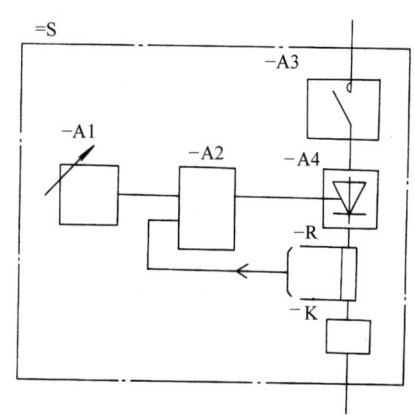

图 7-11 参照代号标注方法示例

由于概略图不具体表示项目的实际连接线和安装位置，所以一般不标注端子代号。

参照代号一般标注在各框的上方或左上方，例如图 7-11 标注的参照代号—A1、—A2 标在框的上方，其余多标在框的左上方，并紧靠各框。

第三节 概略图的基本类型

一、电气系统图

图 7-12 所示是某大型工厂电气系统概略图。这一概略图有助于我们更加明确电气概略图的表达形式、图样特点和读图的方法步骤。

1. 电气系统的基本构成

该电气系统主要由两台 35kV 变压器、若干台 10kV 变压器、不同电压等级（35kV、10kV、0.4kV）的电气装置等部分构成。各组成部分按照电能的接收、传输与分配关系构成一个完整的电气系统，其关系是：

35kV 电源→35kV 配电装置→35kV/10.5kV 变压设备→10kV 配电装置→10kV/0.4kV 变压设备→0.4kV 配电装置。

这些部分按照功能划分为若干分系统（项目），并用点画线围框表示。电气系统的项目组成见表 7-1。

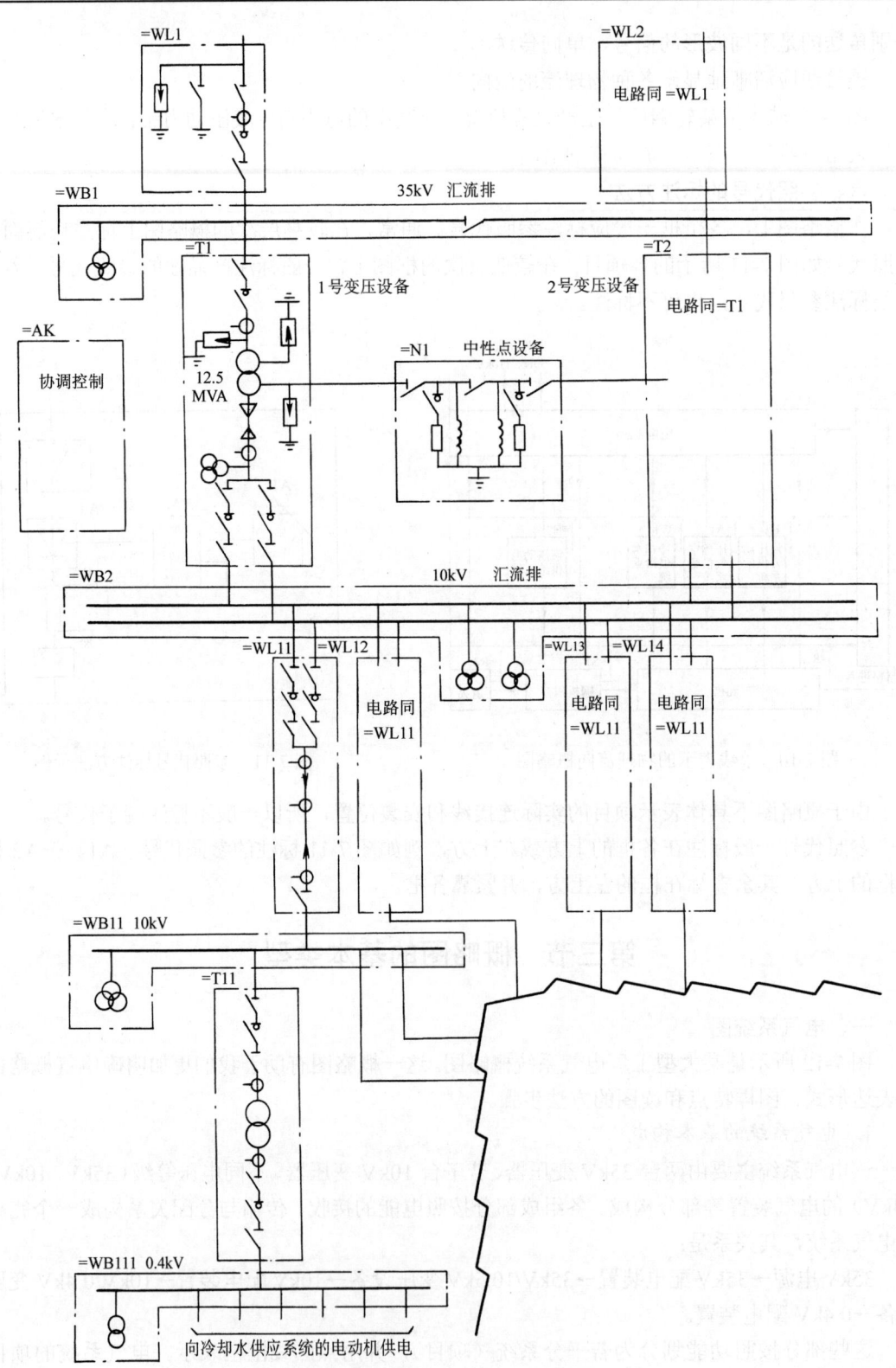

图 7-12 某大型工厂电气系统概略图

表 7-1 电气系统的项目组成

序 号	项目名称	参照代号	说 明
1	35kV 配电装置	=WL1,=WL2	电源进线
2	35kV 汇流排	=WB1	单母线分段
3	35kV 变压装置	=T1,=T2	35kV/10.5kV
4	中性点设备	=N1	
5	10kV 汇流排	=WB2	双母线
6	10kV 配电装置	=WL11~WL14	详细示出一个
7	10kV 分系统汇流排	=WB11	示出一个
8	10kV 变压装置	=T11	示出一个
9	4kV 汇流排	=WB111	示出一个
10	协调控制装置	=AK	未详细示出

2. 项目划分

该电气系统描述的对象比较复杂，构成的项目较多，但认真分析便可发现，它由基本对称的两部分组成，每一部分又划分为若干个相对独立的分系统（用点画线框表示）。因此，阅读这种图，首先，大致了解系统的构成，按 35kV→10kV→0.4kV 的电能流向，理顺各部分的关系；其次，分别阅读各分系统，明确各项目的基本功能和主要构成。

（1）35kV 配电装置（=WL1）

1）功能：35kV 电源进线的控制、防雷电波侵入、安全保护接地等。

2）主要构成：控制用隔离开关（两台）、接地开关、避雷器、电流互感器等。

（2）35kV 汇流排（=WB1）

1）功能：汇集两路 35kV 电源进线并向 35kV 变压器供电、35kV 电压测量等。

2）主要构成：35kV 母线、分段隔离开关、35kV 三相五柱式三绕组电压互感器（母线电压测量和绝缘监视）。

（3）变压设备（=T1）

1）功能：35kV/10.5kV 变压及其控制、保护。

2）主要构成：35kV/10.5kV 变压器（12.5MVA）、隔离开关、断路器、避雷器、电压和电流互感器、10kV 电力电缆等。

（4）中性点接地设备（=N1）

1）功能：10kV 系统中性点经电抗器接地。

2）主要构成：电抗器、电阻器、隔离开关、负荷开关等。

（5）10kV 汇流排（=WB2）

1）功能：10kV 总汇流。

2）主要构成：双母线、电压互感器（两台）。

（6）10kV 配电装置（=WL11）

1）功能：10kV 配电。

2）主要构成：隔离开关、断路器（分别从汇流排两路引入）、电流互感器、电缆等。

（7）10kV 分系统汇流排（=WB11）

1）功能：10kV 分系统汇流。

2）主要构成：母线、电压互感器。

（8）10kV 变压设备（=T11）

1）功能：10kV/0.4kV 变压及控制保护。

2）主要构成：10kV/0.4kV 配电变压器、高/低压开关、互感器等。

（9）0.4kV 配电装置（=WB111）

1）功能：0.4kV 配电。

2）主要构成：0.4kV 母线、0.4kV 电压互感器、开关柜。

（10）协调控制装置（=AK）

1）功能：系统的中央协调控制。

2）主要构成：不是电气系统概略图描述的对象，未表示。

3. 图样特点

1）该概略图描述的内容是这一工厂供用电系统的基本组成（35～0.4kV 主要电力设备）和主要特征，它对这一内容的描述是概略的，仅用符号表示各项设备，而对设备的技术数据、详细的电气接线、电气原理等都没有详细表示。详细描述这些内容则要参看分系统电气图、接线图、电路图等。

2）该电气系统各组成部分按照功能（如汇流、变电、配电、中性点接地方式等）的不同，划分为若干个功能单元，并用点画线框表示，各框标以名称和参照代号，因而，图样层次分明，便于阅读。

3）为了简化作图，对于相同的项目，其内部构成只描述了其中的一个，其余项目只在功能框内注以"电路同××"，避免了对项目的重复描述，图面更清晰，更便于阅读。

二、企业供电系统图

小型工厂、车间、企业供电系统图，是应用最广的一种概略图。

图 7-13 是某小型企业供电电气系统概略图，图 7-13 附表见表 7-2。图和表通常是绘制在一起的，这里是为了排版方便而分开布置的。

这个图的特点是：

1）这类较小系统的电气系统图，除特殊情况外，几乎无一例外的画成单线图，并以母线为核心将各个项目（如电源、负载、开关电器、电线电缆等）联系在一起。

2）母线的上方为电源进线，电源的进线如果以出线的形式送至母线，则将此电源进线引至图的下方，然后用转折线接至开关柜，再接到母线上。图中，发电机进线就是这样布置的。

母线的下方为出线，一般都是经过配电屏中的开关设备和电线电缆送至负载的。

3）在分系统电气系统图中，为了较详细地描述对象，通常应标注主要项目的技术数据。该图技术数据的表示方法采用两种基本形式：一是标注在图形符号的旁边，如变压器、发电机等；二是以表格的形式给出，如各种开关设备等。

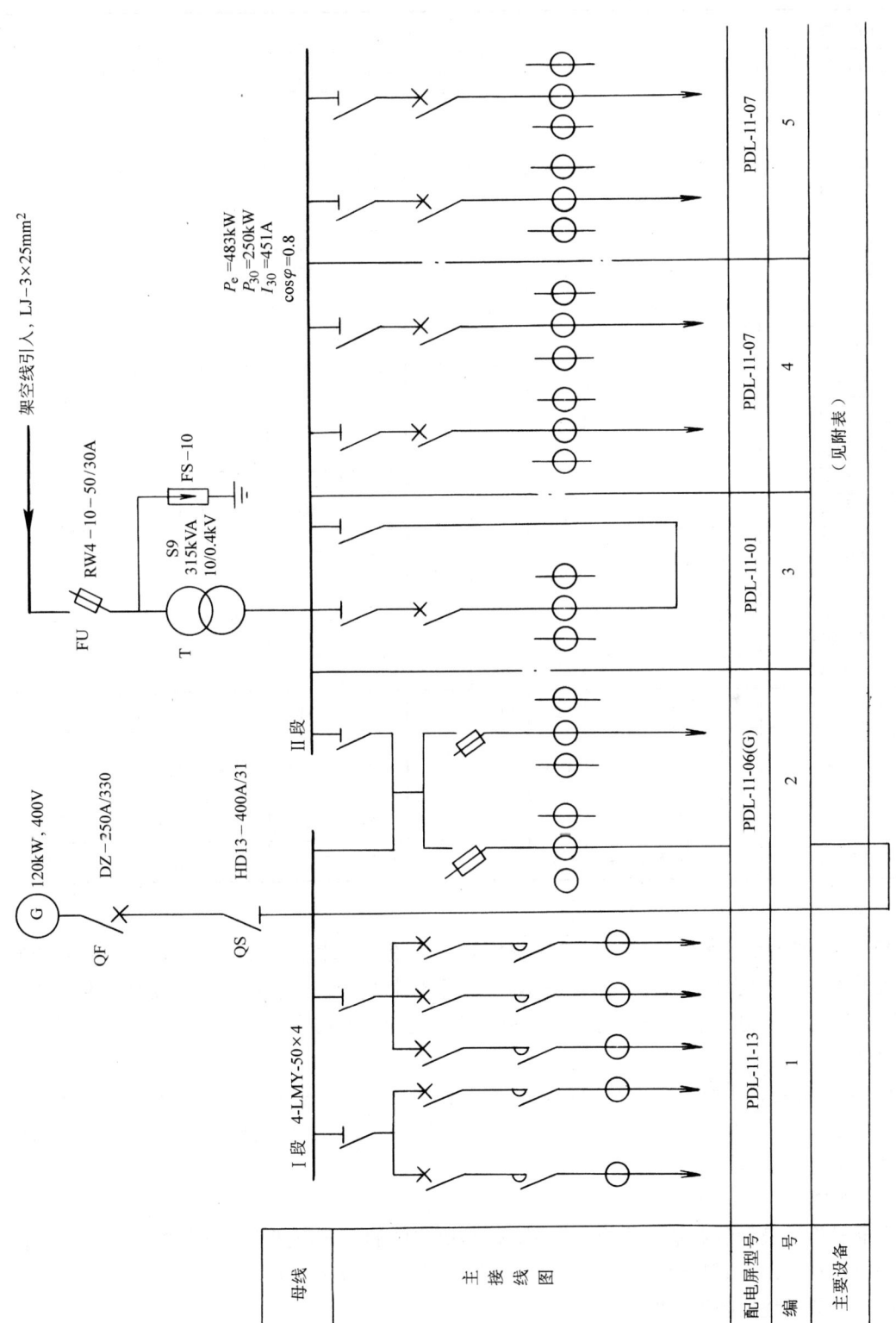

图 7-13 某小型企业供电电气系统概略图

表 7-2 图 7-13 附表

主接线图		（见图 7-13）										
配电屏型号		PDL-11-13				PDL-11-06（G）		PDL-11-01		PDL-11-07		PDL-11-07
配电屏编号		1				2		3		4		5
馈线编号		1	2	3	4	5	6		7	8	9	10
安装功率/kW		78	38.9		15	12.6	120	43.2	315	53.5	182		64.8
计算功率/kW		52	26		10	10	120	38.2	250	40	93		26.5
计算电流/A		75	43.8		15	15	217	68	451	61.8	177		50.3
电压损失（%）		3.2	4.1		1.88	0.8		3.9		3.78	4.6		3.9
HD 型开关 额定电流/A		100	100	100	100	100	400	100	600	600	200	400	200	200
CJ 型接触器 额定电流/A		100	100	100	60	60							
DW 型开关 额定/整定 电流/A									$\frac{600}{800}$	$\frac{400}{100}$	$\frac{400}{500}$	400	$\frac{400}{100}$
DZ 型开关 额定/整定 电流/A		$\frac{100}{75}$	$\frac{100}{50}$	100	$\frac{100}{25}$	$\frac{100}{25}$	$\frac{250}{330}$	$\frac{250}{150}$					
电流互感器 变比/(A/A)		150/5	150/5	150/5	50/5	50/5	250/5	100/5	500/5	75/5	300/5	100/5	75/5
电线电缆	型号	BLX	BLV		BLV	BLV	VLV2	LJ	LMY	BLV	LGJ		BLV
	截面积/mm²	3×50+1×16	4×16		4×10	4×10	3×95+1×50	4×16	50×4	4×16	3×95+1×50		4×16
敷设方式		架空线	架空线		架空线	架空线	电缆沟	架空线	母线穿墙	架空线	架空线		架空线
负荷或电源名称		职工医院	试验室	备用	水泵房	宿舍	发电机	办公楼	变压器	礼堂	附属工厂	备用	路灯

注：设备型号是假定的。

4）为了突出系统图的功能，供使用维修参考，图中标注了有关的设计参数，如系统的设备容量 P_e、计算容量 P_{30}、功率因数 $\cos\varphi$、计算电流 I_{30}，以及各路出线的安装功率、计算功率、计算电流、电压损失等。这些也是图样所表达的重要内容，也是这类电气系统图的重要特色之一。

5）配电屏是该系统的主要组成部分。该图实际上是以各配电屏的单元电气系统图为基础而组合起来的，因此，阅读这一电气系统图应按照图样标注的配电屏型号，查阅有关手册，把这些基本电气系统图读懂。

三、框图

用框形符号表示装置基本构成的框图，也是概略图的主要形式之一。图 7-14 是某自动监视装置的监控单元的概略图示例，其功能分别由计算机的各个单元完成。

四、非电过程控制系统图

图 7-15 是非电过程控制流程示意图，体现了上述各项规定。例如，图中非电过程流向用

粗实线,并用实心箭头表示过程流向。控制信号线与过程流向线垂直,用细实线和开口箭头表示信号流向。

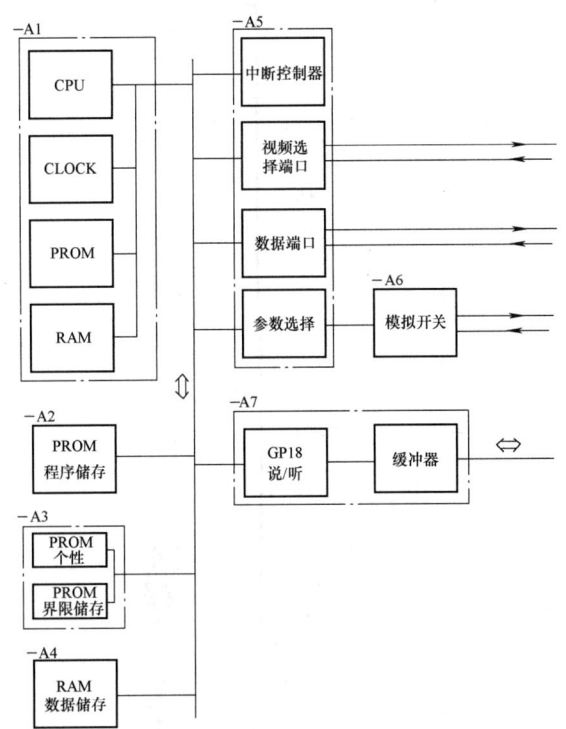

图 7-14 某自动监视装置的监控单元的概略图示例

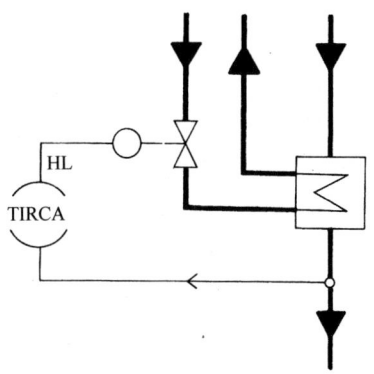

图 7-15 非电过程控制流程示意图

T—温度 I—指示 R—记录 C—反馈控制
A—报警 H、L—高、低限值

图 7-16 是冷却水供应系统中的一个分系统——泵送系统电气控制构成框图。
图中:

1. 电源系统

三相交流电源——电流互感器、熔断器(-A1 框内)——交流接触器-K、电流互感器-T(-U1 框内)——绕线转子异步电动机——M。

2. 电动机—水泵工作状态的控制

由测速发电机-B1 和压力传感器(转换器)-B2,检测到电动机—水泵的转速 n 和水泵工作压力 p,经过处理系统(图中略)处理后,送到-A31 单元,然后将此信息与-U1 装置和电动机调速装置-U2 进行交换,以确定调速(改变绕线转子异步电动机的转速)或作用于交流接触器-K,决定其是否通断。

3. 保护装置

-A5 项目内装有欠电压($U<$)、过电流($I>$)、过电压($U>$)、超速($n>$)等保护继电器,由此获得的信息,通过项目-A31 与-U1、-U2 交换,以确定电动机减速,或作用于接触器-K 使其跳闸。

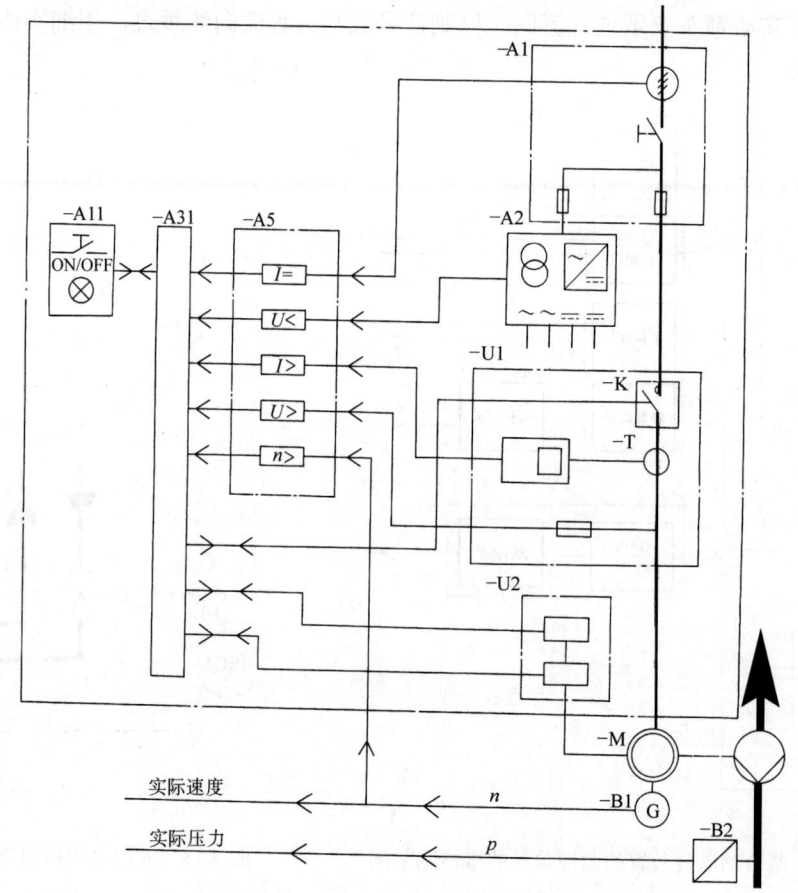

图 7-16 某泵送系统电气控制构成框图

A1—配电屏　A2—控制电源装置　U1—电源控制屏　U2—变换器　M—绕线转子异步电动机
B1—测速发电机　B2—压力传感器（转换器）　A11—控制及信号装置　A31—处理器
A5—保护装置　K—接触器　T—电流互感器

4. 控制电源

交流电源经-A1 项目内的熔断器，引入到项目-A2。-A2 装置主要由变压器和整流器组成，提供所需的不同电压等级的交直流控制电源。

5. 参照代号

该项目属于较低层次的系统，各项目均标注较具体的种类代号。

6. 框的嵌套与注释

图中框的嵌套形式反映了项目间的隶属关系。图中采用图形符号和文字符号表示项目的主要特征。

总之，该框图将泵送系统表达得较为清楚，但仍然是概略的，若要更详细地表达，则是电路图和接线图等其他形式的图的任务了。

第八章 功能图

第一节 功能图的用途和特点

一、功能图的基本含义

表达项目功能信息的简图,称为功能图。具体而言,功能图就是用理论的或理想的电路而不涉及实现方法,用以详细表示系统、分系统、装置、部件、设备、软件等功能的简图。

功能图的基本含义是,忽略其使用表示项目成分之间的其他关系,只描述项目的功能面。

从这一概念出发,绝大多数电气图都可以归纳为功能图。例如:表达项目电路组成和物理连接功能的电路图,表达项目的电和(或)磁行为模型的等效电路图,表达二进制元件逻辑关系的逻辑功能图,表达控制系统的功能和状态的表图,等等。

图 8-1 是某一电动机控制系统功能图。

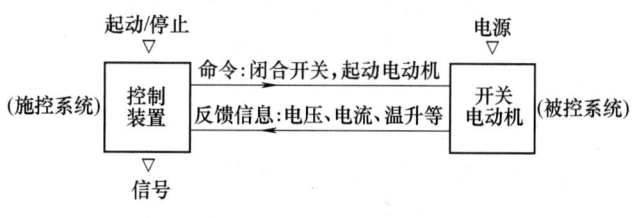

图 8-1 某一电动机控制系统功能图

这个图描述了这一控制系统的基本组成和基本功能。其过程是电动机的起动、运转和停止。被控系统包括开关设备、电动机等。施控系统包括有关的逻辑装置、保护装置、指示器等。

归纳起来,功能图一般包括以下内容:

1) 用功能框或其他图形符号表示项目。
2) 采用连接线反映各部分之间的功能关系,清楚地表示出各主要连接线。
3) 描述一些其他信息,但一般不包括实体信息(如位置、实体项目和端子代号)和组装信息。

二、功能图的一般表达形式

1. 图形符号的应用

GB/T 4728 中规定的图形符号,有两种基本的类型:一种是表示产品及其组成的符号;另一种是表示抽象的功能符号。或者说,一种是表示实体,另一种是表示功能。

许多图形符号可以表示功能,也可以表示执行这些功能的实际元件。表 8-1 是一些具有不同特性的图形符号举例。

表 8-1 具有不同特性的图形符号举例

序 号	图形符号	功 能	实际元件	说 明
1	─▭─	电阻	电阻器	含阻抗功能件
2	─┤├─	电容	电容器	

(续)

序号	图形符号	功能	实际元件	说明
3	电感符号	电感	电感器	
4	&框	"与"功能	"与"元件	
5	电流源符号	电流源	电流源装置	
6	电压源符号	电压源	电压源装置	

在功能图中，使用的符号一般都是功能类型的符号，或者应理解为功能符号，其中应用最多的是功能框形符号。

在功能图中，框形符号只是用来表示某一部分的功能，与实际所使用的元器件并不一一对应。如在图 8-2 中，均使用了框形符号来表示各自的功能模块："&"表示"与"功能；"≥"表示"或"功能。

2. 信号流向

功能图的主要信号流应从左至右、从上至下、从顶至底。图 8-2 给出的信号流向（输入→输出）为从左至右。

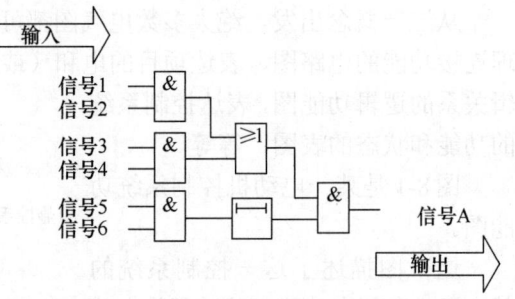

图 8-2 功能图中框形符号和信号流向

第二节 功能图的基本类型

一、等效电路图

等效电路图是为描述和分析系统的详细物理特性而绘制的一种特殊的功能图，它表示理论的或理想的元件（如 R、L、C）及其连接关系的一种功能。它一般比描述系统一般特性或描述实际所需内容更为详细。

用于分析和计算电路特性或状态的表示等效电路的功能图，或者说，表达一个项目的电的和（或）磁的行为模型信息的功能图，称为等效电路图。

等效电路图应符合有关电路和磁路的惯用规定中电路和磁路的规定。图 8-3 给出了变压器及其负载计算分析电路图，称为变压器等效电路图。这个图将具有铁心、绕组的变压器实体变成了一个仅含有电阻和电感的电路。

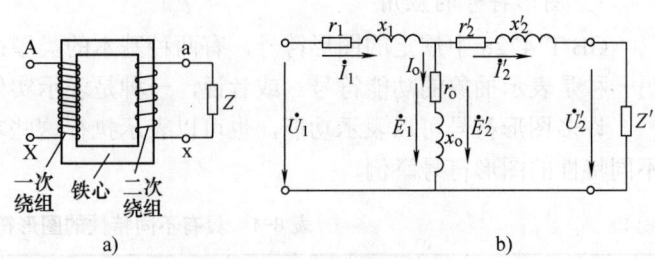

图 8-3 变压器等效电路图
a) 构成示意图 b) 等效电路

等效电路图中的元件符号一般都是功能性元件符号,不代表实际的元件。图中的 r、x,显然不是实有的电阻和电抗,而是指其功能件。

这个图是分析和计算变压器电磁特性和运行状态的重要工具。

二、逻辑功能图

逻辑功能图是指主要使用二进制逻辑元件符号的功能图。一般采用"与"、"或"、"异或"等二进制单元图形符号绘制,其中只表示功能而不涉及实现方法的逻辑图,称为纯逻辑图。一般的数字电路图就属于这种图。

逻辑功能图详见第十三章。

三、功能表图

用步和转换描述控制系统的功能和状态的表图称为功能表图。这种图往往采用图形符号和文字叙述相结合的表示方法,用以全面描述控制系统的控制过程、功能和特性,但不考虑具体执行过程。功能表图又称为电气控制功能图。

功能表图详见第十三章。

四、端子功能图

表示功能单元的各端子接口连接和内部功能的一种简图称为端子功能图。它可以利用简化的(假如合适的话)电路图、功能图、功能表图、顺序表图或文字来表示其内部的功能。端子功能图主要用于电路图中。当电路比较复杂时,其中的功能单元可用端子功能图(也可用框形符号)来代替,并在其内加注标记或说明,以便查找该功能单元所在的电路图。

图 8-4a 是表示电磁式继电器的驱动线圈(A1-A2)和触点(4-1、4-3)的端子功能图。

图 8-4b 是某保护继电器组件的端子功能图。该组件具有两个电流互感器,用以监控主电路中 L1 和 L3 两相的电流。各元件的图形符号已能反映各个组件的保护功能,也可改用文字说明如下:相线 L1 中电流超限时,端子 11-22 接通;相线 L3 中电流超限时,端子 11-21 接通;相线 L1 或相线 L3 中任一电流超限并持续一段时间(超过整定时间)时,则端子 12-23、13-24 和 14-25 同时接通。

五、顺序表图(表)

表示系统各个单元工作次序或状态的图(表)称为顺序表图(表),在这种图中,各单元的工作或状态按一个方向排列,并在图上成直角绘出了过程步骤或时间。

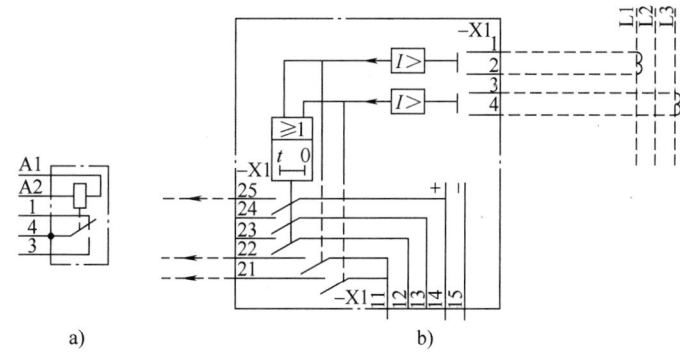

图 8-4 端子功能图示例

六、时序图

按比例绘出时间轴的顺序表图称为时序图。图 8-5 为时序图示例,它表示了某一元件的工作时间顺序。图中,0~3min 左行,3~5min 停止,5~6min 右行,6~7min 停止,7~11min 左行,11~12min

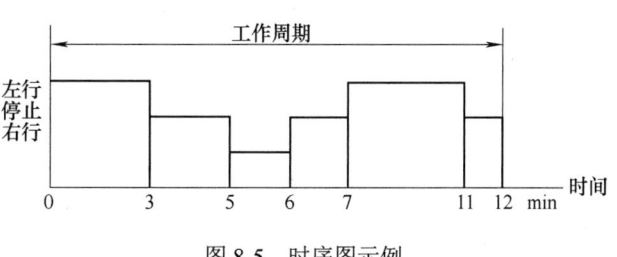

图 8-5 时序图示例

停止。

七、程序图（表或清单）

详细表示程序单元、模块及其互连关系的简图称为程序图,其布局应能清晰地识别其相互关系。图 8-6 为设备故障分析程序图示例。

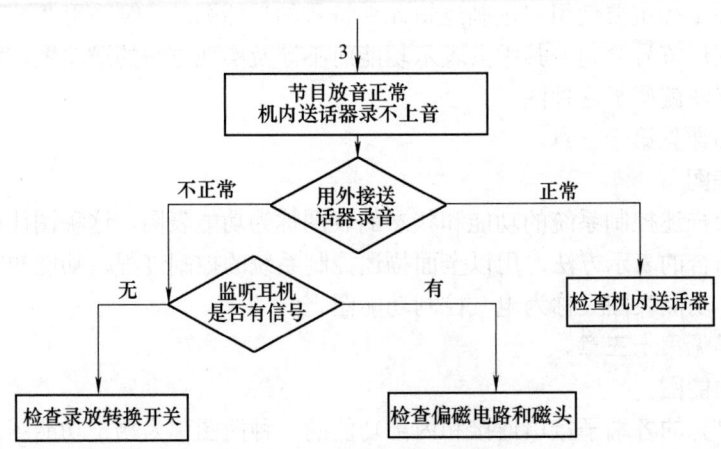

图 8-6　设备故障分析程序图示例

第九章　电路图

第一节　电路图的基本特征和主要用途

一、电路图的基本特征

概略图对于从整体上理解系统或装置的基本组成和主要特征无疑是十分重要的。然而，要能详细理解电气作用原理，进行电气接线，分析和计算电路特性和有关参数，还必须有另一种图，这就是电路图。

表达项目电路组成和物理连接信息的简图，称为电路图。

具体一点，电路图就是表示系统、分系统、装置、部件、设备、软件等实际电路的简图，它采用图形符号并按工作顺序和功能排列，详细表示电路、设备或成套装置的全部基本组成和连接关系，以表示功能为主而不需考虑项目的实际尺寸、形状或位置。

图 9-1 就是这样一种电路图。

这个电路图主要说明压缩机电动机（M1）和风机电动机（M2）供电、控制及互相联锁的电路构成和工作原理。这个图具有以下一些特点：

1）按供电电源和功能划分为两部分：主电路按能量流（电流）流向绘制，表示了电能经熔断器 FU1 和 FU2、接触器 KM1 和 KM2 至电动机 M1 和 M2 的供电关系；辅助电路按动作顺序，即功能关系绘制。

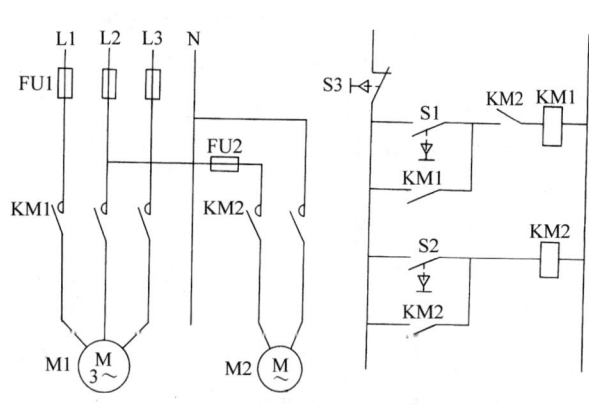

图 9-1　两设备互相联锁电路图

2）主电路采用垂直布置，辅助电路采用水平布置。这种布局方法主要是为了阐述装置的工作原理，而与元器件的实际位置无关。各元器件均用图形符号表示，与它们的外形结构无关。因而这种图是一种简图。

3）图中详细表示了各元件及有关的技术参数（一般附表给出，本图未表示），还表示了各元件的连接关系，但是它不能代替接线图。

二、电路图的基本内容

电路图至少应表示项目的实现细节，即构成的元器件及其相互连接，而不考虑元器件的实际物理尺寸和形状。它应便于理解项目的功能。

电路图一般应包括以下内容：

1）表示电路中元件或功能件的图形符号。

2）表示元件或功能件之间的连接线：单线或多线，连续线或中断线。

3）表示项目的功能面、产品面、位置面结构的参照代号。

4) 端子代号。

5) 用于逻辑信号的电平约定。

6) 电路寻迹必需的信息（信号代号、位置检索标记）。

7) 项目功能必需的补充信息。

三、电路图的主要用途

电路图是电气技术中使用最广的一种图。这种图的主要用途是：

1) 说明产品的功能原理。

用于了解实现系统、分系统、电器、部件、设备、软件等的功能所需的实际元器件及其在电路中的作用，供详细表达和理解设计对象（电路、设备或装置）的作用原理、分析和计算电路特性和有关参数之用。例如，由图 9-1 便能理解：按下 S2，接触器 KM2 的工作线圈与电源接通，KM2 动作，风机电动机 M2 工作，风机运转；再按下 S1，由于串联在该回路的一对 KM2 的常开辅助触点已闭合，则 KM1 的工作线圈也可与电源接通，接触器 KM1 工作，压缩机电动机 M1 工作，压缩机运转。正是由于 KM2 的一对辅助触点串联在 KM1 线圈回路中，这就保证了只有风机电动机 M2 工作，压缩机电动机 M1 才能起动运转，压缩机才不至于因散热不良而烧毁。这个电路图清楚地说明了这种联锁关系：风机工作后，压缩机才能工作。

2) 说明产品各组成部分的连接关系。

3) 为绘制接线图、印制板图提供依据。

由于电路图描述的连接关系仅仅是功能关系，而不是实际的连接导线，因此电路图不能代替接线图，它只能作为编制接线图的依据。供现场安装接线用的接线图和接线表，都是在电路图的基础上编制出来的；只有深刻理解电路图，才能看懂接线图和接线表，并能按图正确地接线。

4) 为项目的安装和维修提供依据。

与其他电气技术文件相结合，如位置图、安装说明文件、试运转说明文件、使用说明文件、维修使用说明文件、可靠性和可维修性说明文件等，供产品的装联、测试和维修使用，为测试和寻找故障提供信息。分析、测试和寻找电气故障必须以电路图为依据，否则便无从入手。例如，图 9-1 所示的装置中，若 KM2 不能正常闭合，则在这一电路图中，应逐一分析与检查 KM2 线圈回路中的元件与电路接线。

第二节 电路图的绘制原则和方法

电路图所描述的对象十分广泛，其种类很多，例如电力电路图、控制电路图、电信电路图等，且有其各自的特点。下面介绍的是一般电路图的绘制原则和方法，除此之外，第一章所描述的电气图的一般规则也是必须遵守的。

一、布局

电路图应采用功能布局法布置。

电路图的布局应合理，便于说明工作原理和连接关系，同时也应考虑图面紧凑、清晰、连线最短、交叉最少等。

电路图的布局应特别突出过程或信号流方向，突出各部分的功能关系。

为了突出过程或信号流方向，应通过项目符号排列整齐并使电路直接连通。图 9-2 中，相关的项目，例如，继电器驱动线圈 K1、K2，信号灯 H1、H2 等，通过整齐排列，使电路直接连通，工作原理和工作过程更加直观。

为了突出功能关系，电路图中，表示功能相关元件的符号应一起分组，如图 9-3 所示。图中的电容、电阻与对应的开关，属于同一功能件，应绘制在一起。

二、图上位置的表示方法

在绘制和使用电路图时，往往需要确定元器件、连接线等的图形符号在图上的位置。例如：

当继电器、接触器之类的项目在图上采用分开表示法（线圈和触点分开）绘制时，需要采用插图或表格表明各部分在图上的位置；

较长的连接线采用中断画法，或者连接线的另一端需要画到另一张图上去时，除了要在中断处标注中断标记外，还需标注另一端在图上的位置；

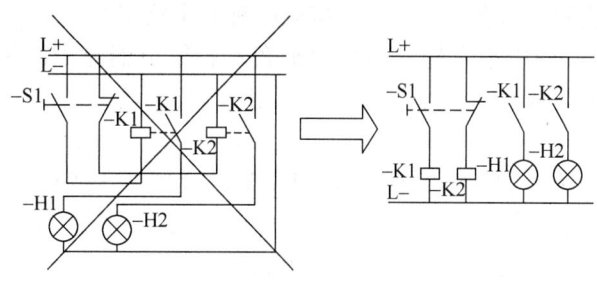

图 9-2　电路排列示例

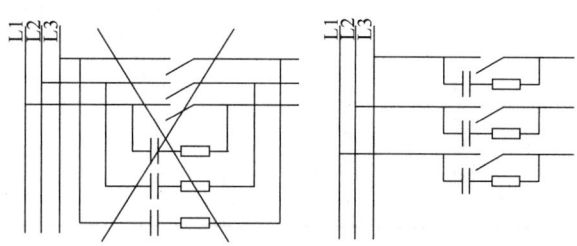

图 9-3　功能相关元件分组示例

在供使用、维修的技术文件（如说明书）中，有时需要对某一元件或器件作注释、说明，为了找到图中相应的元器件的图形符号，也需要注明这些符号在图上的位置；

在更改电路图设计时，也需要表明被更改部分在图上的位置。

图上位置的表示方法通常有三种：

1. 图幅分区法

图幅分区法在本书第三章已做过说明，其基本方法是用行、列和行列组合标记表明图上的位置。

在采用图幅分区法的电路图中，对水平布置的电路，一般只需标明"行"的标记；对垂直布置的电路，一般只需标明"列"的标记；复杂的电路图才需标明组合标记。图上的位置标记举例如图 9-4 所示。

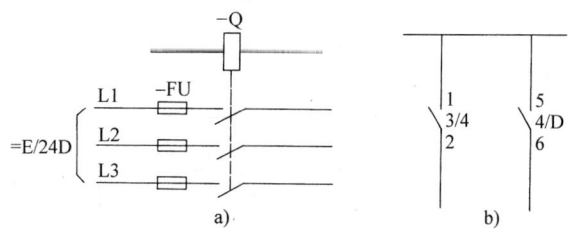

图 9-4　图幅分区法表示图上位置示例

在图 9-4a 中，表示了导线的去向。电源线 L1、L2、L3 接至配电系统＝E 的第 24 张图的 D 行（"=E/24D"）。

在图 9-4b 中，表示了项目在图上的位置。触点 1-2 的驱动线圈在第 3 张图上的第 4 列（"3/4"），而触点 5-6 的驱动线圈在第 4 张图上的 D 行（"4/D"）。

表示注释的对象在图上的位置，可用文字表述。例如"转速整定电阻 R8（C3）的阻值在调整之后应予锁定"，说明电阻 R8 在图上"C3"位置。

2. 电路编号法

在支路较多的电路中，对每个支路按一定顺序（自左至右或自上至下）用阿拉伯数字编号,从而确定各支路项目的位置。例如,图9-5有4个支路,在各支路的下方按顺序标有电路编号1、2、3、4。图中下方的表格是用来表示各继电器触点的位置的,表格中上部第一栏用图形符号表示触点,表格中的"—"表示未使用的触点,数字表示该触点在该数字编号的支路,如继电器K1的动合触点(常开触点)一栏内,标为"2",则表示该种触点在第2支路内。

上述各触点位置也可用表9-1表示。

表9-1 触点位置(与图9-5对应)

名 称	代 号	触点所在支路	
		动合触点	动断触点
继电器	K1	2	—
继电器	K2(有延时功能)	3	—
继电器	K3	—	4

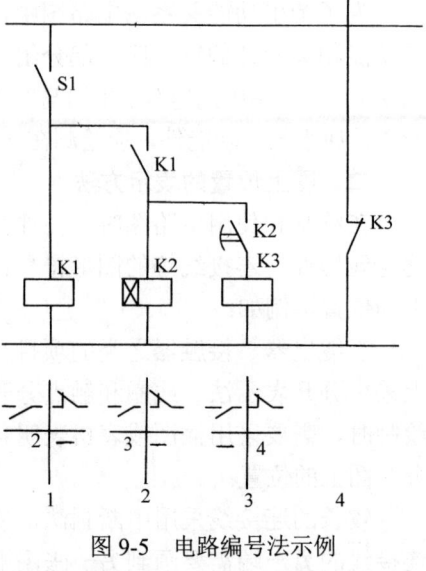

图9-5 电路编号法示例

电路编号及其触点位置表示方法也可采用图9-6的表达形式。图中所示的电路采用图幅分区法的位置表示法。被驱动部分的位置通过插图给出的检索标记查找,例如,-K1的被驱动部分(触点)分别在该电路图的第2、3列和第5张图的第2列(5/2);-K2的被驱动部分分别在该图的第4列和第5张图的第1列(5/1)中;-K3的被驱动部分在第2张图的第4列(2/4)中。

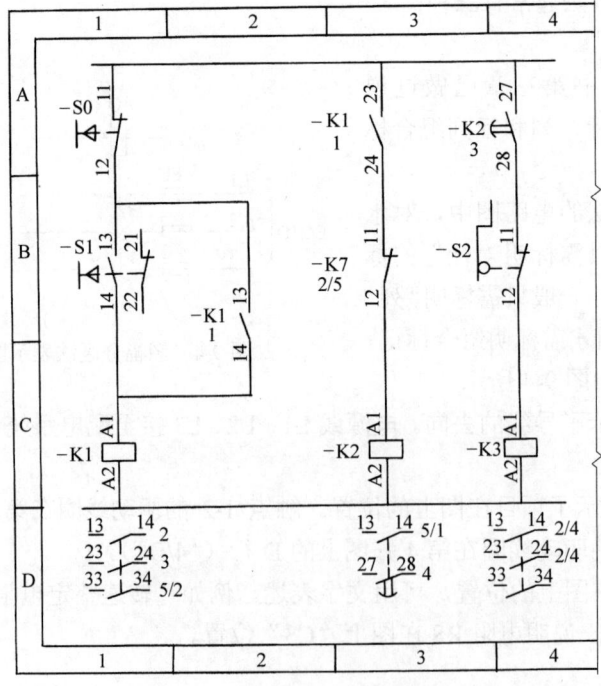

图9-6 触点位置表示方法示例

各触点位置明细表见表 9-2。

表 9-2　触点位置明细表（与图 9-6 对应）

名　称	代　号	端子编号	位　置	备　注
继电器	−K1	A1-A2	1	驱动线圈
		13-14	2	
		23-24	3	
		33-34	5/2	未详细表示
继电器	−K2	A1-A2	3	驱动线圈
		13-14	5/1	
		27-28	4	
继电器	−K3	A1-A2	4	驱动线圈
		13-14	2/4	
		23-24	2/4	
		33-34	—	未用
按钮	−S0	11-12	1	
按钮	−S1	13-14	1	
		21-22	—	未用
控制开关	−S2	11-12	4	
继电器	−K7	11-12	3	驱动线圈在 2/5

3. 表格法

对于项目种类较少而同类项目数量较多的电路图，可在图的边缘部分绘制一个以参照代号分类的表格。表格中的参照代号和图中相应的图形符号垂直或水平方向对齐。图形符号旁仍需标注参照代号。图 9-7 是采用表格法定位的示例图，图上各项目（C、R、V）与表格中的各项目一一对应。这样，由表中的项目便能方便地从图上找到。

三、元器件的表示方法

对于在驱动部分和被驱动部分之间采用机械连接的元件、器件和设备，例如断路器、继电器等，以及具有同一操作源的多个元件的组合器件，如带开关的电位器、组合开关等，可根据电路的繁简程度，分别采用集中表示法、半集中表示法和分开表示法表示。

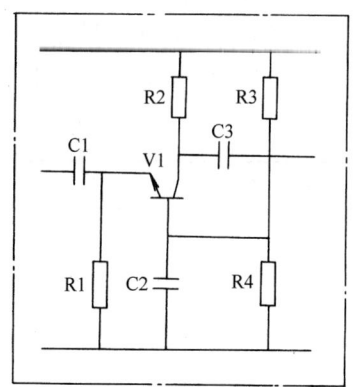

图 9-7　表格法示例

在使用分开表示法时，为了表明元器件和设备的各组成部分，寻找其在图上的位置，通常采用插图或表格来说明。

在图上，把采用分开表示法分散在图中不同位置的同一项目的不同部分的图形符号，集中绘在一起，并给出位置信息，就成为插图。插图一般绘制在与驱动部分的图形符号成一直线的位置上；若受到图幅限制，插图也可绘制在其他位置或另外的图上。

图 9-8 是插图使用方法示例。这是一个由三相交流接触器和热继电器控制的异步电动机的电路图。图样编号为"7"。接触器 KM 的驱动线圈 A1-A2，主触点 1-2、3-4、5-6，辅助触点 13-14、23-24、33-34、43-44，热继电器 FR 的热元件 EH 和触点 81-82、91-92，均采用分开表示法，分别绘制在本张图样（7 号）的主电路和控制电路中，有的触点还绘制在另外的图上。为了说明各部分在图上的位置，图中使用了插图，将-KM 和-FR 单独绘制在图样的左侧。

在插图上应详细表示各组成部分在图上的位置，以便于使用者查找。例如：

在热继电器—FR 的插图上，热元件 EH 旁标注"7/5"，

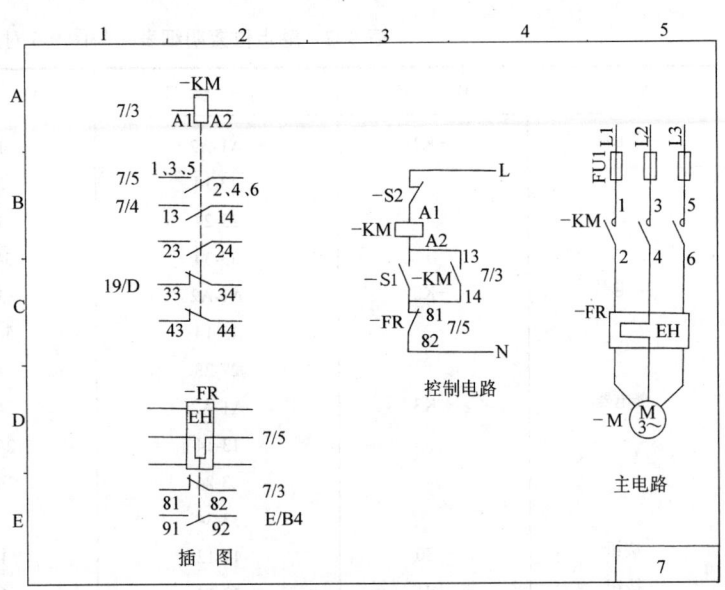

图 9-8 插图使用方法示例

FU1—熔断器　KM—接触器　FR—热继电器（EH 为其中的热元件）
M—电动机　S1—起动按钮　S2—停止按钮

表示热元件 EH 在第 7 张图（本图）的第 5 列；在触点 81-82 旁标注"7/3"表示该触点在第 7 张图第 3 列上。插图上的标注符号与图上的标注符号是不同的，如 81-82 触点在图上标注"7/5"，表示该触点的驱动热元件在第 7 张图第 5 列；在触点 91-92 旁标注"E/B4"，表示该触点在图 E 的 B4 区。

在接触器—KM 的插图上也是按上述方法标注的，其中的未用触点空缺。

通过以上分析，图 9-8 中各项目的位置可归纳见表 9-3。

表 9-3　项目在图上的位置明细表（与图 9-8 对应）

名　称	代　号	元件名称	端子编号	位　置	备　注
接触器	-KM	驱动线圈 触　点	A1-A2 1，3，5-2，4，6 13-14 23-24 33-34 43-44	7/3 7/5 7/4 — 19/D —	外接
热继电器	-FR	热元件 触　点	EH 81-82 91-92	7/5 7/3 E/B4	外接
熔断器	-FU1			7/B5	按区表示
按钮	-S1			7/C3	

(续)

名 称	代 号	元件名称	端子编号	位 置	备 注
按钮	-S2			7/B3	
电动机	-M			7/D5	

四、参照代号的标注和项目目录的编制

电路图详细地表示了设计、研究对象的全部基本项目，因此，参照代号的标注和项目目录的编制是十分重要的。

电路图中参照代号的标注方法根据电路的用途和繁简程度，分别标注产品面参照代号、功能面参照代号、位置面参照代号，或者其组合。

与参照代号相对应，在电路图适当位置（如标题栏中）或另页，一般还应编制图中全部元器件的目录表。目录表应按电气设备常用基本文字符号的顺序（A、B、C…）逐项填写。表中包括以下各项：

位号，填写各项目的参照代号；

代号，填写项目的标准号或技术条件号；

名称和型号，填写各项目的名称、型号及某些参数。当有若干个型号、参数完全相同的项目，而参照代号的顺序号又连续时，可填写在同一行内；

数量，填写同种型号规格的台（件）数；

备注，填写需要补充和说明的内容。

五、电路的表示方法

1. 电源的表示方法

电源可用下列方法表示：

用线条表示；

用+、-、L、N、L1、L2、L3、PE、PEN 等符号表示；

同时用线条和符号表示；

电源线应集中绘制在电路的一侧，或上部，或下部。多相电源宜按相序从上至下，或从左至右排列，中性线应绘制在相线的下方或右方；

连接到框形符号的电源线一般应与信号流向成直角绘制；

对于公用的供电线（例如电源线、汇流排等）可用电源的电压值来表示。

图 9-9 所示为交流电源电路的表示方法。

图 9-10 所示为直流电源电路的表示方法。

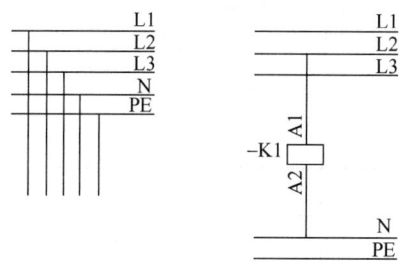

图 9-9 交流电源电路的表示方法

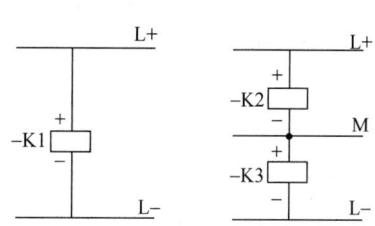

图 9-10 直流电源电路的表示方法

2. 电路的布局

电路的布局应遵守以下原则：

1) 电路垂直布置时，类似项目宜横向对齐；水平布置时，类似项目宜纵向对齐。例如，图 9-8 中，各继电器线圈属类似项目，由于电路采用水平布置，故这些项目纵向对齐。

2) 功能上相关项目应靠近绘制，以使关系表达得清晰，例如，图 9-11a 中，电阻 R 是电容器 C 的放电电阻，应靠近绘制，如果将其隔开绘制则是错误的。

3) 同等重要的并联通路应依主电路对称地布置，例如，图 9-11b 中，L、C 属同等重要项目，应对称布置，否则是错误的。

4) 在某些情况下，为了把相应元件连接成对称的布局，也可以采用斜的交叉线。

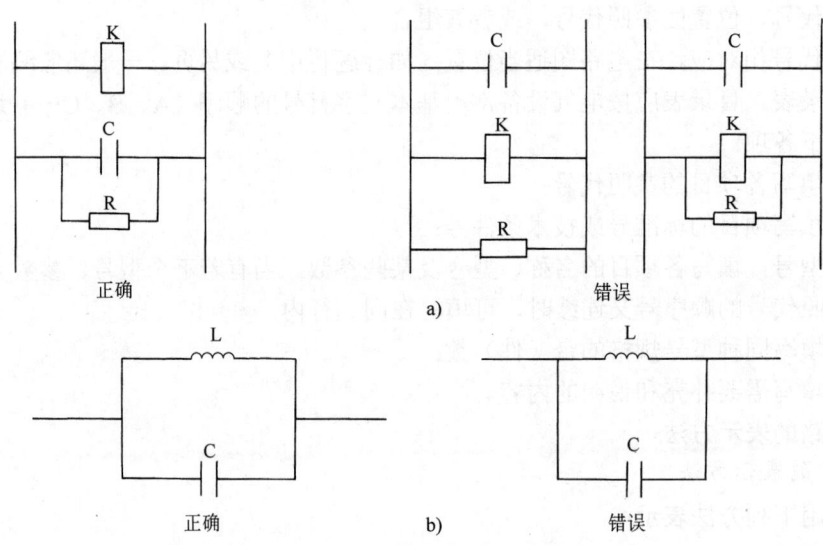

图 9-11 电路项目布局示例

a)功能相关的项目　b)同等重要的项目

3. 连接线

电路图中电气连接线一般为水平布置或垂直布置；必要时可将某些线（如主电路、主信号通路连线）加粗；连接线的交叉、弯折一般应成直角，且应路径最短。

电路中过长的连接线可采用中断线的表示法。

成组的外接线可采用表格的形式，表明外接线的端子代号、电路特性及去向，其示例见表 9-4。

表中，"标记"栏用箭头标出本路信号输出、输入的方向及参照代号；"代号"栏标出顺序号及端子代号；"电路特性"栏标出本路信号的特性（如电流、电压、频率等）；"去向"栏标出外接项目的名称或代号。

表 9-4 外接线一览表（示例）

标记	代号	电路特性	去向
T1→	X: 1	电流信号线	过电流继电器
T2→	X: 2	电压信号线	-Q5: 6

在某些情况下,当机械功能和电气功能关系密切时,可应用机械连接线表示出符号之间的联系。例如,图9-12所示的电动变阻器,其机械功能和电气功能关系密切,则用机械连接线表示出了各符号之间的联系,从而对其工作原理表达得更为清晰。

由图可知,这种电动变阻器的工作原理是:电磁离合器 YC 吸合以后,旋转的电动机 M 便经过差动轮带动变阻器 R 的滑片移动。电动机右移,滑片上移(实心圆点表示出了这种对应关系)。

六、回路标号

为了便于接线和查线,在电路图中,尤其是分开式二次电路图中,各个回路都应标号。回路标号类似于第六章介绍的导线识别标记的独立标记。

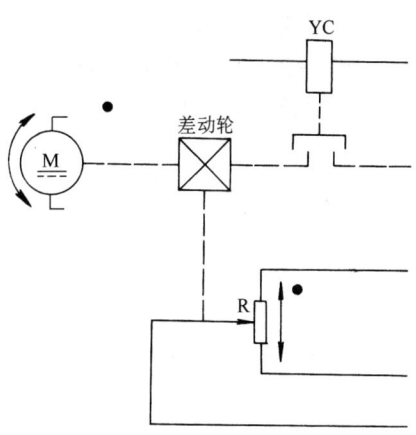

图 9-12 机-电功能关系密切的连接线

1. **回路标号的一般原则**

1)回路标号按等电位的原则进行,即在回路中连于一点上的所有导线,因其在任何时刻都具有同一电位而标以相同的回路标号。

2)由电气设备的线圈、绕组、触点或电阻、电容等元件(或部件)所分隔的线段,在某些时刻不等电位,应视为不同的线段,而标以不同的回路标号。

3)一般情况下,回路标号由三位或三位以下的数字组成。当需要标明回路的相别或某些主要特征时,可在数字标号的前面(或后面)增注文字符号。

4)在二次回路或电力传动系统的控制回路中,正极性的线段依次按奇数顺序标号(如1、3、5……),负极性的线段依次按偶数顺序标号(如 2、4、6……),对交流回路则按某一瞬间确定其正负极性。

各回路中,每经过回路的主要压降元器件,如线圈、绕组、电阻或电容等,即改变其极性,因此,回路标号也随之改变(一般,在一个回路中可选定一个主要压降元件)。

对运行中改变极性或不能明确标明其极性的线段(如串联连接的线圈、电阻间的连接导线),可任意选标奇数或偶数。但主要压降元件两端的标号必须奇偶不同。

5)在一次回路即主回路中,以标号中的个位数字的奇偶性区分回路的极性(如直流回路的正极用"1",负极用"2"),或以个位数字的顺序区分回路的相别(如三相交流回路的三相分别用 1、2、3);以标号中的十位数字的顺序区分回路中的不同线段,以标号中的百位数字的顺序区分不同供电电源的回路;以数字标号前面的文字符号表示线路或某些元器件的主要特征,例如,电源端点用 X,直流电机的电枢用 S 等。

6)除接于控制回路中的电机、变压器和制动电磁铁等设备的绕组以及电源端点必须标出代表其主要特征的文字标号外,一般控制回路等的回路标号均只用数字标号。

如欲区分不同功能的回路,如控制、保护信号等不同回路,可根据具体情况,自行规定专用的数字标号组,如 1~99 由控制回路采用,101~199 由保护回路采用,400~799 由互感器回路采用,等等。

7)回路标号中的文字标号须用汉语拼音字母的大写印刷体,数字标号与文字标号并列,且大小相同。

垂直绘制的回路中，回路标号的顺序应尽量采用自上而下或自上、下至中。

水平绘制的回路中，回路标号的顺序应尽量采用自左至右或自左、右至中。标号一般标注于连接导线的上方。

2. 回路标号的数字范围

二次电路中回路标号的范围，一般规定如下：

（1）交流回路

1）控制、保护及信号回路：1～399。

2）电流回路：401～599。

3）电压回路：601～799。

当需要表示相序时，可在数字前冠以相别字母，例如，冠以 L1、L2、L3、U、V、W、N、PE、PEN。习惯上也用 A、B、C、N。

（2）直流回路

1）保护回路：01～099，对于继电器保护回路可在前面冠以特征文字符号 K 等标记。

2）控制回路：101～599。

3）励磁回路：601～699。

4）信号及其他回路：701~999。

3. 回路标号示例

图 9-13 是回路标号示例。图 9-13a 为直流回路，包括两个支路。与 L+相连标号为 101，与 L-相连标号为 102，它们分别以主要元件 Q1 和 Q2 作为分界点。在 Q1、Q2 的左侧依次标连续的奇数。在第一个支路中，与正电源相接为 101，经过触点 K1，标号变为 103，经过触点 K2，标号变为 105。再经压降元件 Q1，标号变为偶数，依次标号为 106、104 至负电源 102。其余也是按这个原则进行标号的。

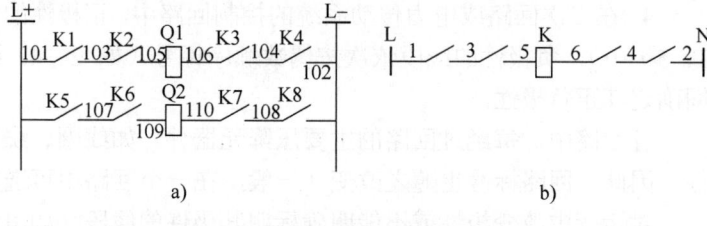

图 9-13 回路标号示例

图 9-13b 为交流回路（1～2），以主要压降元件 K 作为分界点。在 K 的左侧依次标连续的奇数 1、3、5，经压降元件 K，标号变为偶数，依次标号 6、4、2。

第三节 电路图的简化画法

在不致引起混淆的情况下，电路图应尽量予以简化，一般可从以下几个方面对电路图进行简化。

一、主电路的简化

在发电厂、变电所和工厂控制设备的电路中，主电路通常为三相三线或三相四线，为了便于表示设备和电路的功能，在这些电路图中，可将主电路或其一部分简化成单线表示。然而，在某些情况下，例如，为了表示互感器、热继电器的连接方法，则可部分地用多线表示。表示多相电源的电路的导线符号，宜按相序从上到下或从左到右排列，中性线应排在相线的下方或右方。

二、并联电路的简化

多个相同的支路并联时，可用标有公共连接符号的一个支路来表示，此时仍应标上全部参照代号和并联支路数。如图 9-14a 所示，4 个开关的并联支路，可用一个开关支路表示，但在简化图上，各开关的参照代号 K11、K13、K15、K17 仍然应标上。

图 9-14b 是表示含有熔断器 FU、二极管 V、电阻 R、电容 C 的相同元件，且连接关系相同的 6 个并联支路的简化电路。

三、相同电路的简化

相同的电路重复出现时，仅需详细地表示出其中的一个，其余的电路可用点画线围框表示，并绘出该电路与外部连接的有关部分，围框内加注适当的说明，如"电路与上同"等字样。

图 9-15a 中有两个相同的电路，但元件代号不同，对该电路简化，可只绘出一个电路，另一电路的元件代号标注在括号内。

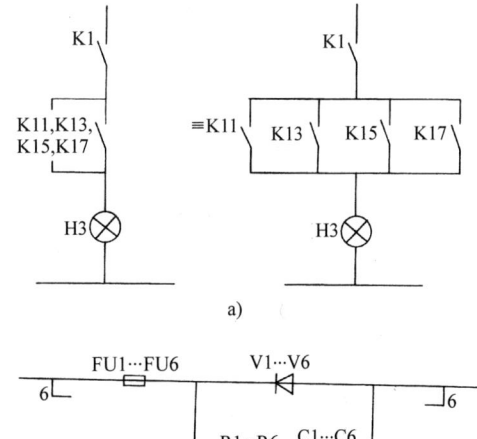

图 9-14 并联电路的简化画法

图 9-15b 是一个具有 6 个相同电路的简化画法，图中用单线表示，并注明了参照代号。

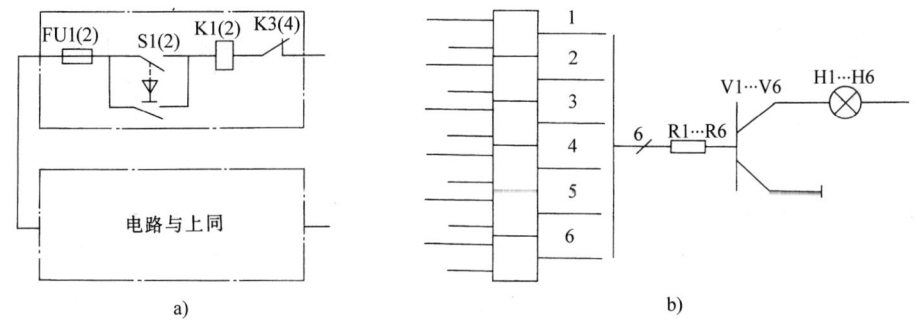

图 9-15 相同电路的简化画法示例

四、功能单元和外部电路的简化

一个复杂的电路往往由若干功能单元组成，有时候，为便于理解电路原理，还要绘出与之相关的外部电路。

对功能单元可用框形符号或端子功能图加以简化。此时，应在框形符号或端子功能图上加注标记，以便查找其代替的详细电路。这种简化方法的实质是将电路图分成若干层次，然后逐层展开的绘制方法。在第一层次仅绘出各功能单元的端子功能图、框图及其与其他电路的连接情况；在第二层次再分别绘出各功能单元的详细电路。

对外部电路，由于仅仅是为了说明原理，因而可以用更简略的形式表示，然后加注查找其完整电路的标记。

图 9-16 是一个Y-△起动器的电路，其内部电路已被简化绘制成端子功能图，其外部电

路也被予以简化（用虚线表示）。

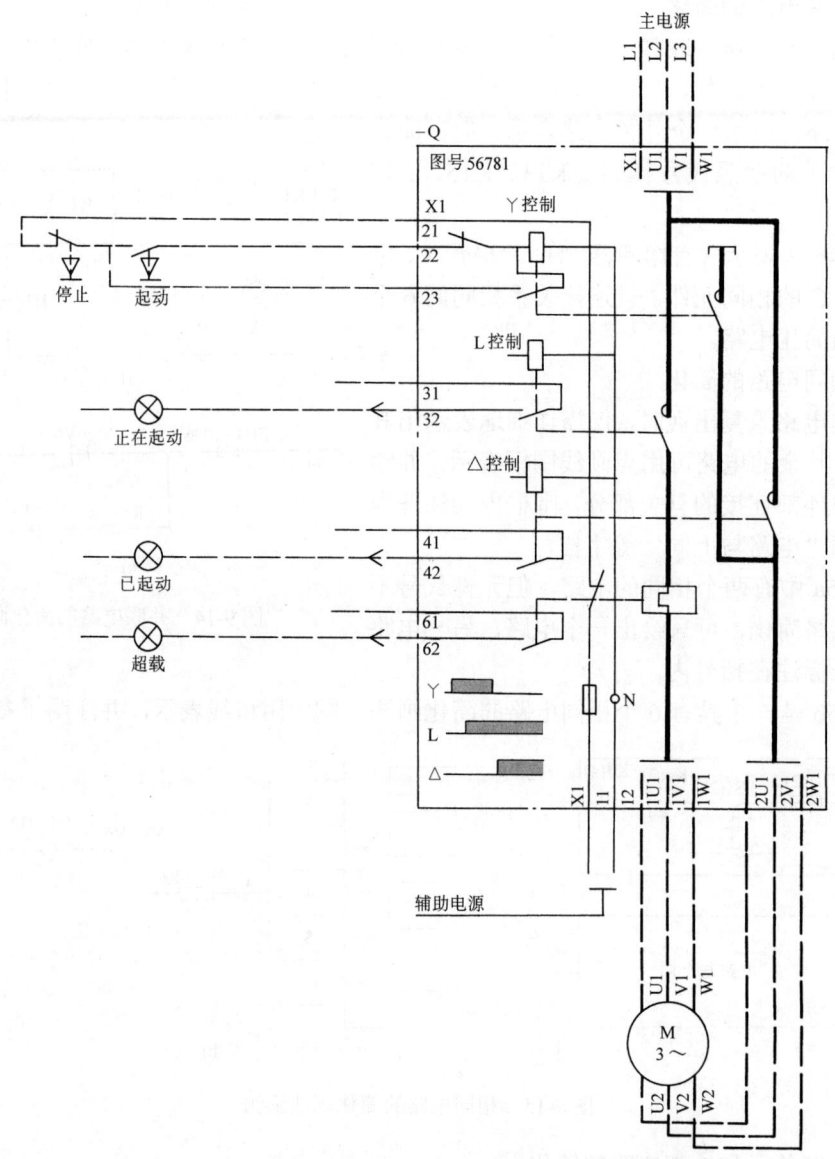

图 9-16　Y-△起动器电路其内部被简化成端子功能图

该图的工作原理及简化方法说明如下：

1) Y-△起动器（参照代号：—Q）主要由三个接触器（包括主触点、辅助触点、释放线圈）、热继电器及辅助电源电路熔断器等组成。

2) 起动器的功能采用绘制在端子功能图围框线内左下角的Y、L、△三个控制开关工作程序的表图来说明。其中，"Y"代表星形起动、"L"代表接通电源、"△"代表三角形运行。该图形符号可用表 9-5 来说明。

该起动器工作程序是：Y开关闭合，准备起动；L开关闭合，Y联结起动，Y开关断开，△开关闭合，△联结运行。

表 9-5 丫-△起动器功能说明

控制器位置		丫位置	L 位置	△位置
工作状态	接通电源，准备起动	1	0	0
	星形联结起动	1	1	0
	三角形联结运转	0	1	1

注：1—接通；0—断开。

3）这一端子功能图表示出了该功能单元的所有外接端子，分别标出其参照代号为 X1：21、X1：22、X1：23 等。这样，便能通过对这些端子的测量来诊断故障，并确定故障产生在功能单元（起动器）的内部还是外部。

4）起动器内部的三相电源主电路被简化成单线表示。

5）在端子功能图的围框内标有"图号 56781"字样，即为此电路的详细电路图编号，可供查阅。

6）外部电路仅仅用来说明起动器的原理，用虚线绘制，只绘出了说明功能的起动、停止按钮及用于"正在起动"、"已起动"、"超载"指示的信号灯，电路大大地简化了。

五、某些基础电路的简化模式

某些常用基础电路的布局若按统一的形式出现在电路图上就容易识别，也简化了电路图。无源二端网络的两个端一般绘制在同一侧，如图 9-17a 所示；无源四端网络（如滤波器、平滑电路、衰减器和移相网络）的四个端应绘在假想矩形的四个角上，如图 9-17b 所示。

桥式电路的输入端绘在左方，输出端绘在右方，其统一模式如图 9-18 所示。

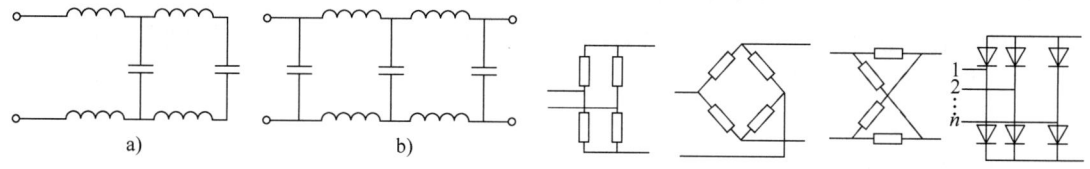

图 9-17 网络端的简化模式
a）二端网络 b）四端网络

图 9-18 桥式电路简化模式

常用的阻容耦合放大级电路的简化模式，如图 9-19 所示。

用于异步电动机的丫-△起动器电路的简化模式，如图 9-20 所示。

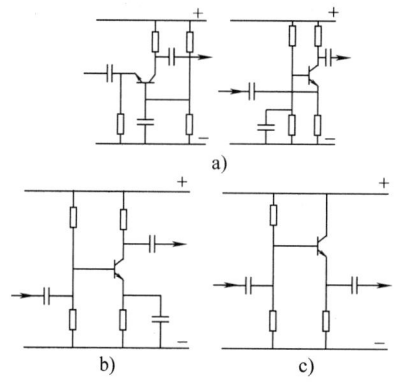

图 9-19 阻容耦合放大级电路简化模式

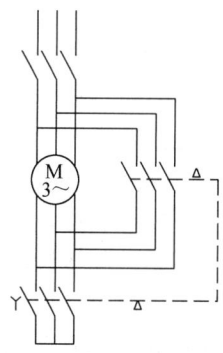

图 9-20 丫-△起动器电路简化模式

第四节　电路图示例

一、电动机供电控制电路

图 9-21 是水泵电动机供电控制电路图,是某系统 "=W1P1" 电气图中的一张图。这个图主要用来阐述水泵电动机供电及控制的工作原理,具有常见电路图的许多基本特征。

1. 图的主要特点

1）图中元件、器件和设备,如按钮、接触器、热继电器采用集中或半集中表示法表示。

2）图中的两个主要功能单元 Q1 和 A11 分别用两个围框表示。Q1 单元是对电动机进行供电控制的单元,表示出了 FU1、FU2、FR、KM1 的连接关系及外部接线端子 X1；A11 单元是对 Q1 进行控制的单元,表示出了 S1、S2、S3、H1 的连接关系。采用围框,突出了电路的功能关系。

3）为了简化参照代号的标注,本图采用了以下标注方法：高层代号 "= W1P1" 标在标题栏内；功能单元的位置代号和种类代号标在围框左上角。这样,围框内的元器件只标注种类代号,如果详细标注则显得复杂化了,例如,热继电器的代号全称应为

$$=W1P1-Q1FR+C13S2M11$$

全部元器件和围框 Q1 都标注了端子代号。

对于不隶属于=W1P1 系统的设备,为了避免误解,其参照代号前冠以 "<" 记号,如电动机的参照代号标注为 "<=AL/6/D"。

4）图上位置采用图幅分区法表示。

外接线去向也用分区代号表示,例如,13L1、ST-7、SP-N7 等外接线去向均标记为 "1/C",即说明其去向是：1 号图的 C 行。

2. 原理简述

只就辅助电路说明如下：

接触器释放线圈工作电路是：电源 3L1—FU2—FR（触点）—S2（停止按钮,常闭）—S1（起动按钮,常开）—S3（常闭）—KM1（线圈）—3N（中性线）。显然,当 S3 在手动位置时,只要按下 S1,电动机便起动。与此同时,KM1 的一对辅助触点 13-14 对此回路自锁,另一对触点 43-44 发出 "已起动" 的光信号（H1 亮）。

若将开关 S3 扳向自动位置,按钮 S1、S2 失去功能,电动机便由计算机自动控制（图中未表示）。

二、绕线转子异步电动机正反向起动控制电路

图 9-22 是一个正反向起动并能反接制动的绕线转子异步电动机控制电路图。

图中主要元件功能如下：

QS——电源隔离开关；

KM2——正转控制接触器；

KM3——反转控制接触器；

KM4、KM1——起动时短接电阻接触器,其中 KM4 具有延时特性；

R1——接入转子的起动电阻；

FR1、FR2——过电流保护继电器（注意与热继电器符号的区别）；

第九章 电路图　125

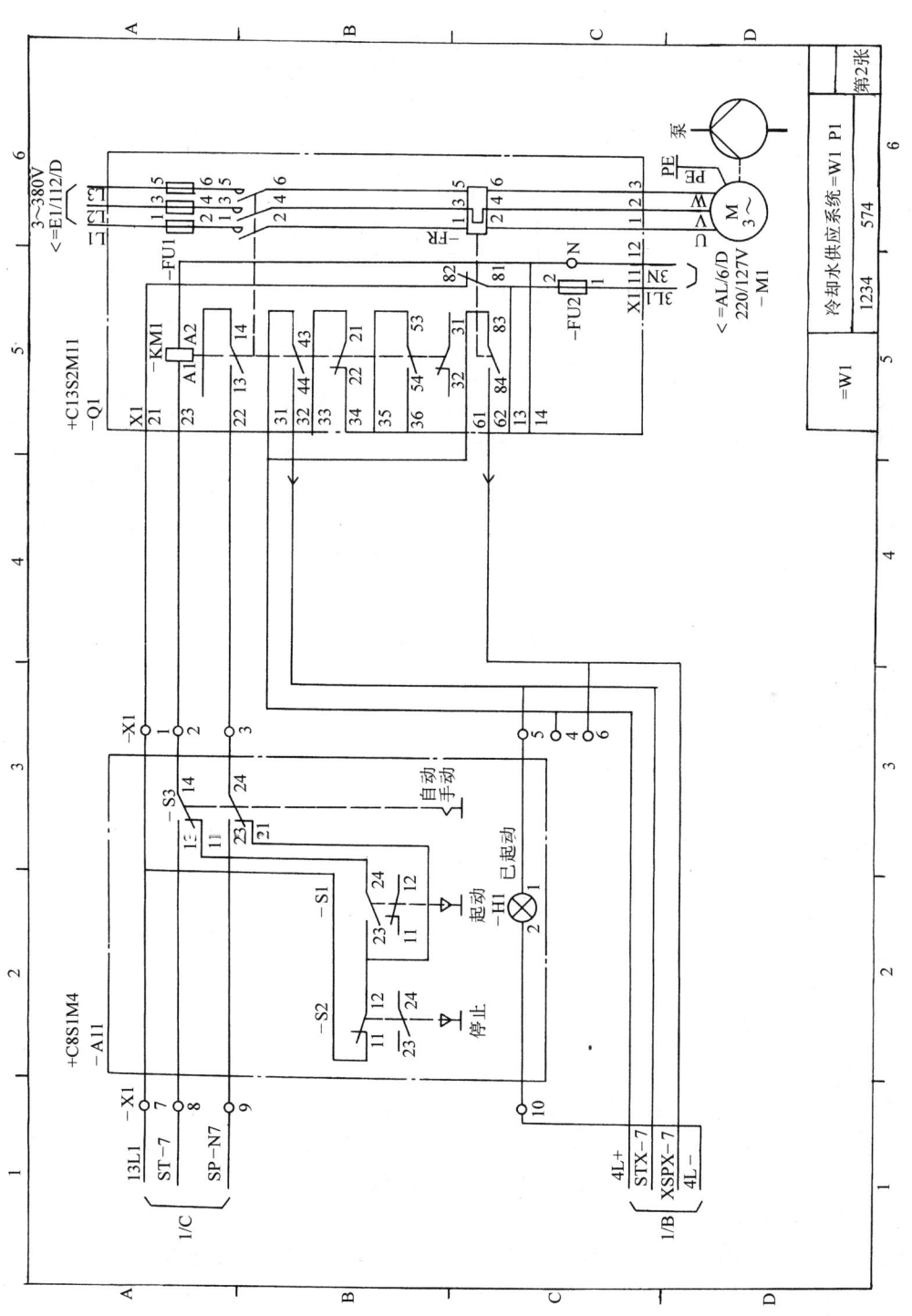

图 9-21　水泵电动机供电控制电路图

Q1—主开关功能单元　FU1, FU2—熔断器　FR—热继电器　KM1—交流接触器　S1—起动按钮
S2—停止按钮　S3—手动/自动转换开关　H1—信号灯　M1—电动机　A11—控制单元

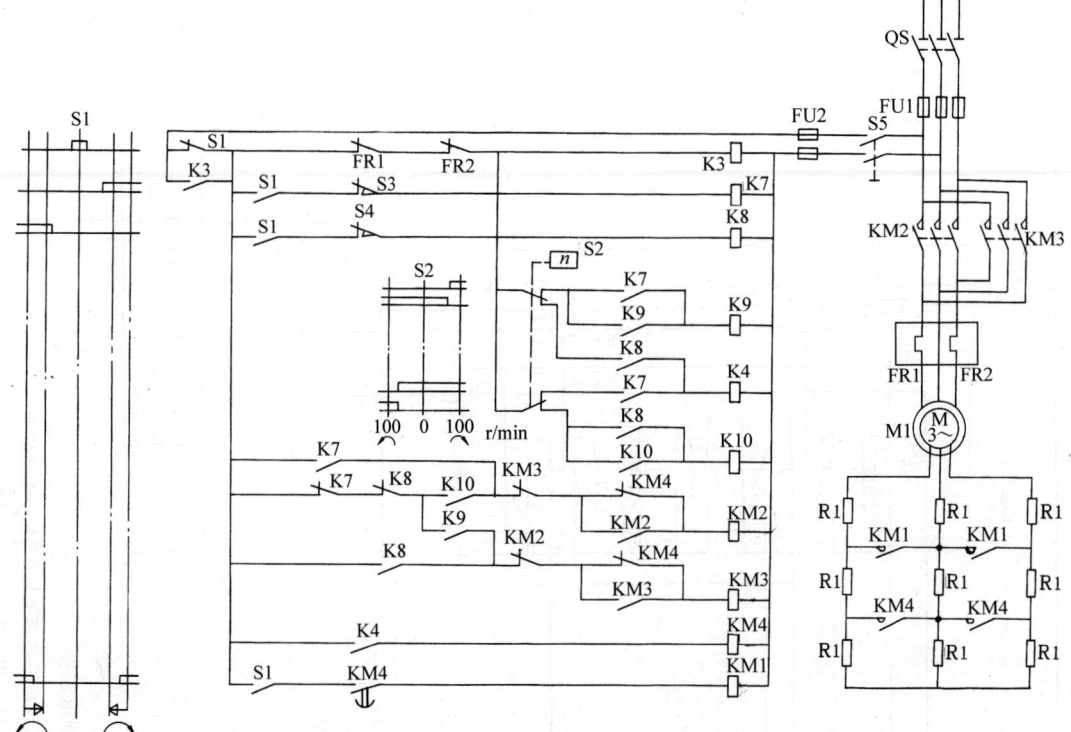

图 9-22　电动机正反向起动控制电路图

K3——控制电源继电器；
K4——起动电阻切换继电器；
K7——正转起动继电器；
K8——反转起动继电器；
K9、K10——限速继电器；
S1——鼓形控制器；
S2——离心开关；
S3、S4——行程开关；
S5——手动控制开关；
FU1——主电路熔断器；
FU2——辅助电路熔断器。

这一电路阐述的工作原理是：电动机正向或反向起动时，为了减小起动电流，通过鼓形控制器 S1 和接触器 KM4、KM1，依次短接串入转子电路中的三相电阻 R1；电动机断开电源后，通过离心开关 S2、继电器 K9、K10 等，电动机反接制动。

这一电路的基本特点：

1）电路布局：该电路按工作电源分为两部分，右边为主电路，垂直布置；左边为控制电路，水平布置。

在水平布置的控制电路中，各类似项目纵向对齐，例如，继电器 K3、K7、K8、K9、K4、K10 的驱动线圈和触点，接触器 KM2、KM3、KM4、KM1 的驱动线圈和触点，依工作顺序和功能关系纵向整齐地排列。电路布置美观。

2）符号的布置：电路中各继电器、接触器的符号采用分开表示法布置。例如，接触器 KM2，主触点在主电路中；一对动合触点在驱动线圈回路中，作为自保持触点，一对动断触点串联于反向运转接触器 KM3 的驱动线圈回路中，用于联锁，但它们都标以同一个参照代号 KM2。

3）主电路的表示法：主电路采用多线表示法，这是因为主电路有不对称的两相元件（如过电流保护继电器 K1）和不对称接线（正反向运转接线，三相换位），以及转子电路的起动电阻接线等，采用三线表示法比较适宜。

4）参照代号的标注：由于该电路主要说明工作原理，其参照代号没有高层代号和位置代号，也没有端子代号，只标注了种类代号，且省去了前缀符号。

5）非电操作触点的表示方法。

在图 9-22 中，手动操作的鼓形控制器 S1 和由电动机转速控制的离心开关 S2，其触点位置采用表图表示。这种表示法比较特殊，掌握这种方法表示的触点通断情况，是读懂本图的关键。具体说明如下：

图 9-23 是从图 9-22 中摘引出来的鼓形控制器 S1 的触点位置表图。为了叙述方便，增加了一些文字标注。由图 9-23 结合图 9-22 加以对照，可以看出各触点工作状态及功能，见表 9-6。

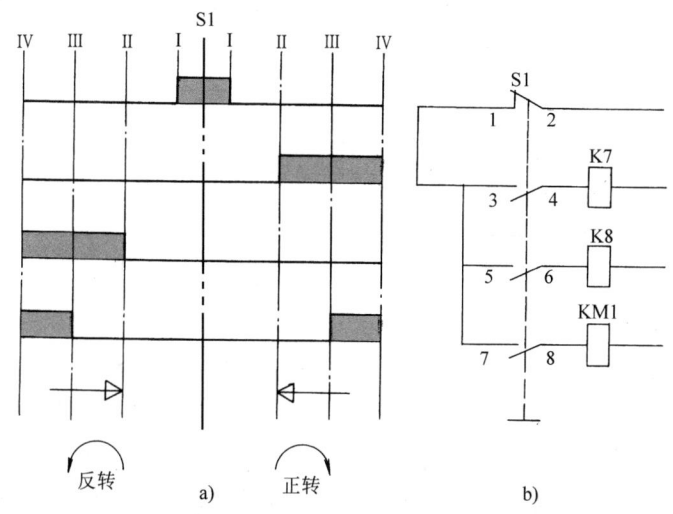

图 9-23 鼓形控制器 S1 的触点位置表图

a）触点工作状态 b）触点在电路中的位置

表 9-6 S1 触点工作状态及功能

手柄位置		触点工作状态				功能说明
		1—2	3—4	5—6	7—8	
正转	Ⅰ—Ⅱ	1	0	0	0	1—2 闭合，接通控制电源
	Ⅱ—Ⅲ	1	1	0	0	3—4 闭合，继电器 K7 工作，电动机正向起动
	Ⅲ—Ⅳ	1	1	0	1	7—8 闭合，接触器 KM1 工作，短接转子电阻 R1，电动机正向运行
反转	Ⅰ—Ⅱ	1	0	0	0	1—2 闭合，接通控制电源
	Ⅱ—Ⅲ	1	0	1	0	5—6 闭合，继电器 K8 工作，电动机反向起动
	Ⅲ—Ⅳ	1	0	1	1	7—8 闭合，电动机反向运行

注：1—接通，0—断开；

触点 1-2 为动断触点（常闭），其余为动合触点（常开）。

离心开关 S2 的工作状态及功能可用图 9-24 的表图来说明。离心开关的工作原理是，速度传感器 n 直接反映了电动机 M 的转速，当转速达到某一速度时，在离心力作用下，开关的某些触点接通，某些触点断开。

由此可知，无论电动机正转还是反转，当转速低于 100r/min（约为 80r/min）时，S2 的两对动断（常闭）触点 1-3、1-4 闭合，继电器 K4 工作，当电动机转速高于 100r/min（约为 80r/min）时，S2 的两对动合（常开）触点 1-2、1-5 闭合，继电器 K9 或 K10 工作。即离心开关 S2 分别作用于继电器 K4、K9 或 K10 动作，从而决定了电动机切断电源后，执行反接制动的时机和条件。

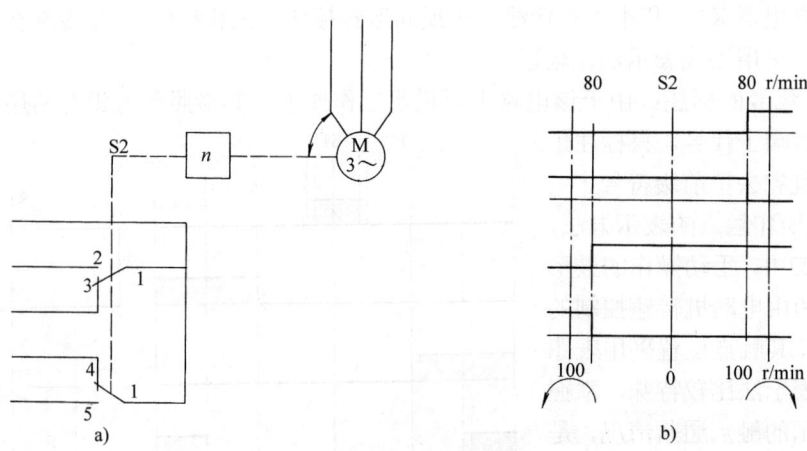

图 9-24　离心开关 S2 的工作状态表图
a)触点位置　b)触点工作状态
M—电动机　n—速度传感器

通过以上特点的分析，在了解了各开关、各继电器，尤其是鼓形控制器 S1 和离心开关 S2 的工作状态和功能之后，对该图所描述的电动机正反向起动并可反接制动的电气工作原理便十分清楚了，这里就不详述了。

第十章 接线图

第一节 接线图的基本概念

一、接线图的概念

电气装置的基本信息,除了电气装置的基本组成、工作原理、性能特点、安装位置等以外,还应表示出电气装置各元件之间的内部连接,以及各元件与外部电源、其他装置之间的外部连接。表示这种连接关系的图,就是接线图。

也就是说,表达项目组件或单元之间物理连接信息的简图,就是接线图。有的时候,还可以采用表格的形式表达这种连接信息,这种表格称为接线表。

二、接线图分类

用导线将电源、负载、控制开关等,按照一定的顺序连接起来,便构成了一个完整的电路,或称电气装置。其中,电源、负载及元器件、连接线及线路是构成电路(电气装置)最基本的三个要素。连接线是构成电气装置的重要组成部分。

连接线大致分为两类:内部连接线和外部连接线。

内部连接线:电气装置(单元)内部各元件、组件之间的连接线;

外部连接线:不同电气装置(单元)之间直接或通过接线端子的连接线,电气装置与电源之间的连接线。

电气连接线及线路的示意图如图 10-1 所示。

不同的连接线传达的信息不同,其表达形式也不同。与之相应的接线图一般分为以下几类:

1)单元或组件的元器件之间的物理连接(内部)接线图,简称为单元接线图。

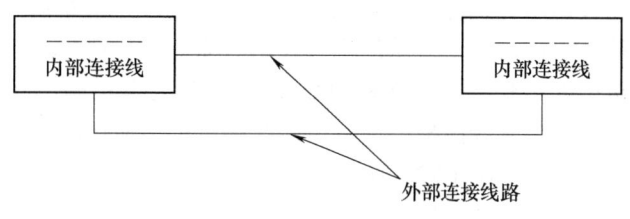

图 10-1 连接线及线路的示意图

2)不同单元或组件之间的物理连接(外部)接线图,简称为互连接线图。

3)到一个单元的物理连接(外部)接线图,简称为端子接线图。

4)电缆接线图。

5)接线表。

三、接线图表达的基本信息

接线图和接线表应包含的主要信息是,能够识别用于接线的每个连接点及接在这些连接点上的所有导线和电缆。为了满足安装接线的实际要求,接线图和接线表通常还应表示出项目的相对位置、参照代号、端子号、导线号、导线类型、导线截面积、屏蔽和导线绞合等内容。

对于端子接线图和端子接线表而言，由于它仅需提供一个结构单元的端子和该端子的外部接线信息，所以只需示出一个结构单元的端子。

必要时，接线图和接线表还包含下列信息：

1) 导线或电缆种类的信息，如型号、牌号、材料、结构、规格、绝缘层和保护层颜色、电压和电流额定值、导线根数及其他技术数据。

2) 导线号、电缆号或参照代号。

3) 连接点的标记或表示方法，如参照代号或端子代号、图形表示法、近端或远端标记。

4) 线缆敷设、走向、端头处理、捆扎、绞合、屏蔽等方法说明。

5) 导线或电缆的长度。

6) 信号代号或信号的技术数据。

7) 需补充说明的其他信息。

8) 布局、行程、终止、附件、扭曲、屏蔽等的说明或安装方法。

第二节　接线图的一般表示方法

一、项目和端子的一般表示方法

1. 项目布局

在接线图中，项目（如元器件、部件、组件、成套装置等）的布局应采用位置布局法，即接线图上的元件布局位置与其实际相对位置相同，但无需按比例布置。

2. 项目的图形符号

表达器件、单元或组件的布置，应方便简图按预定目的使用。接线图中的项目一般采用简化外形符号（正方形、矩形、圆形等）表示，某些引接线比较简单的元件，如电阻、电容、信号灯、熔断器等，也可以用一般图形符号表示。简化外形符号通常用细实线绘制，如图 10-2a 所示。在某些情况下，也可用点画线围框，但有引接线的围框边应用细实线绘制，如图 10-2b 所示。

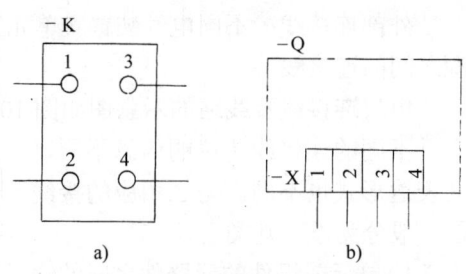

图 10-2　项目及端子表示方法示例

在接线图项目符号旁一般应标注参照代号，但一般只标注产品面参照代号和位置面参照代号，图 10-2 中的—K、—Q、—X 是产品面参照代号。

二、端子的表示方法

端子一般用图形符号和端子代号表示。如图 10-2a 所示，在端子符号（圆圈）旁标注的数字就是端子代号，若较详细书写这些端子代号，则为—K：1、—K：2……。当用简化外形表示端子所在的项目（如端子排）时，可不画端子符号，仅用端子代号表示。如图 10-2b 所示，端子排—X 用简化外形表示，没有画出端子符号，其端子代号为—Q—X：1、—Q—X：2……

如果需要区分允许拆卸和不允许拆卸的端子的连接时，则必须注明。在图中通常用可拆卸端子图形符号表示；在表中可在附注栏内注明。

三、电缆及其组成线芯的表示方法

如果用单条连接线表示多芯电缆，而且要示出其组成线芯连接到物理端子表示法，那么表示电缆的连接线应在交叉线处终止,并且表示线芯的连接线应从该交叉线直至物理端子。电缆及其线芯应清楚地标识(例如,用其标记代号),如图 10-3 所示。图中,线芯的参照代号分别为—W1—1、—W1—2、—W1—3、—W1—4。所接端子代号分别为—A2X1∶1、—A2X1∶2、—A2X1∶3、—A2X1∶4。

图 10-3 多芯电缆表示方法示例

四、导线的表示方法

在接线图中,导线的表示方法有连续线表示法和中断线表示法两种。

1) 连续线——端子之间的连接导线用连续的线条表示。图 10-4a 所示的项目 11 和 12 之间的两条连接线(57 号、58 号)是用连续线表示的,标注独立标记。其中 57 号线一端接项目 11 的 5 号端子,另一端接项目 12 的 1 号端子。

2) 中断线——端子之间的连接导线用中断的方式表示,按远端标记。图 10-4b 所示的项目 X1 和 X2 之间的两条连接线(8 号、9 号线)是用中断线表示的。其中 8 号线一端接 X1 的 1 号端子(X1∶1),另一端接 X2 的端子 A(X2∶A),分别在中断处标明了导线的去向,即 X2∶A 和 X1∶1。

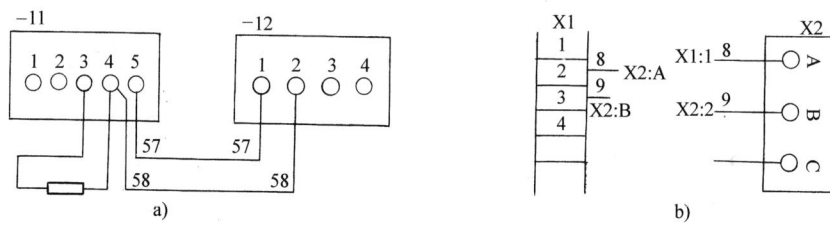

图 10-4 导线的表示方法

导线组、电缆、线束等可以用多线条表示,也可以用单线条表示。若用单线条表示,线条应加粗,在不致引起误解的情况下可部分加粗。当一个单元或成套装置中包括几个导线组时,它们之间应用数字或文字加以区别。图 10-5a 中的两导线组全部加粗,用 A 和 B 区分,其中,A 代表 7 根线,B 代表 4 根线。图 10-5b 中的两导线组部分加粗,用数字 101、102 区分。

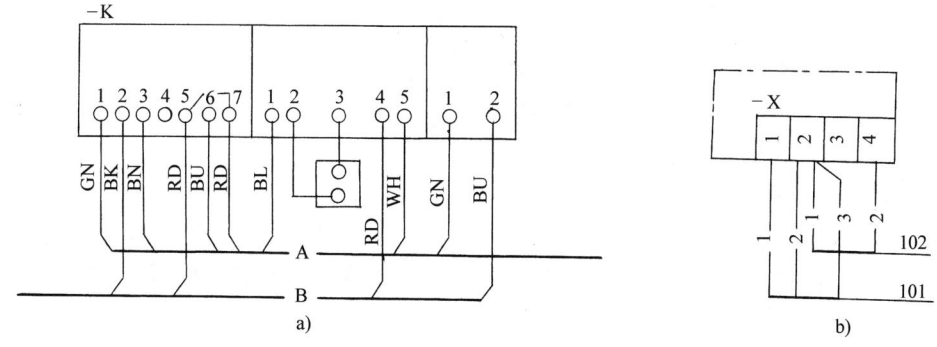

图 10-5 导线组用加粗线条表示

五、导线的标记

接线图中的导线一般应给以标记。

(1) 标记的方法　标记的方法一般有三种：一是等电位编号法，即用两个号码表示，第一个号码表示电位的顺序号，第二个号码表示同一电位内的导线顺序号，两个号码之间用短横线隔开，例如，"2-3"线表示第 2 等电位线中的第 3 条支线；二是顺序法编号，即将所有的导线按顺序编号；三是呼应法，或称相对编号法，通常按导线的另一端去向作标记；例如，图 10-2 中端子 X1：1 上标为"X2：A"，即表示连接到项目 X2 的端子 A。

(2) 标记的内容　导线标记的内容，一是根据导线的特征和功能等标记，二是按色标标记。

按导线的特征和功能标记的基本形式是：主标记+补充标记。其中，主标记包括从属标记——从属本端标记、从属远端标记、从属两端标记；独立标记；组合标记。补充标记包括功能标记、相位标记、极性标记、保护导线和接地线的标记等。

用连续线表示的接线图多采用独立标记，如图 10-3a 所示。

在用中断线表示的接线图中，一般采用从属远端标记或从属本端标记。图 10-3b 采用的是从属远端标记。

(3) 色码标记　色码标记就是用导线颜色的英文名称的缩写字母代码作为导线的标记。表示颜色的标准字母代码见表 10-1。

表 10-1　表示颜色的标准字母代码

序号	颜色	符号	序号	颜色	符号
1	黑色	BK	9	灰色	GY
2	棕色	BN	10	白色	WH
3	红色	RD	11	粉红色	PK
4	橙色	OG	12	金黄色	GD
5	黄色	YE	13	青绿色	TQ
6	绿色	GN	14	银白色	SR
7	蓝色	BU	15	绿色—黄色相间	GN-YE
8	紫色	VT			

色码标记示例如图 10-5a 所示。图中，线组 B 含有黑色线（BK）1 根，红色线（RD）2 根，蓝色线（BU）1 根。

六、矩阵布局形式及其简化表示

矩阵布局形式是一种特殊的接线图布局形式，适用于小幅面内表示出大量的导线连接，例如，装有印制电路板的机柜内的导线连接。布置规则如下：

1) 连接端子按网格形式排列，每个端子应加以标志。

2) 每个元件（例如印制电路板插座）上的端子符号按垂直（水平）方向但无需按元件的实际顺序排列，各元件间需要连接的端子按水平（垂直）方向对正排列。

3) 导线按水平方向连接，并穿过被连接的符号，对于流过有命名信号的导线，应在连接导线的一端表示出信号代号。

4）当每两点间的导线都需要标识时，应在这条水平（垂直）连接线的上方（左方）分别标注导线号。

图 10-6 分支架矩阵接线图中所有项目（—X1～—X5、—X9）上的端子符号按网格布置；每个项目上的端子符号按垂直方向排列，项目间需要连接的端子按水平方向对正排列；连接线用实线水平方向绘出，并穿过端子，端子代号（数字 1、2、3、…）标在连线上方靠近端子符号处；在水平连线右端标示出导线通过的信号信息符号或代号 L+（5V），L-（-5V），M（0V），时钟（Clock），传输（Transmit）等。

图 10-7 是上述同一内容的简化表示。

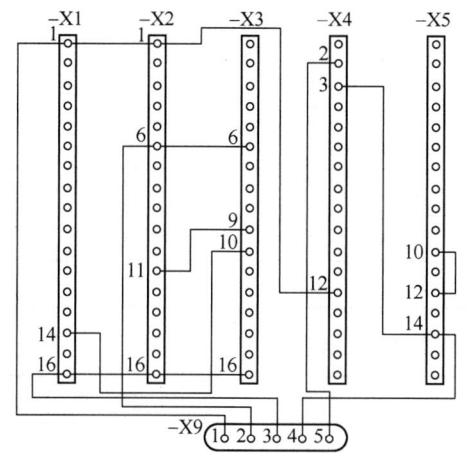

图 10-6　某连接器矩阵布局形式的接线图

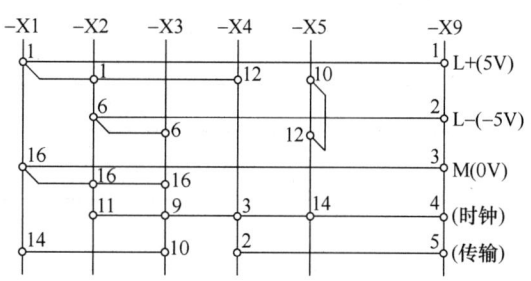

图 10-7　简化接线图示例

七、接线表

1. 接线表表达的基本信息

接线表应包括的接线图预订用途的全部或主要信息。例如：

1）导线或电缆类型的信息：型号代号、商品或零件号、材料、结构、尺寸、绝缘颜色、电压额定值、导体数量、其他技术数据。

2）导线、电缆的数量或者参照代号。

3）连接项目的标识或表示（例如标记和端子代号）。

还可以包括下列信息：

1）导线、电缆的布局、路线、终止、附加装置、扭曲、屏蔽等的说明或实现方法。

2）导线或电缆的连接长度。

3）信号代号和信号的技术数据。

4）特殊分类或信息。

2. 接线表中接线的顺序

接线表应该用分类来编制，分类方法有以下两种：

1）按端子标识来分类排列接线顺序，即端子接线表，见表 10-2。表中，按端子 11~20 及 PE 的顺序排列。

2）按导线标识（例如电缆和线芯标识符的参照代号）来分类排列接线顺序，见表 10-3，电缆的参照代号按—W136 和—W137 的分类排列。

表 10-2 按端子顺序排列的接线表示例

项目-A4	端　子	电　缆	线　芯
-X1	：11	-W136	-1
	：12	-W137	-1
	：13	-W137	-2
	：14	-W137	-3
	：15	-W137	-4
	：16	-W137	-5
	：17	-W136	-2
	：18	-W136	-3
	：19	-W136	-4
	：20	-W136	-5
	：PE	-W136	-GNYE
	：PE	-W137	-GNYE

表 10-3 按参照代号分类顺序排列的接线表示例

电缆代号	线芯代号	端子-A4-X1	远端-B4	备　注
-W136	-GNYE	：PE	-X1：PE	
	-1	：11	-X1：33	
	-2	：17	-X1：34	
	-3	：18	-X1：35	
	-4	：19	-X1：36	
	-5	：20	-X1：37	备用
-W137	-GNYE	：PE	-X2：PE	
	-1	：12	-X2：26	
	-2	：13	-X2：27	
	-3	：14	-X2：28	
	-4	：15	-X2：29	
	-5	：16		备用

第三节　单元或组件的元器件之间的物理连接接线图

一、单元或组件的元器件之间的物理接线图的绘制方法

单元或组件的元器件之间的物理接线图是表示单元内部各项目连接情况的图和表，通常不包括单元之间的外部连接，但可给出与之有关的互连接线图的图号。所以，单元或组件的元器件之间的物理接线图又称为单元接线图，也可以称为内部接线图。

1) 在单元接线图上，代表项目的简化外形和图形符号是按照一定规则布置的，这个规则就是大体按各个项目的相对位置进行布置，项目之间的距离不以实际距离为准，而是由连接线的复杂程度而定。

2) 单元接线图的视图选择，应最能清晰地表示出各个项目的端子和布线的情况。当一个视图不能清楚地表示多面布线时，可用多个视图。例如，图 10-8a 所示的控制箱，若要表示箱内各面，如后壁、左右壁、箱门、箱顶、箱底的设备布置和接线情况，则可将其展开，如图 10-8b 所示。

在图 10-8c 的示例中，为了表示箱内正面（后壁）、左右侧面和顶面的项目之间的接线情况，采用了以正面为主的展开视图。这样，不同平面的项目之间的连接导线被"拉直"了，其连接关系表示得更充分、更清楚了。

3) 项目间彼此叠成几层放置时，可把这些项目翻转或移动后画出视图，并加注说明。

4) 对于转换开关、组合开关之类的项目，它们具有多层接线端子，上层端子遮盖了下层端子，这时，可延长被遮盖的端子以标明各层接线关系。

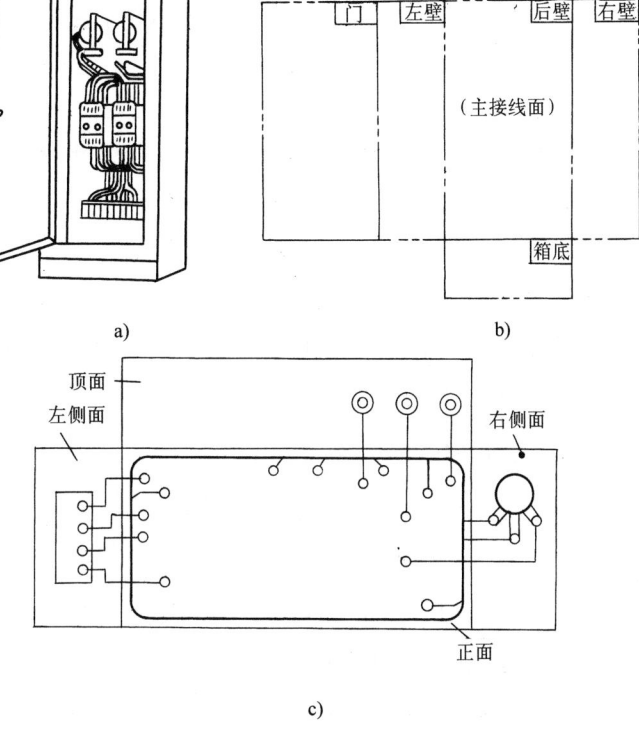

图 10-8 单元接线图的视图
a)、b)视图选择 c)示例

二、单元接线表的编制

单元接线表一般包括电缆号、导线的型号、规格、长度、连接点号、所属项目的代号和其他说明等内容。

单元接线表可以代替接线图，但一般只是作为接线图的补充和表格化的归纳。

三、单元接线图和接线表示例

图 10-9 所示的单元接线图，分别用连续线的多线表示法、连续线的单线表示法和中断线表示法绘制。表 10-4 是这一单元的接线表。

从这一接线图和接线表可以看出，该单元包括 4 个项目，其中项目 11 和项目 12 采用简化外形符号，项目 13（电阻）和项目 X（端子排）采用一般图形符号，各项目的端子代号分别标注在各端子符号旁。接线图和接线表就是具体表示单元内部 4 个项目各端子的连接关系的图和表。

该单元内部共有 10 根互相连接线，其中 8 根连接线按顺序编号，依次编为 31~38。这种标记法称为独立标记。项目 11 和项目 13 之间的两根互相连接线，相距很近，没有编号。

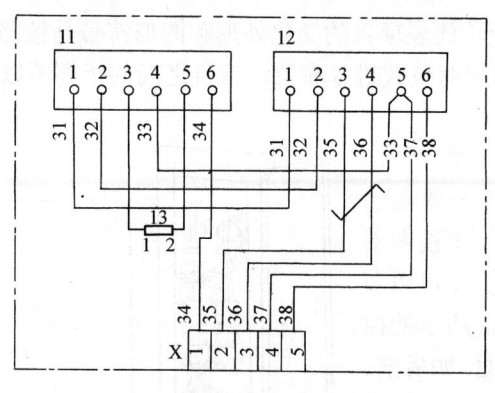

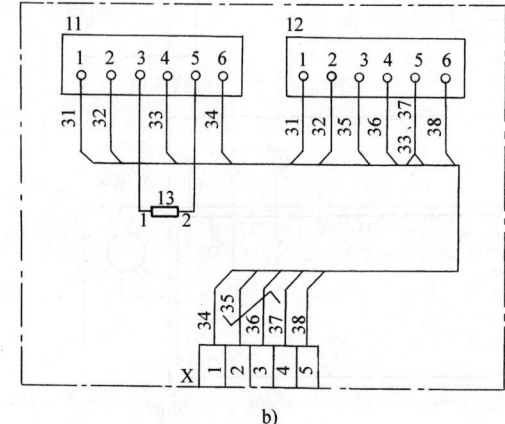

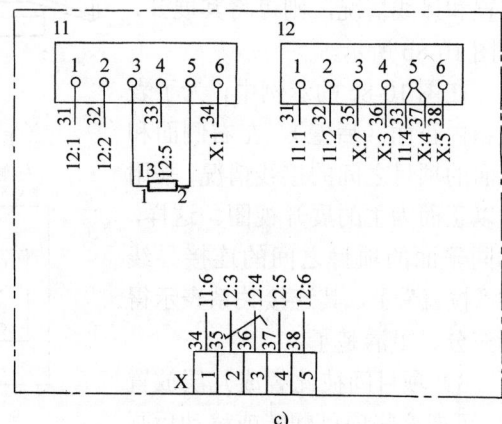

图 10-9 单元接线图示例

表 10-4 单元接线表（与图 10-9 对应）

电缆号	电缆型号及规格	线号	连接点 I			连接点 II			备注
			参照代号	端子号	参考	参照代号	端子号	参考	
（未表示）	BV-1.5mm²	31	11	1		12	1		
		32	11	2		12	2		
		33	11	4		12	5		
		34	11	6		X	1		
		35	12	3		X	2		T1
		36	12	4		X	3		T2
		37	12	5	33	X	4		
		38	12	6		X	5		
		—	11	3		13	1		
		—	11	5		13	2		

在采用中断线表示的图 10-9c 中，导线标记采用独立标记和从属远端标记，以表示各导线的连接去向。

以 31 号导线的连接关系为例：

在图 10-9a 中，可直观地看出，一端接项目 11 的端子 1，另一端接项目 12 的端子 1；

在图 10-9b 中，从导线的编号及表示去向的弯折符号也能判断该线的连接关系；

在图 10-9c 中，项目 11 的端子 1，标注了远端标号"12∶1"，即表示了其去向是项目 12 的端子 1，在项目 12 的端子 1 上则标注"11∶1"；

在表 10-4 中，第一横栏，线号"31"，连接点Ⅰ的参照代号标写为"11"，端子号标写为"1"；连接点Ⅱ的参照代号标写为"12"，端子号标写为"1"。

显然，图 10-9 和表 10-4，是对同一问题的两种解决方法，表达方式各有特点。一般而言，连续线表示的单元接线图直观，但线条较多，图面复杂，适宜于元件较少、连接线较少的单元接线图；对某些产品（如家电产品），为了使一般使用者能看懂，在其产品使用说明书中的插图也多采用这种形式。中断线表示的单元接线图，虽不直观，但图面简单、清晰，是广为采用的一种形式。用单线表示的接线图虽不及多线表示法直观，但图面简单，便于阅读和使用，单线如同线束，这与安装配线时将多根线绑扎成一线束相似，更增加了这种形式的实用性。

单元接线表实际上是该单元各种连接线的明细表或称为"清单"，有一定综合性，但如果只有这张表，要按这张表去接线、查线，还是困难的。因此，接线表往往只作为接线图的补充。

第四节 不同单元或组件之间的物理连接接线图

一、不同单元或组件之间的物理连接接线图的特点和绘制方法

不同单元或组件之间的物理连接接线图是两个或两个以上单元之间线缆连接情况的简图。它通常不包括单元内部的连接。所以，这种图又称为互连接线图。

各单元一般用点画线围框表示，必要时也可给出与之有关的电路图和单元接线图、表的代号。

互连接线图中各单元的视图应画在同一个平面上，以便表示各单元之间的连接关系。互连接线表的格式及内容与单元接线表类同。

各种类型的电缆与结构单元端子之间的连接是互连接线图（表）中的主要内容。表 10-5 为不同类型电缆的连接表示方法示例。

表 10-5 不同类型电缆的连接表示方法示例

序 号	例 图	说 明
1	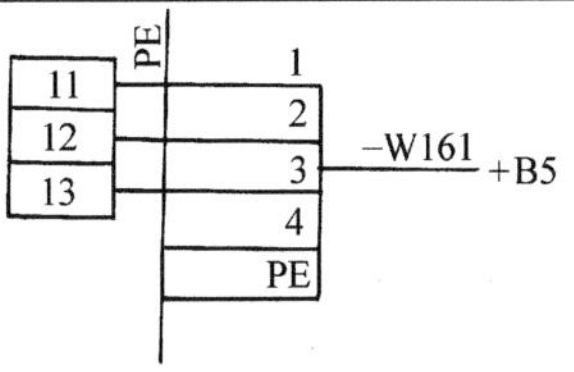 （端子 11,12,13,PE；芯线 1,2,3,4,PE；-W161 +B5）	来自单元 +B5 的电缆 -W161； 电缆芯线 1，2 和 3 接端子 11，12 和 13； 保护接地导体 PE 接保护接地条。芯线 4 未连接表示电缆的线可位于粗线的任何一点上，而与交点分开
2	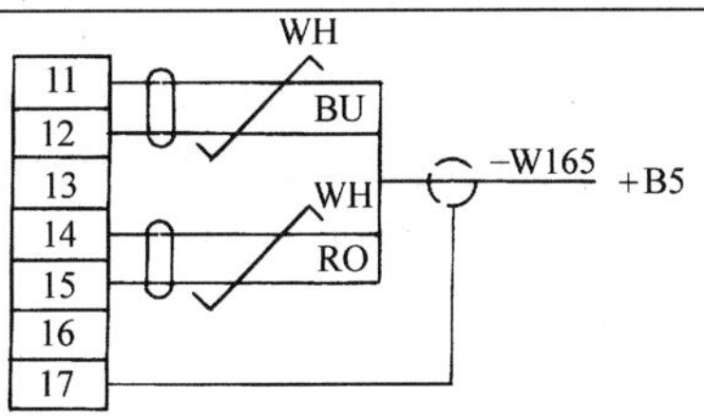 （端子 11~17；WH/BU，WH/RO；-W165 +B5）	有两对绞合屏蔽线的屏蔽电缆 -W165

（续）

序号	例图	说明
3	端子11–20，电缆-W168 +B5，电缆-W169 +B6	图中两根电缆交错； 电缆-W168 的芯线 1，2，3，4，5 分别接端子 11，12，14，16 和 19。而电缆-W169 的芯线 1，2，3，4，5 分别接 13，15，18，19 和 20
4	PE, U1, V1, W1 接 -W11 +S2	端头密封的电力电缆-W11； 若有密封壳和金属铠装时接保护接地条 PE

互连接线图可以采用连续线表示，也可以采用中断线表示。

图 10-10 所示的互连接线图主要表示位于 A、B 两个单元（简称+A、+B 单元）的互连接线情况，以及+A、+B 与+E、+F 的互连接线情况。

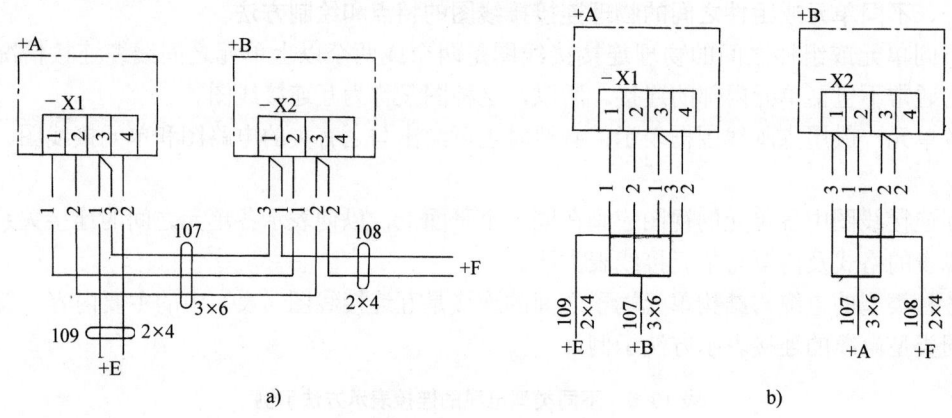

图 10-10 互连接线图示例

a）用连续线表示 b）用中断线表示

这 4 个单元共有 3 条电缆：

1）107 号电缆，3 芯，连接于+A、+B 之间。
2）108 号电缆，2 芯，连接于+B、+F 之间。
3）109 号电缆，2 芯，连接于+A、+E 之间。

其中，与+E、+F 两单元的连接情况，未详细表示，其电缆终端去向采用远端标记表示。

+A、+B 两单元内部的连接线也未表示，只画出了代表这两个单元的点画线围框，但对需要互连接线的端子排—X1、—X2 及其端子采用了较具体的一般符号。

图 10-10b 是采用部分加粗的形式来区分各条电缆的。

表 10-6 是图 10-10 中 107 号电缆的互连接线表。

表 10-6 互连接线表示例（图 10-10 中 107 号电缆）

电缆号	电缆型号及规格	线芯号	连接点Ⅰ			连接点Ⅱ			备注
			参照代号	端子号	参考	参照代号	端子号	参考	
107	XQ-3×6mm²	1	+A—X1	1		+B—X2	2		
		2	+A—X1	2		+B—X2	3	108.2	
		3	+A—X1	3	109.1	+B—X2	1	108.1	

107 号电缆是一条 3 芯电缆，电缆的型号是 XQ（橡皮绝缘、铅包、钢芯），其截面积为 3×6mm²，线芯号分别标为 1、2、3。电缆的一端与连接点Ⅰ相连，连接点Ⅰ的参照代号是+A—X1（+A 中的端子排 X1），端子号为 1、2、3。电缆的另一端与连接点Ⅱ相连，连接点Ⅱ的参照代号是+B—X2，端子号也为 1、2、3。其具体连接关系是：

1）1 号线，+A—X1：1 至+B—X2：2。
2）2 号线，+A—X1：2 至+B—X2：3。
3）3 号线，+A—X1：3 至+B—X2：1。

另外，连接点Ⅰ的 3 号端子有一等电位线 109 号电缆的 1 号线（109.1），连接点Ⅱ的 3 号、1 号端子分别有等电位线 108.2 和 108.1，这些分别标注在表中"参考"一栏内。

二、互连接线图和互连接线表举例

【例1】 某小型柴油发电机组控制屏互连接线图和互连接线表

图 10-11 给出了某小型柴油发电机组这一装置中的发电机、柴油机和控制屏三个项目（单元）之间的电气互连接线关系。这个图虽然比较简单，但其表达形式比较好地体现了互连接线图的一般特点。

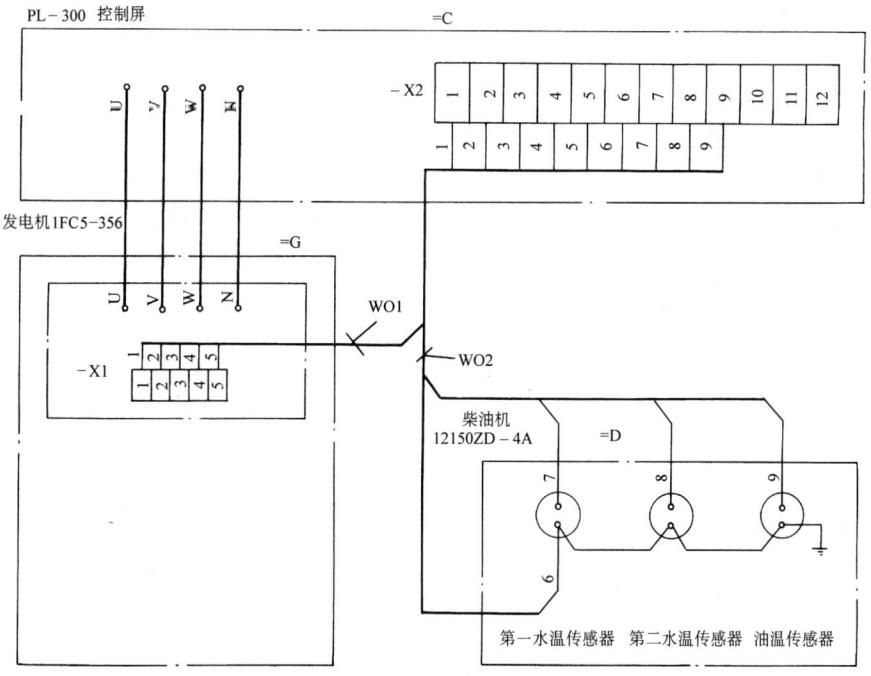

图 10-11 某小型柴油发电机组互连接线图

1）三个项目都用点画线围框表示，分别标注了高层代号和设备型号：

发电机，参照代号为=G，型号为 1FC5－356；

柴油机，参照代号为=D，型号为 12150ZD－4A；

控制屏，参照代号为=C，型号为 PL－300。

2）每个项目只画出了对外连接的元件及端子，例如，发电机的接线端子板—X1，控制屏的接线端子板—X2。

3）连接线采用单线连续线表示法。各连接线采用独立标记法标注。例如，发电机的端子板 X1 与控制屏端子板 X2 的连接电缆编号为 W01，共有 5 根线芯，依次标注独立标记为 1、2、3、4、5。

4）与图 10-11 对应的互连接线表见表 10-7。

表 10-7 互连接线表（与图 10-11 对应）

电缆号	电缆型号及规格	线芯号	连接点 I		连接点 II	
			参照代号	端子代号	参照代号	端子代号
—W01	KVV-6×2.5mm²	1		1		1
		2		2		2
		3	=G—X1	3	=C—X2	3
		4		4		4
		5		5		5
—W02	KVV-4×1.0mm²	6		6		6
		7	=D	7	=C—X2	7
		8		8		8
		9		9		9

【例2】 带有线缆终端连接器的互连接线图

对于单元数量较少，而且要表示线缆终端连接时，可以采用图 10-12 形式的互连接线图。图中电缆—C，其一端连接器—CX1 与单元—A1 的连接板-X（—A1X）相连，另一端连接器—CX2 与单元—A2 的连接板—X（—A2X）相连。电缆的截面积为 4×6mm²，各芯线接头的标记为 U、V、W、N，其字母含义为三相线带中性线（N）。

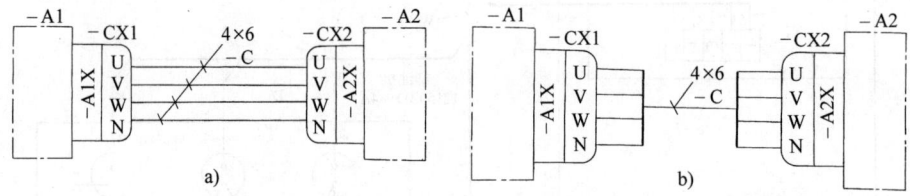

图 10-12 带有线缆终端连接器的互连接线图
a）多线表示 b）单线表示

对应的互连接线表见表 10-8。

表 10-8 互连接线表（与图 10-12 对应）

电缆号	电缆规格	线芯号	连接点 I	连接点 II
—C	VV-4×6mm²	U	—A1—CX1：U	—A2—CX2：U
		V	—A1—CX1：V	—A2—CX2：V
		W	—A1—CX1：W	—A2—CX2：W
		N	—A1—CX1：N	—A2—CX2：N

第五节 到一个单元的物理连接接线图

一、到一个单元的物理连接接线图的特点和一般表达形式

到一个单元的物理连接接线图是表示一个结构或有关设备外部连接信息的简图，实际上就是指一个结构或有关设备的端子与其他设备连接情况的图。所以，这种图又称为端子接线图。

1. 端子和端子板

用以连接器件和外部导线的导电件，称为端子。装有多个互相绝缘并通常与地绝缘的端子的板、块或条，称为端子板。端子板排列示例如图 10-13 所示。

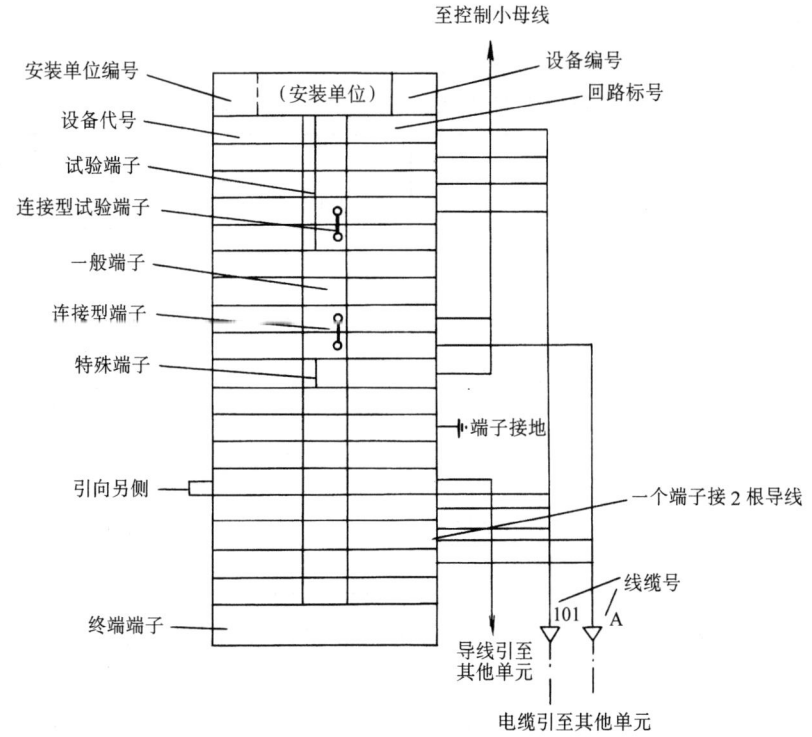

图 10-13 端子板排列式样

2. 端子接线图和端子接线表的一般形式

端子接线图和端子接线表表示单元和设备的端子及其与外部导线的连接关系，通常不包括设备或单元的内部连接，但可提供与之有关的图号。

端子接线图的视图应与接线面的视图一致，各端子应基本按其相对位置表示。端子接线表一般包括电缆号、线芯号、端子代号等内容。在端子接线表内电缆应按单元（如柜、屏、台）集中填写。

端子接线标记可采用本端标记（标注本端子排的端子号），也可采用远端标记。

图 10-14 是带有本端标记的端子接线图。电缆末端标志着电缆号及每根线芯号。无论已连接或未连线的备用端子都注有"备用"字样。不与端子连接的线芯则用线芯号，如接地线未与端子相连，标线芯号"PE"。图中 137 号电缆的其中四芯连接到 A 柜 X1 的 12～15 号端子，本端标记为 X1：12～X1：15。这四芯又连到 B 屏 X2 的 26～29 号端子，本端标记为 X2：26～X2：29。5、6 号线是备用线，其中 5 号线一端已连到 A 柜的 16 号端子，标记为 X1：16。

表 10-9 是与图 10-14 对应的端子接线表。

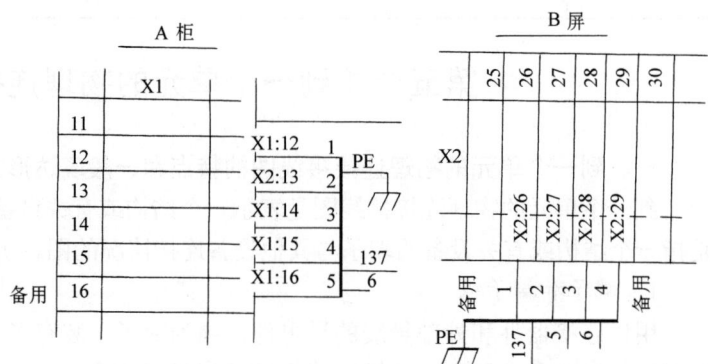

图 10-14　带有本端标记的端子接线图

表 10-9　带有本端标记的端子接线表（与图 10-14 对应）

	A 柜				B 屏		
电缆号	线芯号	端子代号	备注	电缆号	线芯号	端子代号	备注
137	1	+A X1：12		137	1	+B X2：26	
	2	X1：13			2	X2：27	
	3	X1：14			3	X2：28	
	4	X1：15			4	X2：29	
	5	X1：16	备用		5	—	备用
	6	—	备用		6	—	备用
	PE		接地线		PE		接地线

若将上述端子接线图、表改为带有远端标记的端子接线图、表，则如图 10-15 所示和见表 10-10。图中，137 号电缆共有 7 根芯线，其中一根为接地线"PE"，1～5 号线的一端与 A 柜上的端子板 X1 相接，分别接在 12～16 号端子上，1～4 号线连接 B 屏上的端子板 X2 上，与 X2 的 26～29 号端子相接。所以，在 X1 上的导线按远端标记，分别为 X2：26～X2：29；在 X2 上的导线按远端标记，分别为 X1：12～X1：15。5 号线为备用线，一端在 X1 的 16 号端子上连接，另一端未连接到 X2 上，所以，5 号线只在 B 屏上有远端标记 X1：16。6 号备用线既没有与 X1 相接，也没有与 X2 相接，故两端都没有标记。

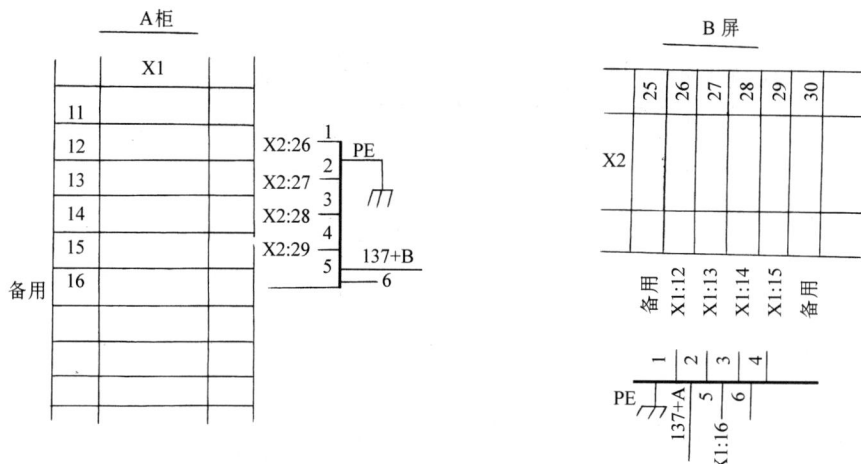

图 10-15 带有远端标记的端子接线图

表 10-10 与图 10-15 是等效的，A 柜的导线标记 B 屏的接线号，B 屏上的导线标记 A 柜的接线号，备用线不管是已接到还是未接到端子上，均注明"备用"，若对端未接到端子上则注为"—"。

表 10-10 带有远端标记的端子接线表（与图 10-15 对应）

A 柜				B 屏			
电缆号	线芯号	端子代号	备注	电缆号	线芯号	端子代号	备注
137	1	+B		137	1	+A	
	2	X2：26			2	X1：12	
	3	X2：27			3	X1：13	
	4	X2：28			4	X1：14	
	5	X2：29	备用		5	X1：15	备用
	6	—	备用		6	X1：16	备用
	PE	—	接地线		PE	—	接地线

二、端子接线网格表

在有些情况下，为了更综合地表示端子接线，可采用端子接线网格表的形式表示。端子接线网格表，一般包括参照代号、电缆号、线芯号、端子号及其说明等内容。

三、端子接线图示例

图 10-16a 是异步电动机控制电路图，其主电路是：电源经熔断器 FU1、交流接触器 KM、热继电器 FR 至电动机。其二次电路主要由红色信号灯 HR、绿色信号灯 HG、按钮 S1 和 S2、接触器 KM 的辅助触点、热继电器 FR 的触点等构成。电动机采用远动控制，即按钮 S1、S2 和信号灯 HR、HG 在控制板 A1 单元上，接触器的线圈及各辅助触点、热继电器触点在主电源柜 A2 单元上。A1、A2 单元用电缆连接，在 A1、A2 单元上分别有端子接线板。为了表示端子的接线，必须有端子接线图。

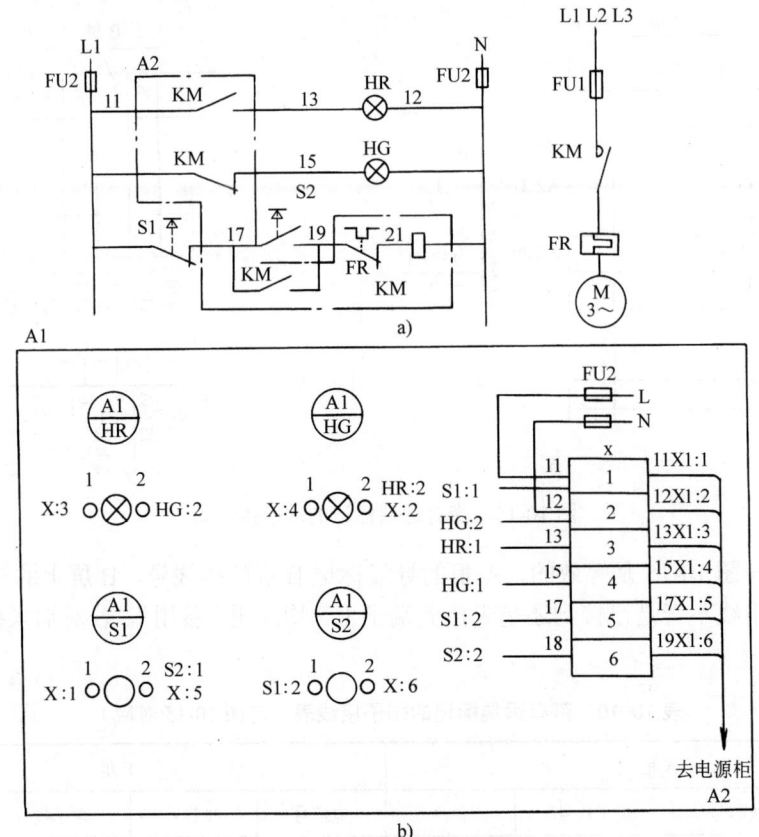

图 10-16 示例图：电动机控制
a) 电路图 b) 接线图

图 10-16b 为控制板 A1 单元的端子接线图。从电路图可以看出，从电源柜引至控制板的导线（由点画线框引出的导线）有 11、13、15、17、19 号线（奇数号线）和 12 号线（偶数号线）。21 号线是热继电器触点和接触器线圈的内部连线，不与控制板 A1 相接。

其连接关系举例说明如下：

对于红色信号灯 HR 回路，电源相线 L，经熔断器 FU2，接至端子板 X 的 1 号端子，从端子板 X 右侧引出连至 11 号线，11 号线的另一端接至 A2 的接触器 KM 的常开触点，又经 13 号线，引至端子板 X 的 3 号端子，从 3 号端子左侧引出，接至信号灯 HR 接线柱 1，经此信号灯，其接线端子 2 与 HG 的接线端子 2 连接后，一并接至端子板 X 的 2 号端子，由 2 号端子引至熔断器 FU2，再与中性线 N 相连，构成了一个完整的回路。表 10-11 是图 10-16 对应的端子接线表。它表示了控制板 A1 的端子板 X 和远端——电源柜 A2 端子板 X1 之间的连接关系。

表 10-11 A1 单元端子接线表（与图 10-16 对应）

电缆号	线芯号	端子代号	远端标记	备注
	11	X：1	X1：1	接 FU2
	12	X：2	X1：2	接 FU2
	13	X：3	X1：3	

(续)

电缆号	线芯号	端子代号	远端标记	备注
	15	X：4	X1：4	
	17	X：5	X1：5	
	19	X：6	X1：6	

第六节 电缆配置图

一、电缆配置图和电缆配置表的特点和表示方法

电缆配置图和电缆配置表表示单元之间外部电缆的配置、电缆的型号规格、起止单元以及电缆的敷设方式、路径等。

电缆配置图应清晰地表示出各单元（例如机柜、屏、台）间的电缆。在配置图上，各单元的图形符号用实线围框表示，各单元的参照代号一般用位置代号表示。

电缆配置表，一般包括电缆号、电缆类型、连接点的参照（位置）代号及其他说明等。

图 10-17a 是项目+A、+B、+C 三个单元以及未画出符号的项目+D 之间的电缆配置图。图 10-17b 中，表达形式更简单，未表示出项目图形符号。

这些单元之间配置了 3 条电缆，依次编号为 207、208、209。表 10-12 是与图 10-17 对应的电缆配置表。从这些图和表中可以看出，207 号电缆为塑料绝缘电缆，其型号规格为 KVV-3×2.5mm^2，从单元+A 连接到单元+B。208 号电缆的型号规格为 KVV-2×6mm^2，从单元+B 连接到单元+C。209 号电缆型号规格为 KVV-2×4mm^2，从单元+A 连接到单元+D，由于+D 未画出，表中附注栏内注明："见图 E081"，这说明在图 E081 中有更详细的表示和说明。

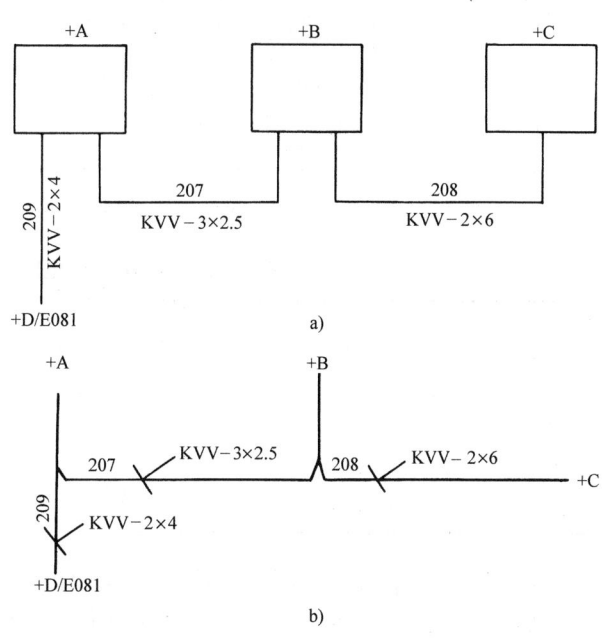

图 10-17 电缆配置图
a）表示出项目图形符号 b）未表示出项目图形符号

表 10-12 电缆配置表（与图 10-17 对应）

电缆号	电缆型号和规格	连接点		备注
207	KVV-3×2.5mm^2	+A	+B	
208	KVV-2×6mm^2	+B	+C	
209	KVV-2×4mm^2	+A	+D	见图 E081

二、电缆配置图示例

图 10-18 是一种更具实用性的二次电缆配置图。这一电缆配置图是某 10kV 变电所变压器、电压互感器、高压断路器与变电所控制室相互联系的二次电缆配置图。表 10-13 是与图 10-18 相对应的二次电缆配置表。

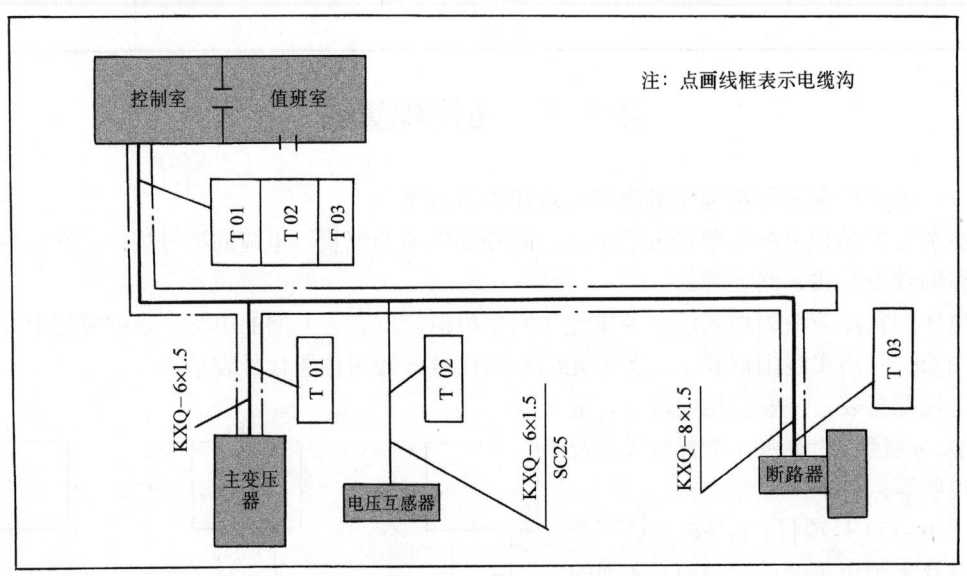

图 10-18　某 10kV 变电所二次电缆配置图

表 10-13　某 10kV 变电所二次电缆配置表

电缆号	电缆型号及规格	长度/m	敷设方式	连接点 I	连接点 II	备注
T01	KXQ-6×1.5mm^2	20	电缆沟	主变压器	控制室	
T02	KXQ-6×1.5mm^2	35	电缆沟，穿管电缆沟	电压互感器	控制室	钢管 $d25$
T03	KXQ-8×1.5mm^2	50	电缆沟	断路器	控制室	

该配电变电所二次电缆配置情况说明如下：

T01 号电缆：连接于主变压器端子箱和控制室控制屏之间，电缆型号为 KXQ（铜芯、橡皮绝缘、铅包控制电缆），电缆芯线 6 根，截面积为 1.5mm^2，沿电缆沟敷设。

T02 号电缆：连接于电压互感器和控制室之间，电缆型号及规格为 KXQ-6×1.5mm^2，其中一段沿电缆沟敷设，去电压互感器分支段采用穿钢管（SC）敷设，钢管管径为 25mm。

T03 号电缆：连接于 10kV 进线断路器与控制室之间，电缆型号及规格为 KXQ-8×1.5mm^2，沿电缆沟敷设。

第十一章 布置图

第一节 电气布置图的基本概念和种类

一、基本概念

1. 相关术语和定义

(1) 安装 安装是在现场将电气设备各组成部分进行布置、固定和互连的作业,目的是为共同运行做好准备。

(2) 设施 安装的成果,例如房屋的照明系统,称为设施。

(3) 寿命周期 成套设备或系统从设计到制造、交付、安装、试运行、使用的全过程,称为一个寿命周期。

(4) 安装阶段 成套设备或系统寿命期内在电气设备交付和试运行之间进行安装工作(架设、安装、接线等)的阶段,统称为安装阶段。

成套设备或系统寿命周期及安装阶段示意图如图11-1所示。

2. 电气设施、安装文件和信息

(1) 电气设施 电气设施可分为若干独立的系统,如照明系统、电源系统等。这些系统可以安装于不同的项目(物体)内,如安装在船舶、建筑物、矿山内等。

(2) 安装文件 安装文件是工程安装作业的依据,如:

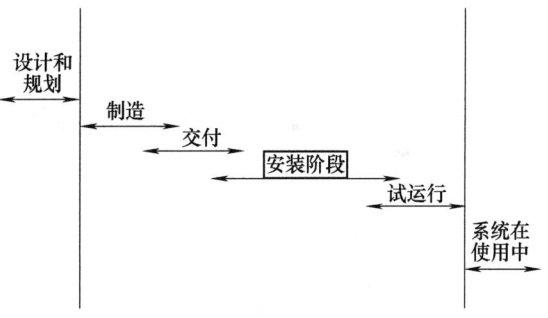

图 11-1 成套设备或系统寿命周期及安装阶段示意图

1) 安装管道、导管、机架等。
2) 敷设导线和电缆。
3) 设备固定。
4) 设备互连。
5) 安装检验。
6) 其他,例如,材料和工作的说明和计算,设备支承物(如底座)的设计,其他系统的设计。

实际上,为了制造、使用或维修的需要,可能还有种种补充文件,这些文件也含有安装的重要信息。

需要编制和提供哪些文件,应依据工程的规模和复杂程度,由特定任务或安装工程所需信息来决定,这要服从于有关各方的协议。

3. 安装用信息

对于每一种安装作业所需要的信息,应根据各方的协议,例如合同中所规定的不同种类的安装文件和补充文件来提供。

由于安装工程的性质及系统的复杂性，依据所规定的规则、章程、标准、用户约定等因素，或者根据安装人员的技能，文件所提供的信息量可能大不相同。

表 11-1 列出了某工程"电缆和导线敷设"、"作标记"、"接线工作"几项不同的作业所需信息的示例，并列出了可能提供这些信息的文件种类。例如，"电缆和导线敷设"中电缆"端点"的作业需要由电缆路由图、安装简图和电缆敷设文件提供最少的（必备的）信息量，还应由概略图、网络图、布置图、接地平面图、接线文件等提供补充信息。

表 11-1 安装作业用信息量举例

作业 \ 作业用信息 \ 文件种类	概略图	网络图	电路图	装配图	布置图	电缆路由图	接地平面图	安装简图	接线文件	电缆敷设文件	元件表	标记表	数据清单	安装说明
电缆和导线敷设														
型号	⊕	⊕			⊕	⊕	⊕		⊕	○				⊕
长度										⊕				
端点	⊕	⊕				⊕	○	○	⊕	○				
路由						⊕	○	⊕		⊕				⊕
参照代号	⊕	⊕			⊕	○		⊕	⊕	○		⊕		⊕
特殊处理										⊕				⊕
作标记														
位置							⊕						○	
标识													○	
额定值													○	
接线工作														
端子代号	⊕		⊕		⊕		⊕		○					
参照代号	⊕		⊕		⊕		⊕		○	⊕				
芯线代号	⊕		⊕						○					⊕
专用工具或程序									⊕				⊕	⊕
电缆型号	⊕		⊕						○					⊕

注：○——最少信息量；
　　⊕——补充信息。

二、布置图层次划分及分类

设备或元件的布置使其在图上的位置反映其实际相对位置的布局方法，称为位置布局法。按照位置布局法绘制的图就是布置图。布置图的基本功能是说明物件的相对位置或绝对位置及其尺寸，主要为设备安装提供依据。

按照表示对象和范围的不同，电气布置图通常包括三个层次：一是建筑物外场地设备布置图；二是建筑物内设备布置图；三是某一具体设备内部元器件布置图。

例如，对某一工厂，表示这一工厂电气设备、装置线路的布置，首先应有全厂室外主要电气装置、线路的总体布置图，这是第一层次的图。然后应有具体车间及其他附属建筑物内配电屏（箱）、照明、空调、水泵、电信、安全告警等电气设备的布置图，这是第二层次。第三层次的图就是某一电气装置（例如配电屏）屏面或屏内电气元器件的布置图。

布置图的层次划分及分类如图 11-2 所示。

三、布置图编制的基本原则和要求

1. 布置图的编制应当符合的原则

1）功能性原则：布置图应当满足功能的要求，如某一配电机房的配电柜布置图，就要考虑供电容量、路数的功能要求。

2）实用性原则：在满足功能性原则前提下，还要考虑技术人员的操作、维护、维修、监视的便利。

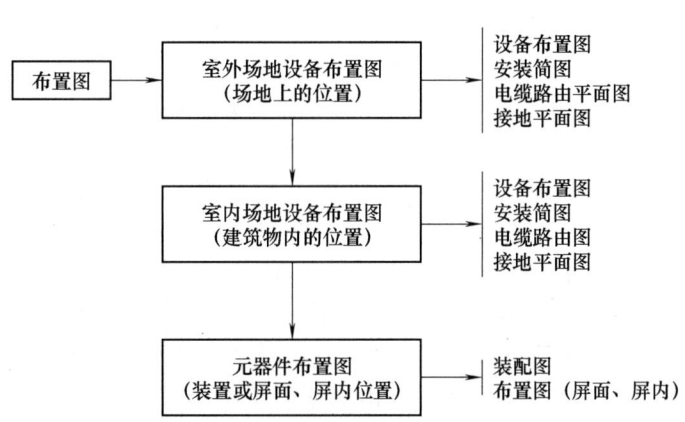

图 11-2　布置图的层次划分及分类

3）经济性原则：合理利用空间，节省能源。

2. 设备位置的确定方法

布置图主要说明物体的相对位置或绝对位置及其尺寸，可借助于：物体的简化外形；物体的主要尺寸和它们之间的距离；代表物体的符号。

如经同意，也可以包括"位置"以外的其他信息。位置信息可以与必需的安装电气物体周围环境的信息一起提供。

3. 布置图的基本要求

1）布置图应表示出项目的相对或绝对位置及其尺寸。

2）应表示出精确距离或在尺寸表格中，提供必要的详细信息。

3）信息应与项目所（将）处环境的必要信息一起表示。

4）应包括项目和代号的标识信息。

5）若有必要，可在紧邻表示项目的符号或轮廓线旁示出项目的技术数据。

6）布置图可包括连接的表示方法。连接线应能清楚地与基本文件的线区别开，并遵照规则可另外使用曲线。

7）连接线应表示出连接到每条电路的元器件及其顺序。如果是表面安装或采用了输送管和管道，则应表示出连接的实际路线。

8）可用单线表示方法表示多相电路。

9）可用简化表示法表示多条平行连接线。

4. 布置图的不同系统的应用

只要系统允许，不同的系统应分开保存，每一种系统被置于它自己的分层内，但应尽可能把不同的分层连接在一起。

电气安装的内容细节不应与其他系统的内容细节混淆；但是，非电设备（例如水管）的位置应予以考虑。

第二节 电气布置图绘制的一般原则和方法

一、基本图的应用

1. 基本图的特点

布置图是在一定范围内表示电气设备位置的图，因此，电气布置图的绘制必须是在有关部门提供的地形地貌图、总平面图、建筑平面图、设备外形尺寸图等原始基础资料图上设计和绘制的。这些表达原始基础资料信息的图，通常称为基本图。

图 11-3 是一基本图示例。图 11-3a 是绘制了建筑物墙、门、窗、楼梯的基本图，显然，这是绘制该建筑物电气设备及线路布置图的基础。图 11-3b 是在图 11-3a 的基础上补充了电缆路由的基本图，显然这就更具体地指明了该建筑物内电缆的路由布置。

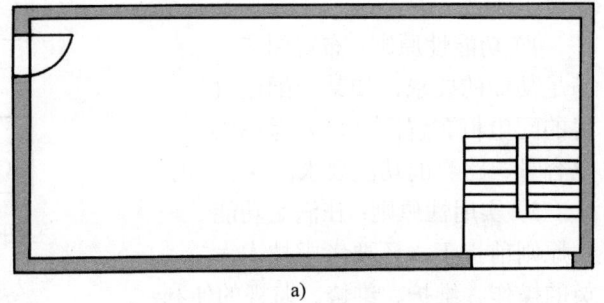

供电气布置图使用的基本图具有以下特点：

1）基本图一般由非电气技术人员，如建筑师、土木工程师提供，虽然比专业建筑图简单，但必须符合技术制图和建筑制图的一般规则。

2）基本图是为电气布置图服务的，对基本图信息量的要求应满足于安装工程有关各方的协议要求。如进行电气设计应交付的文件可能缺少有关非电设施，它必须根据电气专业的要求，提供尽可能多的与电气安装专业相关的信

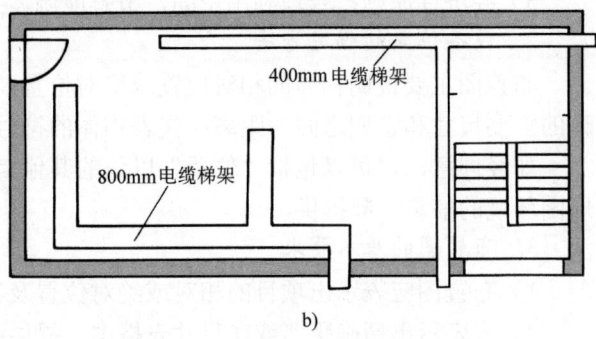

图 11-3 基本图示例

a)建筑基本图　b)补充了电缆路由基本图

息，如非电设施（通风、给排水设备）、定位轴线、建筑结构件（梁、柱、墙、门、窗等）、用具、装饰件等项目信息。

3）为了突出电气布置，对于纸质文件，基本图尽可能应用一些改善对比度的方法，如对于基本细节，采用浅墨色或其他不同的颜色。但这些方法的采用仅以不影响正式文件（例如在复印或印刷之后）的可读性为限。

2. 基本图信息要点

基本图应表示出编制定位电气设备布置图的全部必要信息，例如：

1）地理位置点。

2）指北针。

3）建筑物的位置和轮廓、场地道路、附属设施、出入口及场地边界。
4）平面图和局部视图中房间、小室、走廊、开口、窗户、门等的轮廓和构造详情。
5）与建筑物有关的障碍物，例如结构梁、支柱。
6）地板或装饰板的负载容量及对切割、钻孔或焊接的任何限制。
7）电梯、起重机、加热、冷却和通风系统等特殊安装的间隙。
8）危险区域。
9）接地点。
10）所需的有用空间和出入口。

3. 对总平面图的要求

总平面图常常是表示场地电气设备配置图的基础。

除非另有协议，总平面图应按比例绘制，并应清楚地标明所采用的比例尺。

总平面图应示出地貌或建筑物场地的形态，以及用以规划电气设施和安装电气设备所需的全部信息。

总平面图应有地理定向点、方位或风向频率标记、高程、建筑物的位置和外形、交通区、服务网络、出入通道、边界。

邻近的设施，如电力线路、通信线路，若对区域内的设施有重大影响，则应示出。

4. 对建筑物图的要求

供电气安装用的建筑物图，除非另有协议，应按比例绘制，并应明显地标明比例尺。

建筑物图应表示下列信息：
1）用平面图和剖面图示出房间、机舱、走廊、孔道、窗、门等外形和结构细节。
2）建筑障碍物，如结构钢梁和柱。
3）楼层或盖板的负荷容量和切割、打孔或焊接的限制。
4）专用设施，如升降机，吊车，供热、制冷和通风系统的房屋。
5）其他对电气安装重要的设备。
6）危险区。
7）接地点；等等。

5. 对机械部件图的要求

机械部件的布置图用来提供电气设备和元件的安装和接线的信息，例如：
1）可以利用的空间和所需的出入通道。
2）固定方法。
3）导线路径和固定方法。
4）出入点。
5）绝缘状况。
6）封装要求（防潮、防尘）。
7）接地点；等等。

二、布置图的布局

布置图的布局应清晰，以便于理解图中所包含的信息。

对于非电物件的信息，只有对理解电气图和电气设施安装十分重要时，才可将它们表示出来。但为了使图面清晰，非电物件和电气物件应有明显区别。

应选择适当的比例尺和表示法，以避免图面过于拥挤。书写的文字信息应置于与其他信息不相冲突的地方，例如在主标题栏的上方。

如果有的信息在其他图上，也应在图中注出。

三、电气元件的表示方法

电气元件通常用表示其主要轮廓的简化形状或图形符号来表示。

安装方法和方向、位置等应在布置图中表明。如果元件中有的项目要求不同的安装方法或方向、位置，则可以在邻近图形符号处用字母特别标明。例如：

H——水平（元件并排安装）；

V——垂直；

F——齐平；

S——表面；

B——地；

T——天花板。

如有必要，可以定义其他字母。字母可以组合使用，并且应在图的适当位置或相关文件中加以说明。线路、照明灯具及其他设备符号参见第十二章。

在较复杂的情况下，需要绘制单独的概念图解（小图）。

对于大多数电气布置图，如果没有标准化的图形符号，或者符号不实用，则可用其简化外形表示。

布置图中的符号举例见表 11-2。

表 11-2 布置图中的符号举例

序 号	图形符号应用	说 明
1	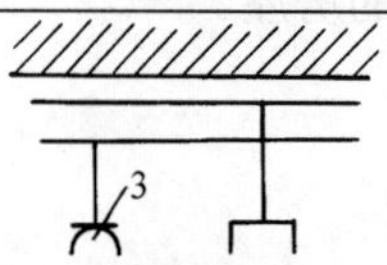	三个电源插座装于电信插座旁
2	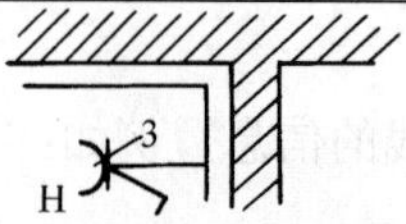	带开关的三个电源插座装在侧壁上 "H" 表示水平安装
3		单极开关和电源插座接到横向线上
4	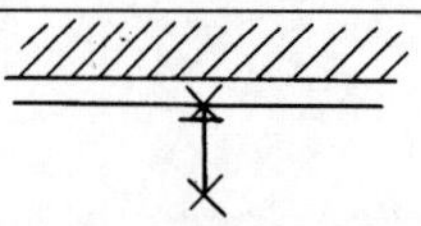	两个照明引出端，一个装于墙内，并分支到装于天花板内的另一个
5	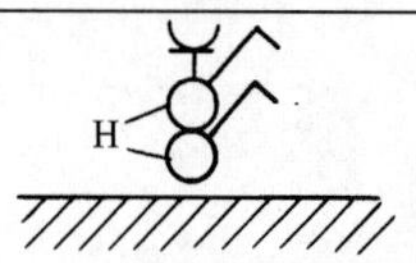	两个水平安装的开关和一个电源插座

四、连接线的表示方法

如果要求示出导线,一般采用单线表示法绘制,只在需要表明复杂连接的细节时,才采用多线表示法。

连接线应明显区别于表示地貌、结构和建筑内容的图线。如可采用不同的线宽、不同墨色或不同颜色,以区别基本图上的图线,也可以采用画剖面线或阴影线的方法。

当平行线太多,可能使图过于拥挤时,应采用简化方法,例如画成线束,并标注参照代号。

五、技术数据的表示方法

各个元件的技术数据(如额定值)通常应在元件明细表中列出,但有的时候,为了清晰,或者为了与其他多数项目相区别,也可把特征值标注在图形符号或参照代号旁。

第三节 室外场地电气设备布置图

一、室外设备布置图

室外场地电气设备布置图是在建筑总平面图的基础上绘制出来的,它只是概要表示建筑物外部(如场坪、场地、道路等)的电气装置的布置,对各类建筑物只用外轮廓线绘制的图形表示。

图11-4是某工厂室外场地电气装置布置图。它以工厂的总体平面图为基本图,给出了工厂的基本布局,如生产制造车间和建筑物(F1~F5),辅助车间及附属场地(A1~A3),仓库(S2、S4)、变电所和备用电站(E1~E2)等,以及停车场、道路交通区、铁路线等的相对位置、面积尺寸等,为了使基本图简单清晰,建筑物的尺寸只用比例尺表示。

图中,主要电气装置是:

探照灯,安装在电杆上,主要布置在交通区和停车场,共五个。

灯柱,布置于厂区各道路旁。

监控装置,TV摄像机,安装在厂区大门一角。

二、安装简图

场地安装简图是在设备布置图的基础上补充了电气部件之间连接信息的安装图。例如,图11-4中,各种灯具仅仅示出了其位置,但其线路的走向及连接等安装信息没有表示出来,如果将这些信息补充上去,则成为场地安装简图了。

三、电缆路由图

电缆路由图是以总平面图为基础的一种布置图。这种图一般应表示出电缆沟、电缆线槽、电缆导管、电缆支架、固定件等,还应表示出实际电缆或电缆束的位置和线芯数量。

电缆路由图一般只限于表示电缆路径,也可表示为支持电缆铺设和固定所安装的辅助器材。

必要时应补充上面提及的各个项目的编号。如果未表示出尺寸,应把尺寸连同相关零件的编号或电缆表一起补充。

为了准确说明路径,考虑每根电缆的计算长度及电缆附件的要求,可给各个基准点以编码。

图 11-5 是一个场地电缆路由图的例子。在这个图中，清楚地示出了高压电缆从本场地外西南方向引入，至备用电站和变电所（E1、E2），低压电缆则由此引出至各个建筑物（A1~A4、F1~F5 等）。为了在补充文件中提供有关电缆路径细节的信息，如电缆型号、截面积规格、敷设和固定方法等，图中对低压电缆的各个分支点（航向点）进行了编码（A、B、C、D、E、F、G、H、J、K、L、M）。

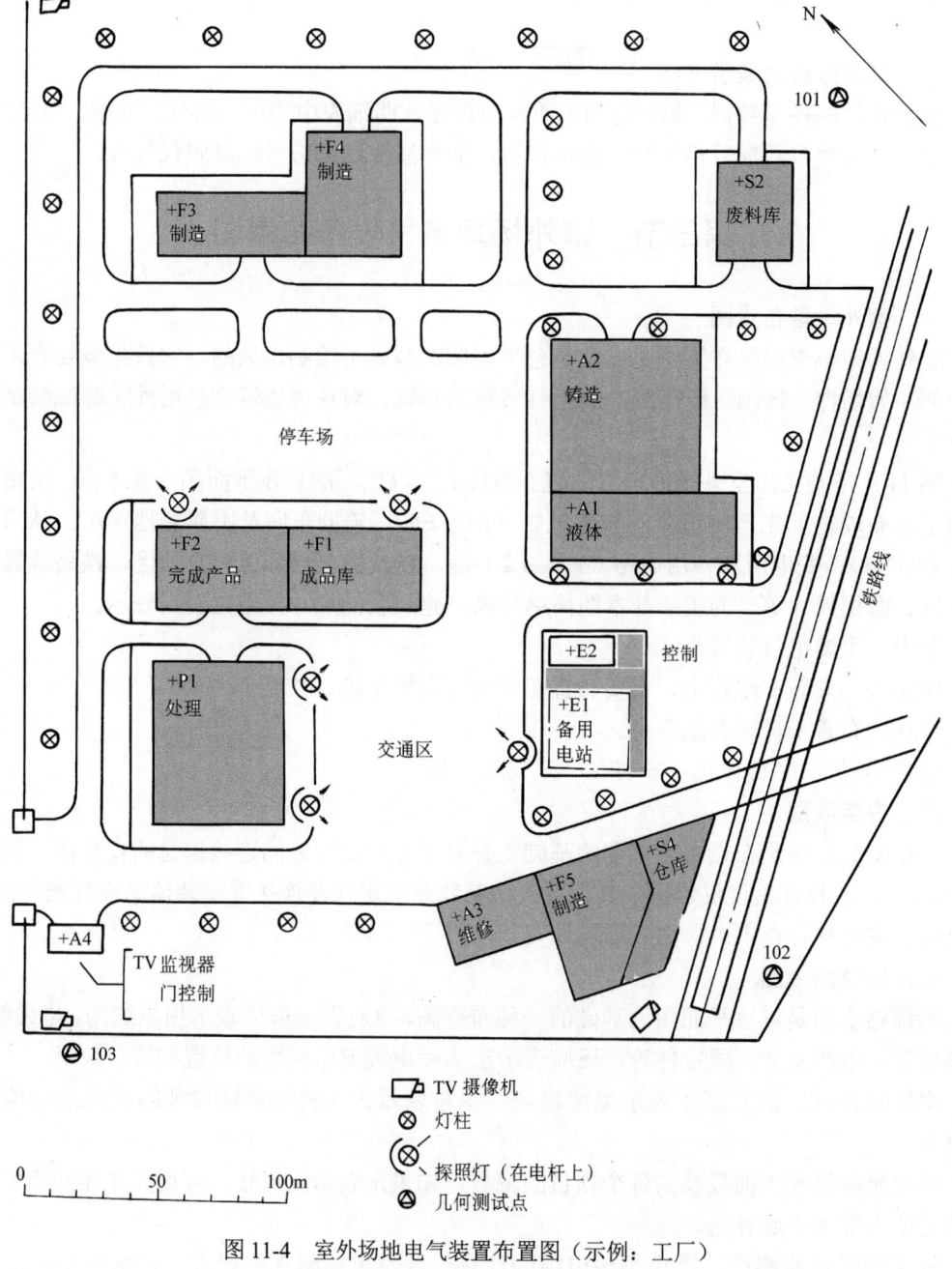

图 11-4　室外场地电气装置布置图（示例：工厂）

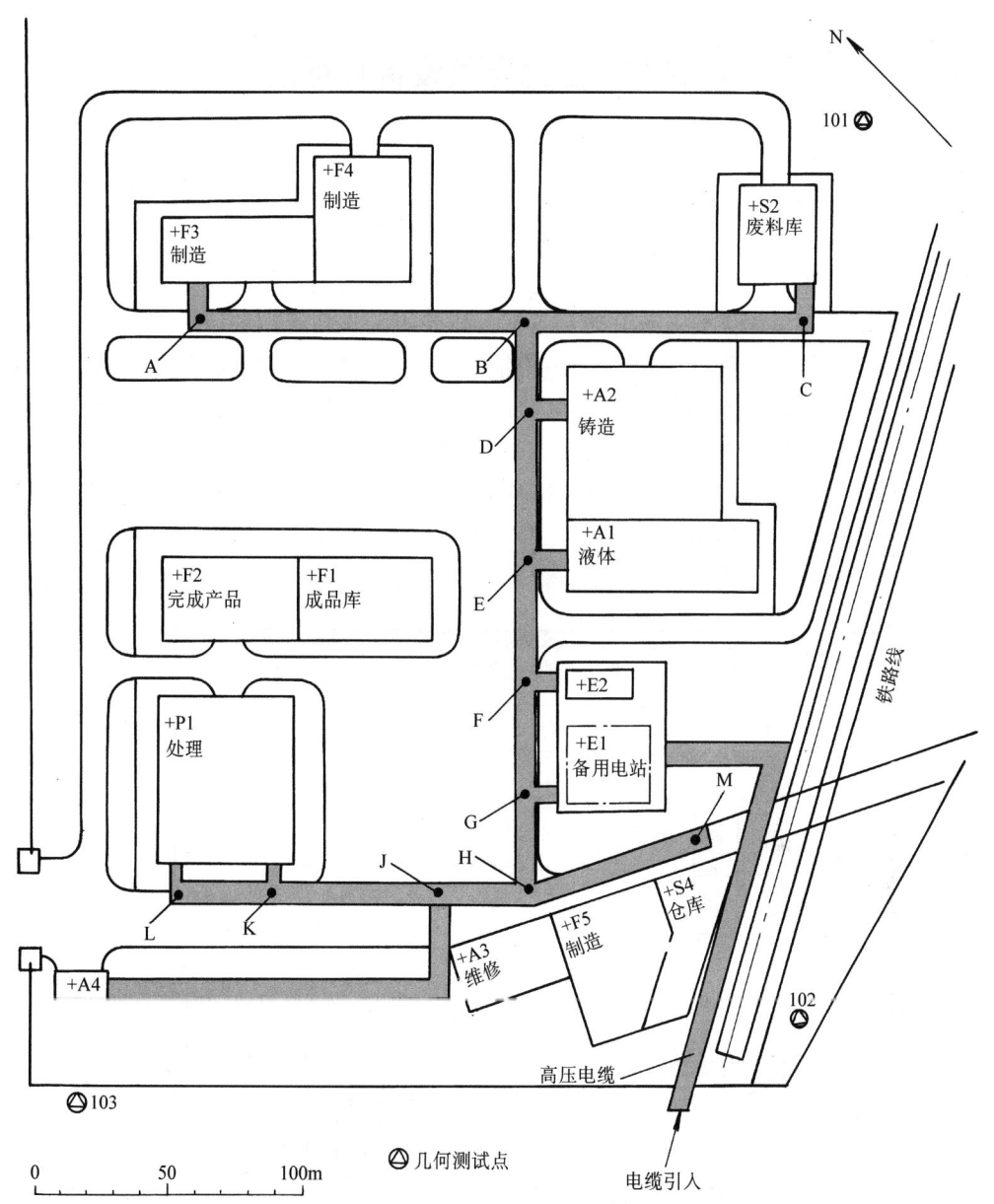

图 11-5 场地电缆路由图示例

四、接地平面图

接地平面图又称接地图或接地简图,是在总平面图的基础上绘制的。在接地平面图上,应示出接地极和接地母排的位置,同时要示出重要接地元件(如变压器、电动机、断路器等)的接地点。接地简图还应示出接地导体,如有必要,还应示出接地导体和接地极的尺寸或代号,以及连接方法和埋入或掘进深度。

在电气照明接地平面图中还可示出照明保护系统,或者在单独的照明保护图或照明保护简图中示出该系统。

第四节　室内电气设备布置图

一、室内设备布置图

设备布置图的基础是建筑物图。电气设备的元件应采用图形符号或采用简化外形来表示。图形符号应表示在元件的大概位置。

布置图不必给出元件间连接关系的信息，但表示出设备之间的实际距离和尺寸等详细信息可能是必要的。有时，还可补充详图或说明，以及有关设备识别的信息和代号。

如果没有室外场地布置图，建筑物外面的设施一般也尽可能表示在此布置图中。

图 11-6 是某控制室内设备布置图的例子，它示出了建筑物内一个安装层上的控制屏和辅助机柜，并给出了布置距离和相关尺寸。

图中示出的控制屏有 W1、W2、W3 和 WM1、WM2，辅助机柜有 WX1、WX2。屏、柜安装时，通过设备升降机搬运。

图中，对支承结构必需的信息没有表示出，可在另外的图中补充。

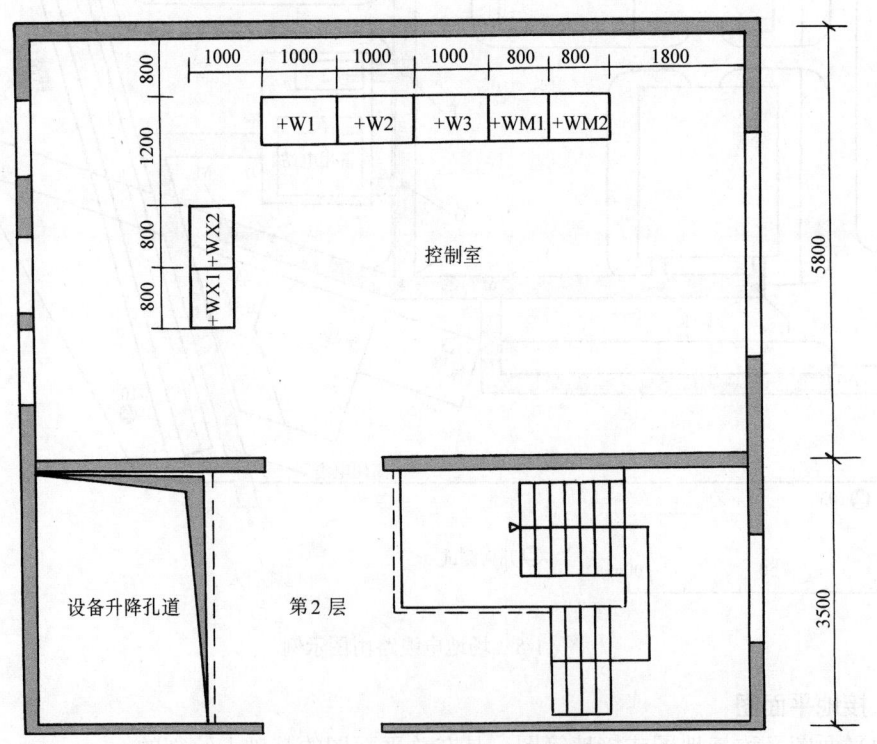

图 11-6　某控制室内设备布置图

二、室内设备安装简图

安装简图是同时表示出元件位置及其连接关系的布置图。

在安装简图中，必须示出连接线的实际位置、路径、敷设线管等。有时还应表示出设备和元件以何种顺序连接的具体情况。

图 11-7 是某 10kV 室内变电所设备布置图。图中的两台 10kV 变压器（TM1、TM2）、9 台高压配电柜、10 台低压配电柜，以及操作台 AC、模拟显示板 AS 等的平面布置图。

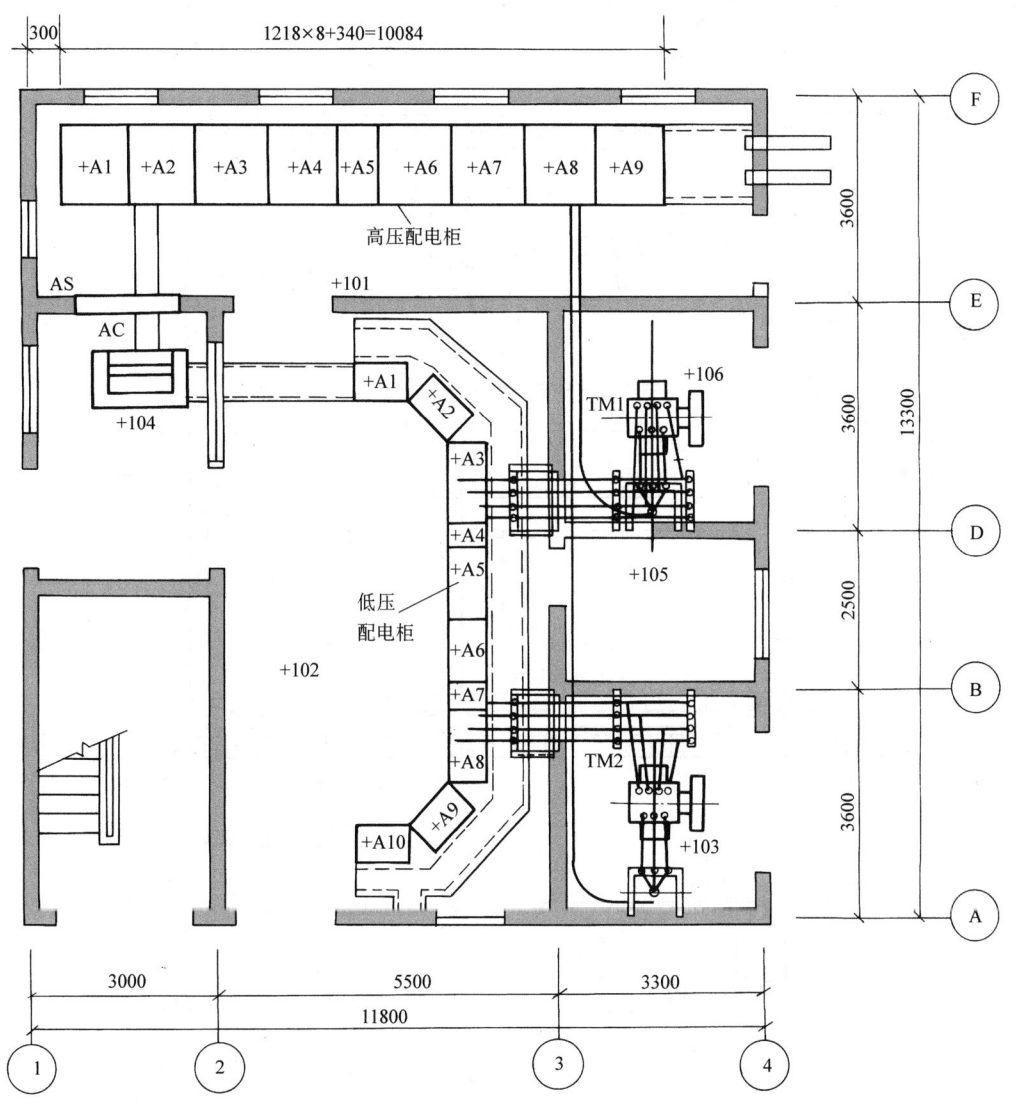

图 11-7 某 10kV 室内变电所设备布置图

三、室内电缆路由图

电缆路由图是以建筑物图为基础示出电缆沟、导管、固定件等和实际电缆、电缆束的位置的图。

对复杂的电缆设施，为了有助于电缆铺设工作，必要时应补充上面提到的项目的代号。如果尺寸未标注，则应把尺寸连同元件表中的代号一起补充。

图 11-8 是医院一部分的电缆路由图的例子。电缆沟与主要医疗部件的简化外形一起表示，以提供清晰的关系。阴影线的使用使电缆沟更易于与图中的其他部分相区别。

图中，电缆路由是：电缆经电源开关—Q1（高出地面 1.7m）沿电缆槽分别引至医疗设备——G1 和门柱灯 DP 等。

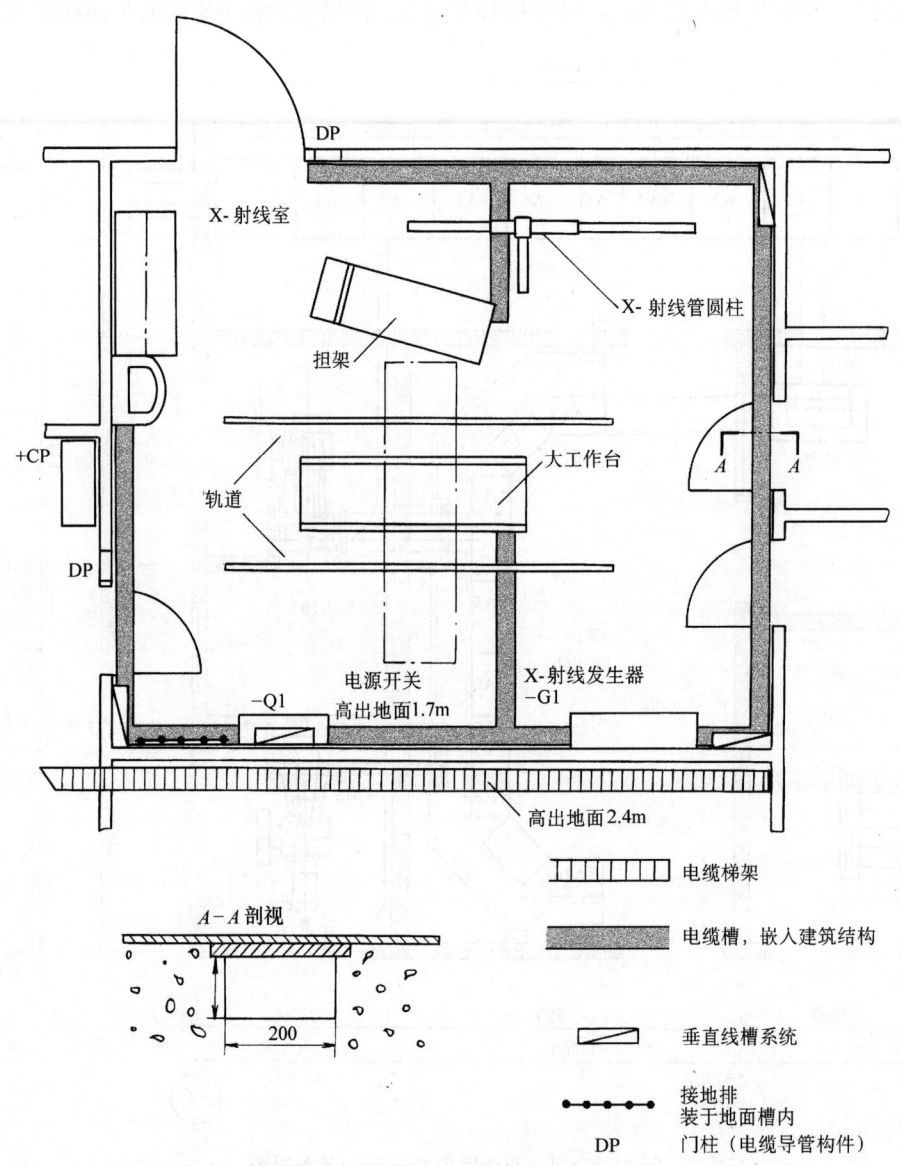

图 11-8 电缆路由图示例

第五节 装置和设备内电气元器件布置图

一、电气装配图

装配图是表示电气装置、设备及其组成部分的连接和装配关系的图。

装配图一般总是按比例绘制，也可按轴测投影法、透视法或类似的方法绘制。

装配图应示出所装零件的形状、零件与其被设定位置之间的关系和零件的识别标记。

如装配工作需要专用工具或材料,应在图上示出,或列出,或加注释。

图 11-9 是一种控制台的装配图。图中,将要装配的所有部件用数码标识,各个数码所对应的部件在图注中说明(也可采用设备和元件明细表说明)。在这个图中同时给出了部件及其相互组合的主要尺寸。

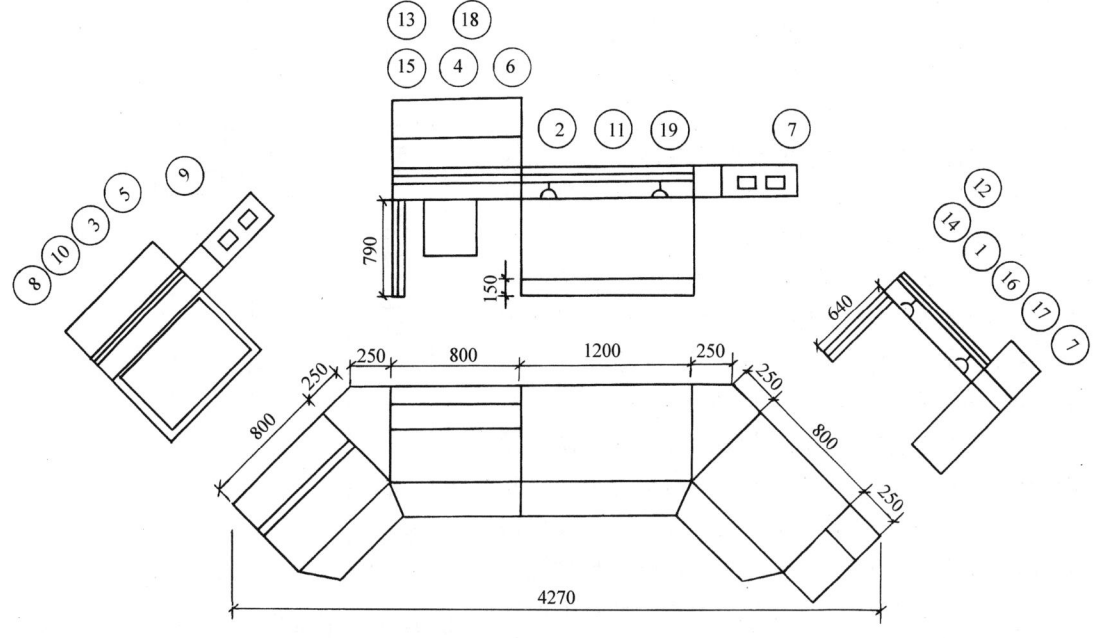

图 11-9 某控制台装配图

1—窄监视器平板　2—宽监视器平板　3—低窄控制平板
4—高窄控制平板　5—低窄控制盘　6—高窄控制盘　7—右端构件
8—左端构件　9—角构件　10—窄仪表盒　11—宽仪表盒
12—外侧腿　13—高外侧腿　14—内侧腿　15—高内侧腿
16—与设备相邻的侧腿　17—控制盘　18—窄设备架　19—宽平台

二、电气布置图

最常见的电气布置图是各种配电屏、控制屏、继电器屏、电气装置的屏面或屏内设备和元件的布置图。在布置图上,通常以简化外形或其他补充图形符号的形式,示出设备上或某项目上一个装置中的项目和元件的位置。还应包括设备的识别和代号的信息。

常见的屏面布置图一般具有以下特点:

1)屏面布置的项目通常用实线绘制的正方形、长方形、圆形等框形符号或简化外形符号表示。为便于识别,个别项目也可采用一般符号。

2)符号的大小及其间距尽可能按比例绘制,但某些较小的符号允许适当放大绘制。

3)符号内或符号旁可以标注与电路图中相对应的文字代号,如仪表符号内标注"A"、"V"等代号,继电器符号内标注"KA"、"KV"等。

4)屏面上的各种设备,通常是从上至下依次布置指示仪表、继电器、信号灯、光字牌、按钮、控制开关和必要的模拟线路。

图 11-10 是一较典型的二次屏面布置图。这个图主要表示了以下内容:

1) 图中,按项目的相对位置布置了各项目;各项目一般采用框形符号,但信号灯、按钮、连接片等采用一般符号,项目的大小没有完全按实际尺寸画出,但项目的中心间距则标注了严格的尺寸。

2) 屏顶上方附加的 60mm 钢板,用于标写该屏的名称,如"变压器保护屏"。

3) 仪表、继电器等框形符号内标注了参照代号,如"A"、"V"、"KA1"等,另外一些项目的框形尺寸较小,采用引出线表示。

4) 光字牌、信号灯、按钮等外形尺寸较小的项目,采用比其他项目较大的比例绘制,但符号必须标注清楚。光字牌内的标字不在图面上表示,而用另外的表格标注。该屏 4 个光字牌的标字见表 11-3。

5) 需要特别指明的信号灯、信号继电器、操作按钮、转换开关等符号的下方设有标签框,以此向操作、维修人员提示该元件的功能,以免发生误操作或其他错误。由于标签框很小,图上只标注数字,标签框内的标字,另用表格表示。标签框内标字式样见表 11-4。

6) 连接片和试验接线柱布置在屏面的下方,供调试用。

7) 在距地面 250mm 的屏面上有一个圆孔,孔径 50mm,供调试时穿导线用。

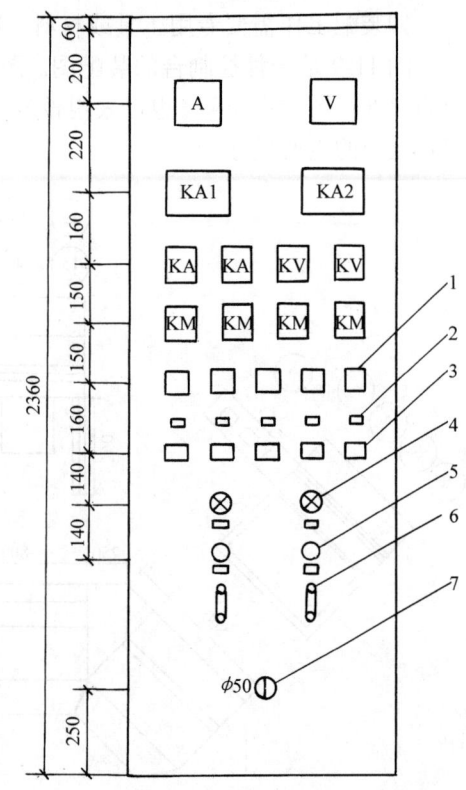

图 11-10 屏面布置图示例(变压器保护屏)

1—信号继电器 2—标签框 3—光字牌
4—信号灯 5—按钮 6—连接片 7—穿线孔
KA—电流继电器 KV—电压继电器 KM—中间继电器

表 11-3 光字牌的标字示例

符 号	标 字	编 号	备 注
HE1	10kV 线路接地	01	参考图 E11
HE2	变压器温升过高	02	
HE3	掉牌未复归	03	参考图 E08
HE4	自动重合闸	04	

注:参考图未画出。

表 11-4 标签框内标字式样

符 号	标 字	编 号	备 注
HA	蜂鸣器试验	011	参考图 E05
SB1	主开关合闸	012	参考图 E101
SB2	主开关断开	013	

注:参考图未画出。

第十二章 建筑电气安装平面图

第一节 建筑电气安装平面图的特点和表示方法

一、建筑电气安装平面图的种类和用途

工厂、企业、农村、部队及各个场所安装的电气装置，主要有配电变电所、电力线路、电气照明设备、电气动力装置、电信、广播、电视设备和线路，以及防雷、接地装置等。表示这些电气装置的供电方式、工作原理、平面布置、安装接线等，需要有多种类型的图样，如前面已经介绍的概略图、接线图、接线表、电路图、功能图、逻辑图，还需要有一种重要的电气图，那就是电气安装平面图。

电气设备和线路的平面布置，在图上的表示方法通常有两种：一种是完全按实物的形状和位置，用正投影法绘制的图；另一种是不考虑实物的形状，只考虑实物的位置，按图形符号的布局对应于实物的实际位置的表示方法而绘制的简图。建筑电气安装平面图，指的就是后一种图，属于简图。

用图形符号绘制，用来表示一个区域或一个建筑物中的电气装置、设备、线路等的安装位置、连接关系及其安装方法的简图，称为建筑电气安装平面图。从严格意义上讲，建筑电气安装平面图是布置图和接线图的相互组合的一种图。

建筑电气安装平面图是一类应用最广泛的电气工程图，是电气工程设计图的主要组成部分，是电气施工和安装阶段的主要应用的电气图。

按功能来划分，建筑电气安装平面图有以下几种：

1）发电站、变电所电气安装平面图。
2）电气照明安装平面图。
3）电力安装平面图。
4）线路安装平面图，如电力、电信架空线路平面图和电力、电信电缆平面图。
5）电信设备安装平面图，如电话、闭路电视、共用天线、信号设备平面图。
6）防雷平面图。
7）接地平面图。

建筑电气安装平面图的主要用途是：

1）提供建筑电气安装的依据，例如设备的安装位置、安装接线、安装方法；还提供设备的编号、容量及有关型号等。
2）在运行、维护管理中，建筑电气安装平面图是必不可少的技术文件。

二、图形符号的应用

建筑电气安装平面图用图形符号主要采用 GB/T 4728.11—2008《电气简图用图形符号第11部分：建筑安装平面布置图》中的图形符号。

三、设备和线路的标注方法

在建筑电气安装平面图上，设备和线路通常不标注参照代号，但一般需要标注设备的编

号、型号、规格、安装和敷设方式等。

1. 线路和设备的一般标注方法

设备和线路的一般标注方法（参考）见表 12-1。

表 12-1 设备和线路的一般标注方法（参考）

序号	类别	标注方式	说明
1	用电设备	$\dfrac{a}{b}$ 或 $\dfrac{a}{b}\dfrac{c}{d}$	a——设备编号 b——额定功率（kW） c——线路首端熔断片或断路器释放器的电流（A） d——标高（m）
2	电力和照明设备	(1) $a\dfrac{b}{c}$ 或 $a\text{-}b\text{-}c$ (2) $a\dfrac{b-c}{d(e\times f)-g}$	(1) 一般标注方法 (2) 当需要标注引入线的规格时 a——设备编号 b——设备型号 c——设备功率（kW） d——导线型号 e——导线根数 f——导线截面积（mm²） g——导线敷设方式及部位
3	开关及熔断器	(1) $a\dfrac{b}{c/i}$ 或 $a\text{-}b\text{-}c/i$ (2) $a\dfrac{b-c/i}{d(e\times f)-g}$	(1) 一般标注方法 (2) 当需要标注引入线的规格时 a——设备编号 b——设备型号 c——额定电流（A） i——整定电流（A） d——导线型号 e——导线根数 f——导线截面积（mm²） g——导线敷设方式
4	照明变压器	$a/b\text{-}c$	a——一次电压（V） b——二次电压（V） c——额定容量（VA）
5	照明灯具	(1) $a\text{-}b\dfrac{c\times d\times L}{e}f$ (2) $a\text{-}b\dfrac{c\times d\times L}{-}$	(1) 一般标注方法 (2) 灯具吸顶安装 a——灯数 b——型号或编号 c——每盏照明灯具的灯泡数 d——灯泡容量（W） e——灯泡安装高度（m） f——安装方式 L——光源种类

(续)

序号	类别	标注方式	说明
6	照度	⑮	最低照度⊙（示出 15lx）
7	照度检查点	(1) ●a (2) ●$\frac{a-b}{c}$	(1) a：水平照度(lx) (2) $a-b$：双侧垂直照度（lx） c：水平照度(lx)
8	电缆与其他设施交叉点	$\frac{a-b-c-d}{e-f}$	a——保护管根数 b——保护管直径（mm） c——管长（m） d——地面标高（m） e——保护管埋设深度（m） f——交叉点坐标
9	安装和敷设标高/m	(1) ▽ ±0.000 (2) ▼ ±0.000	(1) 用于室内平面、剖面图上 (2) 用于总平面图上的室外地面
10	导线根数	／／／／ ∕3 ∕n	当用单线表示一组导线时，若需要示出导线数，可用加小短斜线或画一条短斜线加数字表示。 例：(1) 表示 3 根 (2) 表示 3 根 (3) 表示 n 根
11	导线型号规格或敷设方式改变	(1) $\frac{3\times16}{} \times \frac{3\times10}{}$ (2) —×$d20$	(1) $3\times16mm^2$ 导线改为 $3\times10mm^2$ (2) 无穿管敷设改为导线穿管（$d20$）敷设
12	电压损失	V	电压损失%
13	直流电	-220V	直流电压 220V
14	交流电	$m\sim f$V 3N～50Hz，380V	m——相数 f——频率（Hz） V——电压（V） 例，示出交流，三相带中性线，50Hz，380V

2．线路安装和敷设信息的标注方法

在电力和电信平面布置图上，一般还应标注线路特征、功能、敷设方式、敷设部位的有关信息，分别见表 12-2～表 12-4。

表 12-2 表示线路特征和功能的文字代码

| 序号 | 名称 | 英文含义 | 文字代码 | | 备注 |
			单字母	双字母	
1	控制线路	Control line	W	WC	
2	直流线路	Direct-current line	W	WD	

(续)

序号	名称	英文含义	文字代码 单字母	文字代码 双字母	备注
3	照明线路	Lighting line	W	WL	
4	电力线路	Power line	W	WP	
5	应急照明线路	Emergency Lighting line	W	WE	
6	电话线路	Telephone line	W	WF	或 WEL
7	广播线路	Broadcasting line	W	WB	
8	电视线路	TV line	W	WV	或 WS
9	插座线路	Socket line	W	WX	

表 12-3　表示线路敷设方式的文字代码

序号	名称	英文含义	新符号	旧符号	备注
1	暗敷	Concealed	C	A	
2	明敷	Exposed	E	M	
3	铝线卡	Aluminum clip	AL	QD	
4	电缆桥架	Cable tray	CT		
5	金属软管	Flexible metallic conduit	F		
6	水煤气管	Gas tube (pipe)	G，SC	G	
7	瓷绝缘子	Porcelain insulator (knob)	K，PK	CP	
8	钢索	Supported by messenger	M，S	S	
9	金属线槽	Metallic raceway	MR	XC	
10	电线管	Electrical metallic tubing	T，MT	DG	
11	塑料管	Plastic conduit	P，PC	VG	
12	塑料线卡	Plastic clip	PL	XQ	
13	塑料线槽	Plastic raceway	PR	XC	含尼龙线卡
14	钢管	Steel conduit	S，SC	G	

注：旧符号按拼音字母标注，不推荐使用。

表 12-4　表示线路敷设部位的文字代码

序号	名称	英文含义	新符号	旧符号	备注
1	梁	Beam	B	L	
2	顶棚	Ceiling	CE	P	
3	柱	Column	C	Z	
4	地面（板）	Floor	F	D	
5	构架	Rack	R	GJ	
6	吊顶	Suspended ceiling	SC	DD	
7	墙	Wall	W	Q	

注：旧符号按拼音字母标注，不推荐使用。

四、图上位置、图线、建筑物等的表示方法

建筑电气安装平面图是在建筑区域或建筑物平面图基础上绘制出来的。因此，图上位置、图线等应与建筑平面协调一致。

1. 图上位置的表示方法

电气设备和线路的图形符号在图上的位置，可根据建筑图的位置确定方法分别采用以下表示方法：

（1）采用定位轴线　利用建筑平面图上所画的承重墙、柱等位置上所标的定位轴线而确定符号在图上的位置。

（2）采用尺寸注法　在图上标注尺寸数字以确定符号在图上的位置。

（3）采用坐标注法　在较大区域的平面图上可采用坐标网格定位。坐标网分测量坐标网和施工坐标网两种。测量坐标网应画成交叉十字线，坐标代号用"x、y"表示；施工坐标网应画成网格通线，坐标代号用"A、B"表示，如图 12-1 所示。图中 X 为南北方向轴线，Y 为东西方向轴线，A 轴相当于 X 轴，B 轴相当于 Y 轴。图上位置用（X、Y）或（A、B）表示。

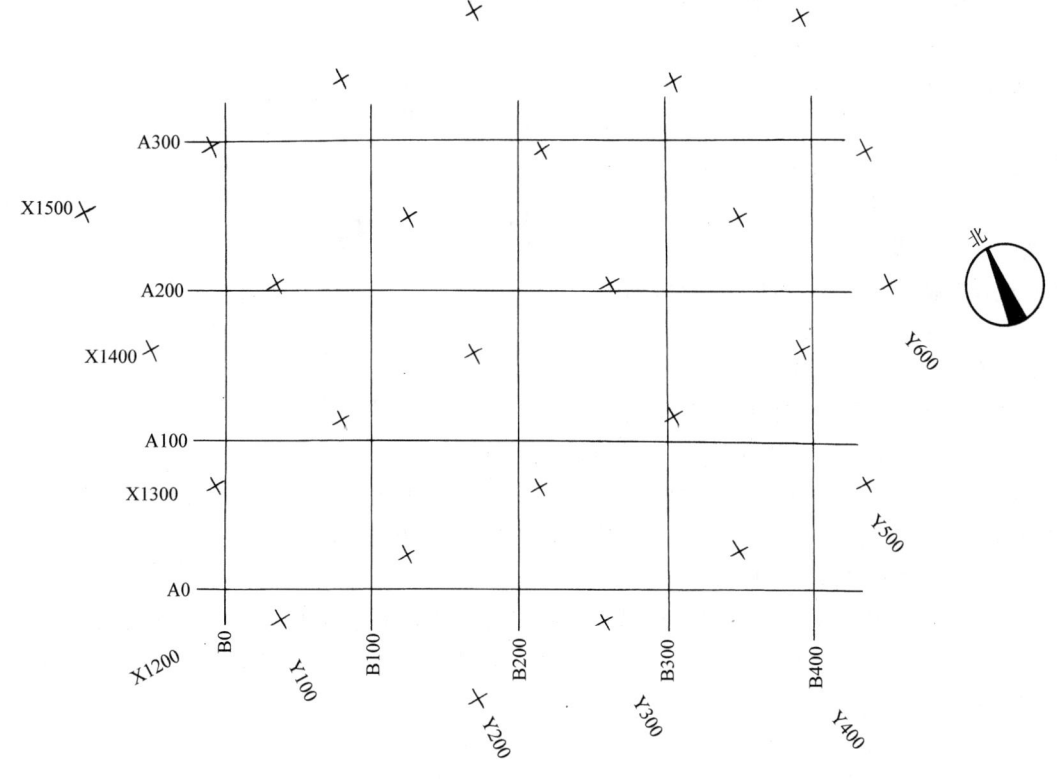

图 12-1　建筑平面图坐标网格

（4）采用标高注法　对于需要在同一图上表示不同层次（如楼层）平面上的符号位置，可采用标高注法定位。

2. 图线

在建筑电气安装平面图上存在建筑平面图图线和电气平面图图线两种图线。为了不致混淆，同时为了突出电气布置，通常，电气图线应比建筑图线的宽度大 1~2 个等级，如建筑图

线用细实线,电气图线用较粗的实线,必要时,也可采用不同颜色的图线。

3. 建筑构件等的表示方法

为了更清晰地表示电气平面布置,在建筑电气安装平面图上往往需要画出某些建筑构件、构筑物、地形地貌等的图形和位置,如墙体及材料、门窗、楼梯、房间布置、必要的采暖通风和给排水管线、建筑物轴线及道路、河流、桥梁、水域、森林、山脉等。但这些图形的图线不得与电气图线相混淆。为了突出电气布置,尽可能应用一些改善对比度的方法,如建筑构件采用浅墨色或其他不同颜色。

第二节 标注用图形符号和标志用图形符号

一、标注用图形符号

标注用图形符号用来表示产品的设计、制造、测量和质量保证整个过程中所设计的几何特性(如尺寸、距离、角度、形状、位置、定向、微观表面)和制造工艺等。

电气图上常用的标注用图形符号主要有以下几种:

1. 安装标高和等高线符号

标高有绝对标高和相对标高两种表示方法。绝对标高又称为海拔,是以青岛市外黄海平面作为零点而确定的高度尺寸。相对标高是选定某一参考面或参考点为零点而确定的高度尺寸。电气位置图均采用相对标高。它一般采用室外某一平面、某层楼平面作为零点而计算高度。这一标高称为安装标高或敷设标高。安装标高的符号及标高尺寸标注示例如图 12-2 所示。图 12-2a 用于室内平面、剖面图上,表示高出某一基准面 3.00m;图 12-2b 用于总平面图上的室外地面,表示高出室外某一基准面 5.00m。

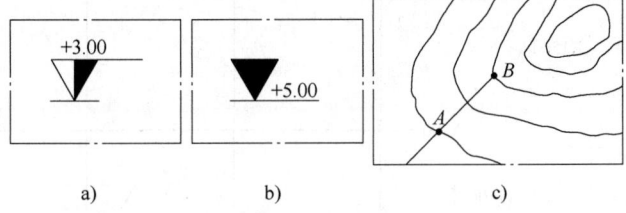

图 12-2 安装标高的符号及标高尺寸标注示例

等高线是在平面图上显示地貌特征的专用图线。由于相邻两线之间的距离是相等的,例如为 10m,则图 12-2c 所示的 A、B 两点的高度差为 2×10m=20m。

2. 方位和风向频率标记符号

电力、照明和电信布置图等类图纸一般按上北下南、右东左西表示电气设备或构筑物的位置和朝向,但在许多情况下需用方位标记表示其朝向。方位标记如图 12-3a 所示,其箭头方向表示正北方向(N)。

为了表示设备安装地区一年四季的风向情况,在电气布置图上往往还标有风向频率标记。它是根据某一地区多年平均统计的各个方向吹风次数的百分数,按一定比例绘制而成的。风向频率标记形似一朵玫瑰花,故又称为风玫瑰图。图 12-3b 是某地区的风向频率标记,其箭头表示正北方向,实线表示全年的风向频率,虚线表示夏季(6~8 月)的风向频率。由此可知,该地区常年以西北风为主,而夏季以东南风为主。

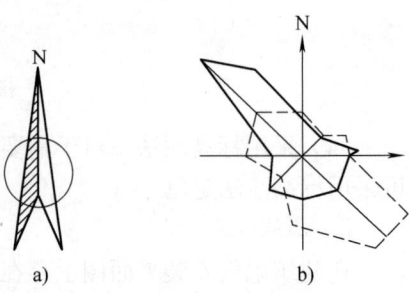

图 12-3 方位和风向频率标记

3. 建筑物定位轴线符号

电力、照明和电信布置图通常是在建筑物平面图上完成的。在这类图上一般标有建筑物定位轴线。凡承重墙、柱、梁等主要承重构件的位置所画的轴线，称为定位轴线。定位轴线编号的基本原则是：在水平方向，从左至右用顺序的阿拉伯数字；在垂直方向采用拉丁字母（易混淆的 I、O、Z 不用），由下向上编写；数字和字母分别用点画线引出。轴线标注式样如图 12-4 所示，其定位轴线分别是 A、B、C 和 1、2、3、4、5。

一般而言，各相邻定位轴线间的距离是相等的，所以，位置图上的定位轴线相当于地图上的经纬线，也类似于图幅分区，有助于制图和读图时确定设备的位置，计算电气管线的长度。

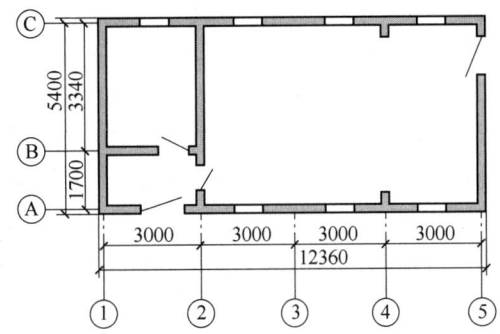

图 12-4 建筑物定位轴线示例

4. 尺寸标注符号

在某些电气图上也需要标注尺寸。图样中的尺寸一般由尺寸线、尺寸界线、尺寸起止箭头（或 45°短画线）、尺寸数字四个要素组成。

尺寸注法的基本规则如下：

1）物件的真实大小应以图样上的尺寸数字为依据，与图形大小及绘图的准确度无关。

2）图样中的尺寸数字，如没有明确说明，一律以 mm 为单位。

3）图样中所标注的尺寸，为该图样所示机件的最后完工尺寸。

4）物件的每一尺寸，一般只标注一次，并应标注在反映该结构最清晰的图形上。

5）一些特定尺寸必须标注符号，如：直径符号用 ϕ，半径符号用 R，球符号用 S，球直径符号用 $S\phi$，球半径符号用 SR，厚度符号用 δ 表示；参考尺寸用（ ）表示；正方形符号用"□"表示；等等。

尺寸标注符号举例如图 12-5 所示。

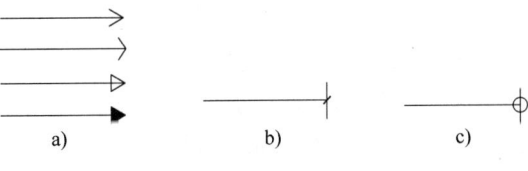

图 12-5 尺寸标注符号
a）终点标记（箭头） b）终点标记（斜画线） c）起点标记

二、标志用图形符号

标志用图形符号的种类及用途如下：

1）公共信息用标志符号：向公众提供不需专业或职业训练就可理解的信息。

2）公共标志用符号：传递特定的安全信息。

3）交通标志用符号：传递特定的交通管理信息。

4）包装储运标志用符号：用于货物外包装，以提示与运输有关的信息。

与某些电气图关系较密切的安全标志用图形符号如图 12-6 所示。

图 12-6 安全标志用图形符号

第三节 电力和照明平面图

表示建筑物内电力、照明设备和线路平面布置的电气工程图,称为电力和照明平面图。这种图通常是按建筑物不同标高的楼层平面分别绘制的,并且电力和照明是分开表示的。

电力和照明平面图主要表示电力和照明线路、设备,如电动机、照明灯具、室内固定用电器具、插座、配电箱、控制开关的安装位置和接线等。

一、电力和照明线路的表示方法

电力和照明线路在平面图上采用图线和文字代码相结合的方法表示出线路的走向、导线的型号、规格、根数、长度、线路配线方式、线路用途等。文字代码的标注方法参见第一节。

图12-7是说明电力和照明线路在平面图上的表示方法的示例。

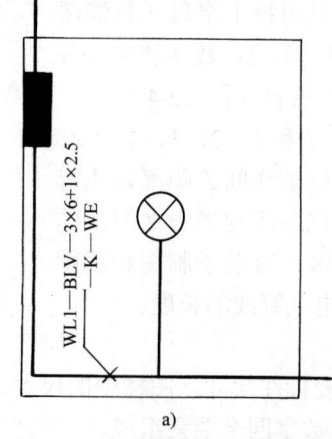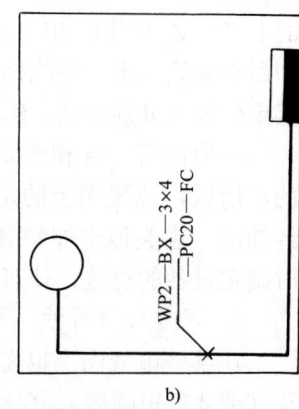

图12-7 线路表示方法示例
a) 照明线路 b) 电力线路

线路各符号含义如下:

WL1—BLV—3×6+1×2.5—K—WE

含义:第1号照明分干线(WL1);导线型号是铝芯塑料绝缘线(BLV),共有4根导线,其中3根为$6mm^2$,另一根中性线为$2.5mm^2$;配线方式为瓷绝缘子配线(K),敷设部位为沿墙明敷(WE)。

WP2—BX—3×4—PC20—FC

含义:第2号动力分干线(WP2),铜芯橡皮绝缘线(BX),3根导线,分别为$4mm^2$,穿直径(外径)为20mm的硬塑料管(PC),沿地暗敷(FC)。

二、照明器具的表示方法

照明器具采用图形符号和文字标注相结合的方法表示。文字标注的内容通常包括电光源种类、灯具类型、安装方式、灯具数量、额定功率等。

1. 表示电光源种类的代号

电光源种类的代号,见表12-5。

表12-5 电光源种类的代号

序 号	电光源种类	代 号	序 号	电光源种类	代 号
1	氖灯	Ne	7	电发光灯	EL
2	氙灯	Xe	8	弧光灯	ARC
3	钠灯	Na	9	荧光灯	FL
4	汞灯	Hg	10	红外线灯	IR
5	碘钨灯	I	11	紫外线灯	UV
6	白炽灯	IN	12	发光二极管	LED

2. 表示灯具类型的符号

常用灯具类型的符号，见表 12-6。

表 12-6　常用灯具类型的符号

序　号	灯具名称	符　号	序　号	灯具名称	符　号
1	普通吊灯	P	8	工厂一般灯具	G
2	壁　灯	B	9	荧光灯灯具	Y
3	花　灯	H	10	隔爆灯	B（或代号）
4	吸顶灯	D	11	水晶底罩灯	J
5	柱　灯	Z	12	防水防尘灯	F
6	卤钨探照灯	L	13	搪瓷伞罩灯	S
7	投光灯	T	14	无磨砂玻璃罩万能灯	Ww

3. 表示灯具安装方式的符号

灯具安装方式说明如图 12-8 所示，安装方式的符号见表 12-7。

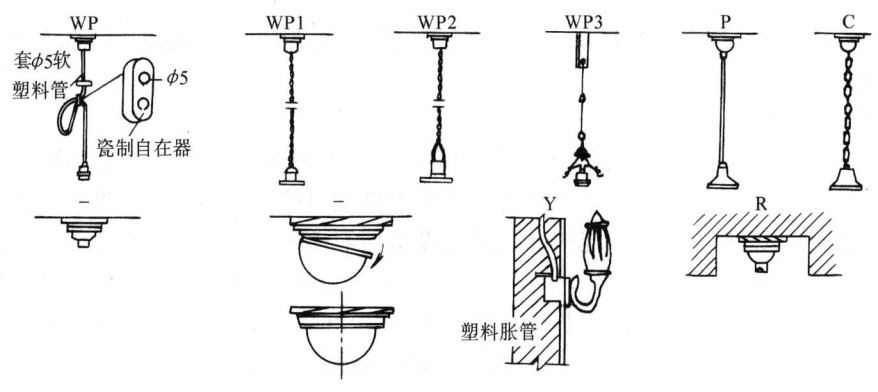

图 12-8　灯具安装方式说明

表 12-7　灯具安装方式的符号

| 序　号 | 名　称 | 英文含义 | 文字方法 | | 备　注 |
			新符号	旧符号	
1	链吊	Chain pendant	C	L	
2	管吊	Pipe (conduit) erected	P	G	
3	线吊	Wire (CORD) pendant	WP	X	
4	吸顶	Ceiling mounted (adsorbed)	—	—	不注高度
5	嵌入	Recessed in	R	Q	
6	壁装	Wall mounted	Y	B	

注：旧符号按拼音字母标注，不推荐使用。

4. 灯具标注的一般格式

灯具标注的一般格式为：

$$a - b\frac{cd}{e}f$$

式中　a——某场所同类型照明器的个数；
　　　b——灯具类型代号；
　　　c——照明器内安装灯泡或灯管的数量；
　　　d——每个灯泡或灯管的功率（W）；
　　　e——照明器底部至地面或楼面的安装高度（m）；
　　　f——安装方式代号。

例如：

$$6 - S\ \frac{1\times 100}{2.5}\ C$$

这表示，该场所安装 6 盏这种类型的灯，灯具的类型是搪瓷伞罩（铁盘罩）灯（S），每个灯具内装一个 100W 的白炽灯，安装高度为 2.5m，采用链吊式（C）方法安装。

又如：

$$4 - Y\ \frac{2\times 40}{-}$$

这表示 4 盏荧光灯（Y），双管 2×40W，吸顶安装，安装高度不表示，即用符号"–"表示。

三、电气照明平面图

1. 照明接线的表示方法

在一个建筑物内，灯具、开关、插座等很多，它们是怎样互相连接起来的呢?通常采用两种方法连接：一是直接接线法，即各设备从线路上直接引接，导线中间允许有接头的接线方法；二是共头接线法，即导线的连接只能通过设备接线端子引接，导线中间不允许有接头的接线方法。采用不同的方法，在平面图上，导线的根数是不同的。例如图 12-9 所示的某房间照明平面图，若采用直接接线法，其导线根数如图 12-9a 所示；若采用共头接线法，导线的根数如图 12-9b 所示。从工作可靠性出发，照明接线通常采用共头接线法。

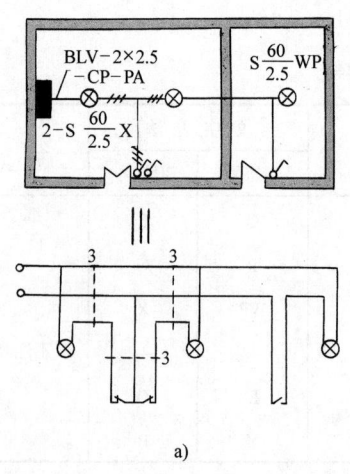
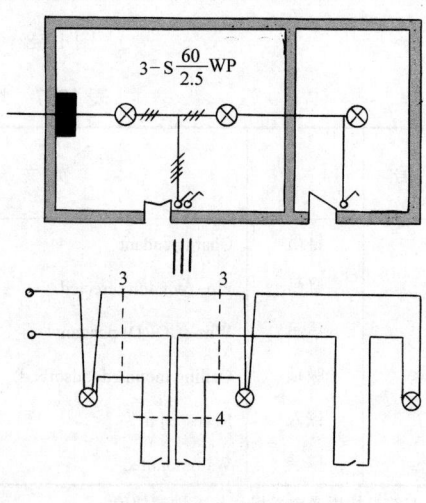

图 12-9　照明接线表示方法示例
a)直接接线法　b)共头接线法

在电气照明中，常用到用两只双联开关控制一盏灯和用一只三联开关、两只双联开关在三处控制一盏灯的接线图，其表示方法如图 12-10 所示。

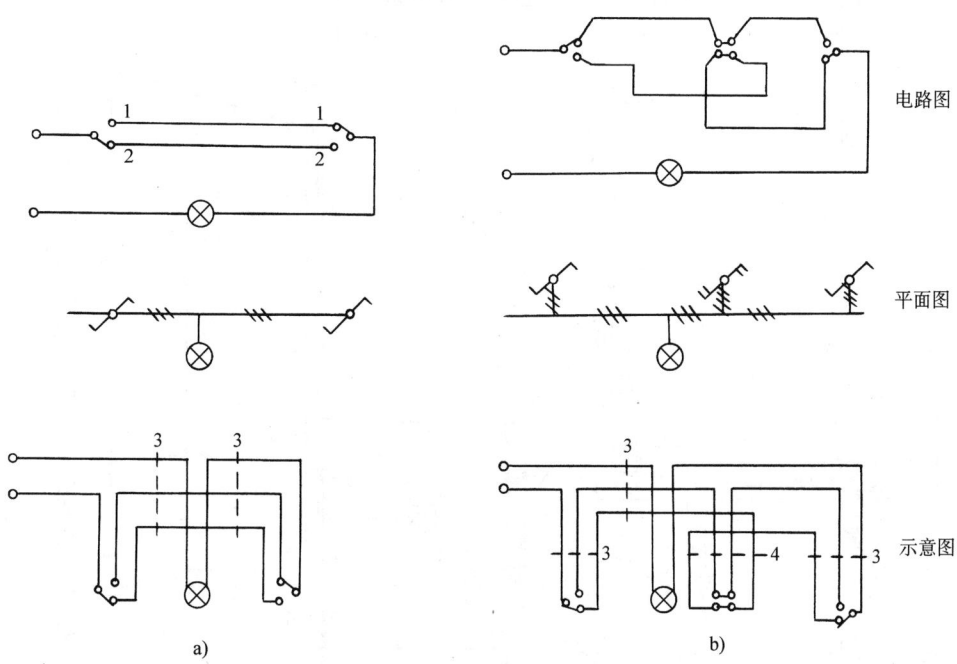

图 12-10　多联开关照明控制电路

a)双联开关控制　b)三联开关控制

2. 电气照明平面图示例

【例 1】　某住宅楼电气照明平面图

图 12-11 是某住宅楼第一层电气照明平面图。绘制和阅读这类平面图必须在电气系统概略图的基础上。图 12-12 就是该住宅楼第一层的供电概略图。

（1）建筑概况

本住宅楼一个单元内的每层共 2 户，A、B 两种户型：A 型 4 室 1 厅，约 92m^2；B 型 3 室 1 厅，约 73m^2。共用楼梯、楼道。

（2）供电电源

住宅楼采用 220V 单相电源、TN-C 接地方式的单相三线系统供电。在楼道设置一配电箱 AL－1－2，配电箱有 4 路输出线（1L、2L、3L、4L），其中，1L、2L 分别为 A、B 两户供电，导线及敷设方式为 BV-3×4- SC20-WC（铜芯塑料绝缘线，3 根，4mm^2，穿钢管敷设，管径 20mm，沿墙暗敷），3L 供楼梯照明和电视 TV 箱用电，4L 供三表计量用电及备用。

（3）住户用电

A、B 住户分别采用 3 路供电，其中，L1 供各房间照明，L2 供起居室、卧室家用电器用电，L3 供厨房、卫生间用电。

172 电气制图与读图 第3版

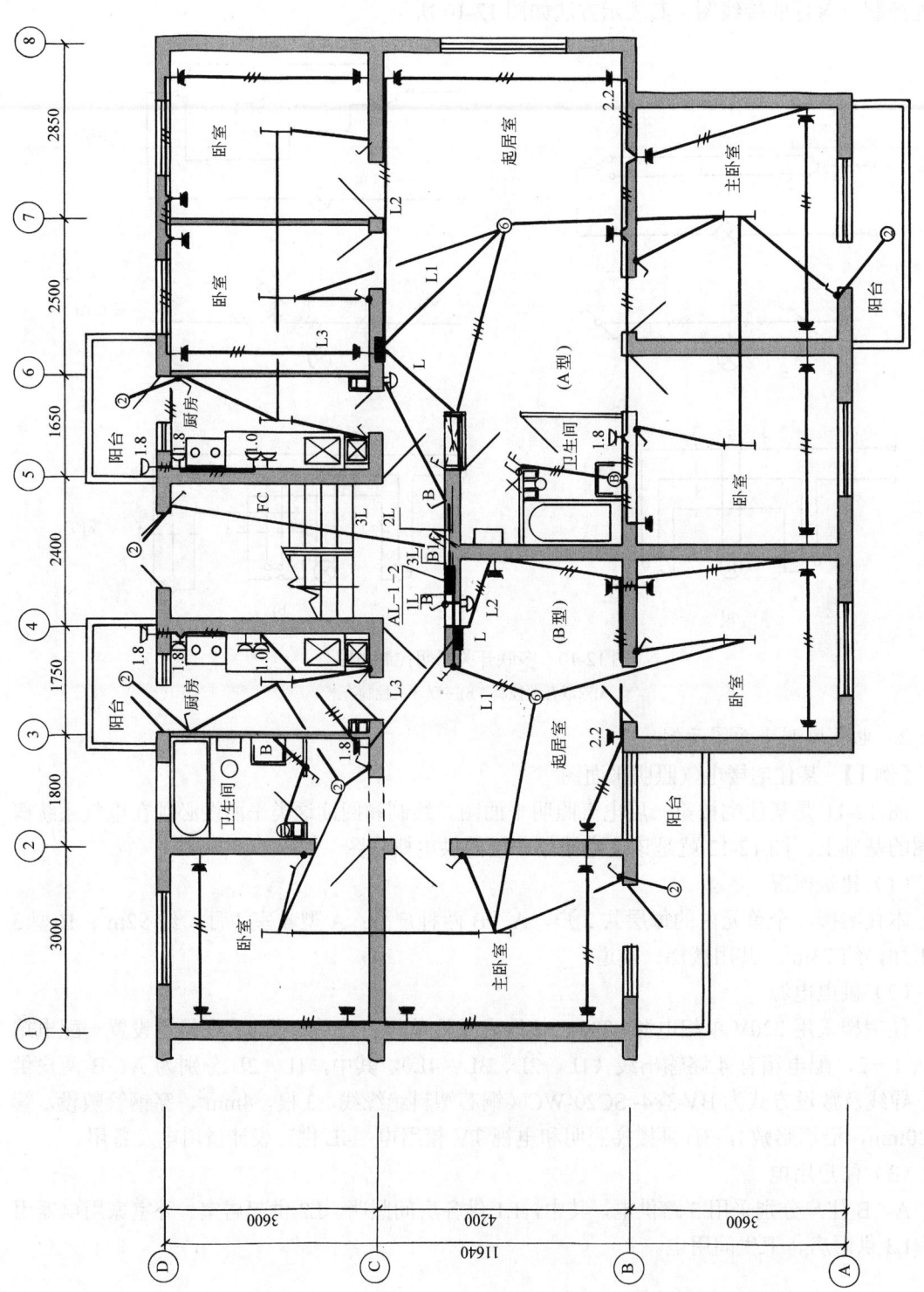

图 12-11 某住宅楼第一层电气照明平面图

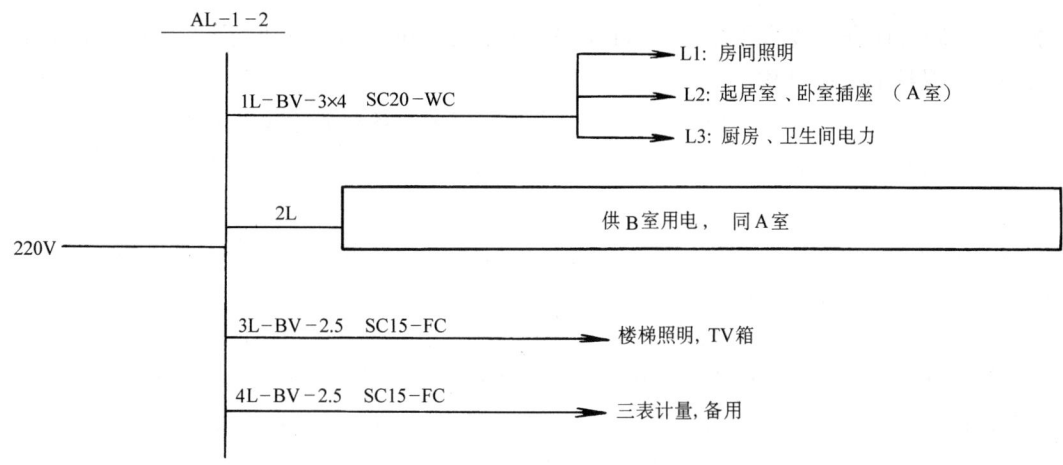

图 12-12 住宅楼第一层供电概略图

【例 2】 某办公楼电气照明平面图

图 12-13 是某办公楼第 6 层电气照明平面图。图 12-14 是某办公室第 6 层供电概略图。

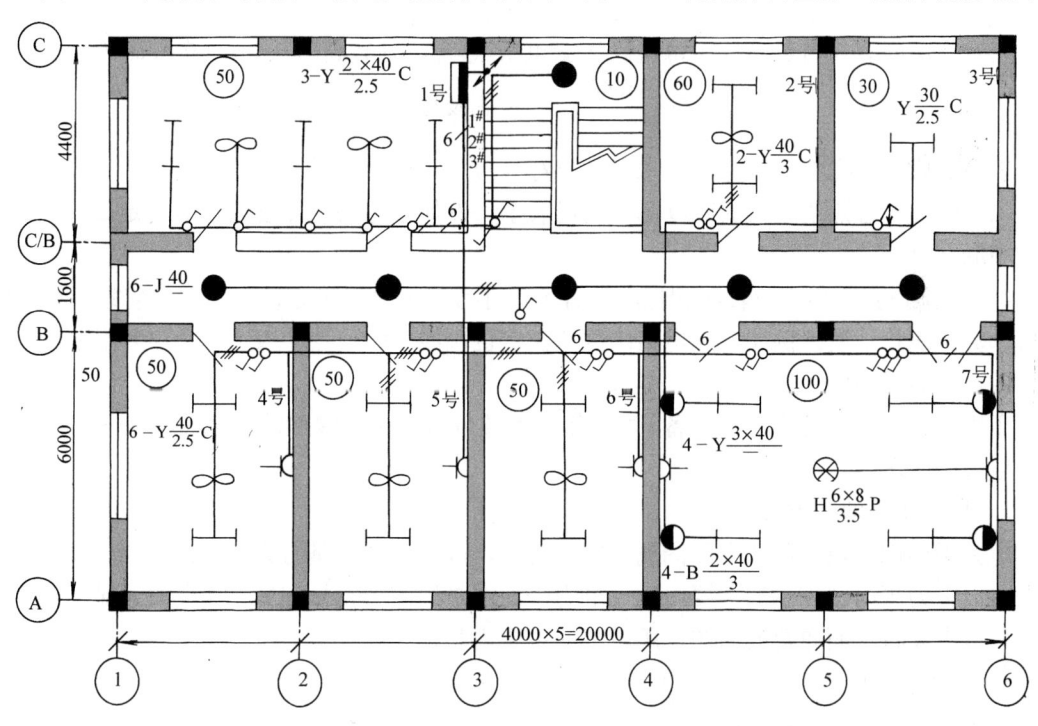

图 12-13 某办公楼第 6 层电气照明平面图

这一照明平面图清晰地表达了建筑物该层平面电气照明线路和灯具及其相关的开关、插座、电风扇等的布置的信息，较好地体现了照明平面图的特点。

（1）基本图表示的非电信息 这个图的基本图是建筑平面图，必要的非电信息与主要的电气信息有明显的

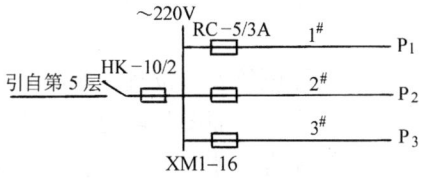

图 12-14 某办公室第 6 层供电概略图

区别。为了确切地表示线路和灯具的布置，图中用细实线简略地绘制出了建筑物墙体、门窗、楼梯、承重梁柱的平面结构。

用定位轴线①～⑥和 A、B、C/B、C 和尺寸线表示了各部分的尺寸关系。

另外，可补充施工说明，在施工说明中交代楼层结构，从而提供照明线路和设备安装时需要考虑的有关土建资料，这里就不再详细描述了。

（2）电源　从概略图可知，该楼层电源引自第 5 层，单相 220V，经照明配电箱 XM1，分成三路分干线，送至各场所。

（3）照明线路　采用三种规格的线路，例如照明分干线"WL1-BLV-2×6-PC20-WC"为塑料绝缘导线（BLV），截面积为 2×6mm²，采用 Φ20 的硬质塑料管（20mm）沿墙暗敷（WC）。

线路的文字标注可在施工说明中表示，避免了在图上重复标注，以使图面清晰。

（4）照明设备　图 12-13 中的照明设备有灯具、开关、插座及电风扇等。

照明灯具有荧光灯、吸顶灯、壁灯、花灯（6 管荧光灯）等。

灯具的安装方式有链吊式（L）、管吊式（G）、吸顶式、壁式等，例如：

$$3-Y\frac{2\times40}{2.5}C \quad （1 号房间）$$

表示该房间有 3 盏荧光灯，每盏灯 2 支 40W 灯管，安装高度 2.5m，链吊式（C）安装。

$$6-J\frac{1\times40}{-} \quad （走廊及楼道）$$

表示走廊及楼道有 6 盏灯具，水晶底罩灯（J），40W，吸顶安装。

（5）照度　各照明场所的照度图上均已表示，例如 1 号房间照度为 50lx，走廊及楼道照度为 10lx。

（6）图上位置　由定位轴线和标注的有关尺寸数字可直接确定设备、线路管线安装位置，并可计算出线管长度。例如，配电箱的位置在定位轴线"C"、"3"交点（+C3）附近。

四、电力平面图

用来表示电动机等类动力设备，配电箱的安装位置和供电线路敷设路径、方法的平面图，称为电力平面图。

1. 电力平面的一般特点

电力平面图与电气照明平面图属于同一类图，因此，两者具有许多共同特点。

（1）电力平面图表示的主要内容　电力平面图是用图形符号和文字代码表示某一建筑物内各种电力设备平面布置的简图，所表示的主要内容是：

电力设备（主要是电动机）的安装位置、安装标高；

电力设备的型号、规格；

电力设备电源供电线路的敷设路径、敷设方式、导线根数、导线规格、穿线管类型及规格；

电力配电箱安装位置、配电箱类型、配电箱电气主接线。

（2）电力平面图与电力系统图（概略图）的配合　电力平面图通常应与电力系统图（概略图）相配合，才能清楚地表示某建筑物内电力设备及其线路的配置情况。因此，阅读电力平面图必须与电力系统图（概略图）相配合。

电力系统图（概略图）有两种类型，一种是比较抽象的电气系统图，它只概略表示整个建筑物供电系统的基本组成，各分配电箱的相互关系及其主要特征；另一种是比较具体的配电电气系统图，它主要表示某一分配电箱的配电情况，这种系统图（概略图）通常采用表图的形式。

（3）电力平面图与电气照明平面图的比较　对于一般的建筑工程，电力工程与照明工程相比，其工程量、复杂程度要大得多。但是，电力设备一般比照明灯具等要少；电力设备一般布置在地面或楼面上，而照明灯具等需要采用立体布置；电力线路一般采用三相三线供电，而照明线路的导线根数一般很多；电力线路采用穿管配线的方式较多，而照明线路配线方式要多样一些。由于这些原因，使得电力平面图较电气照明平面图在形式上要简单得多。

2. 示例图

【例3】　图 12-15 所示是某车间电力平面图。这一平面图是在建筑平面图上绘制出来的。该建筑物（车间）主要由三个房间组成，建筑物采用尺寸数字定位（没有画出定位轴线）。

这三个房间的建筑面积分别为：

$8m\times19m=152m^2$；$32m\times19m=608\ m^2$；$10m\times8m=80m^2$。

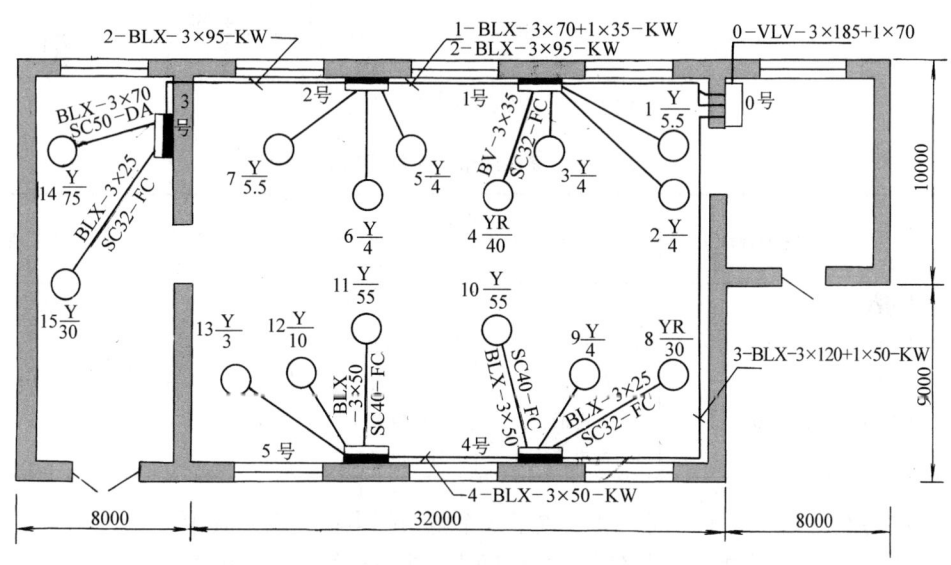

图 12-15　某车间电力平面图

说明：a. 进线电缆引自室外 380V 架空线路第 42 号杆；
　　　b. 各电动机配线除注明者外，其余均为 BLX-3×2.5-SC15-FC。

这一电力平面布置图比较详细地表示了各电力配电线路（干线、支线）、配电箱、各电动机等的平面布置及其有关内容。

（1）配电干线　配电干线主要是指外电源至总电力配电箱（0号）、总配电箱至各分电力配电箱（1～5号）的配电线路。

图 12-15 比较详细地描述了这些配电线路的布置，如电缆的布置、走向、型号、规格、长度（由建筑物尺寸数字确定）、敷设方式等。例如，由总电力配电箱（0号）至4号配电箱的电缆，图中标注为：3—BLX—3×120+1×50—KW，表示导线型号为BLX，截面积为 $3\times120mm^2$+

$1\times50\text{mm}^2$,沿墙,采用瓷绝缘子敷设(KW),其长度约40m。

图12-16所示的电力干线配置图和表12-8所示的电力干线配置表,对上述内容的描述更加具体。

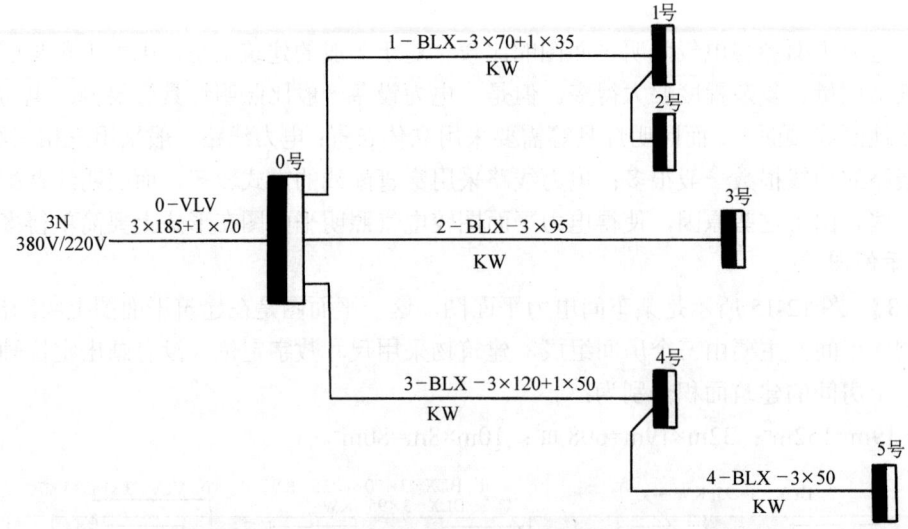

图12-16 某车间电力干线配置图

表12-8 某车间电力干线配置表

电缆编号	电缆型号及规格	连接点 I	连接点 II	长度/m	敷设方式
0	VLV-3×185+1×70	42号杆	0号配电柜	150	电缆沟
1	BLX-3×70+1×35	0号配电柜	1、2号配电箱	18	KW
2	BLX-3×95	0号配电柜	3号配电箱	25	KW
3	BLX-3×120+1×50	0号配电柜	4号配电箱	40	KW
4	BLX-3×50	4号配电箱	5号配电箱	50	KW

(2)电力配电箱 这个车间一共布置了6个电力配电柜、箱,其中:

0号配电柜为总配电柜,布置在右侧配电间内,电缆进线,3回出线分别至1、2号,3号,4、5号电力配电箱;

1号配电箱,布置在主车间,4回出线;

2号配电箱,布置在主车间,3回出线;

3号配电箱,布置在辅助车间,2回出线;

4号配电箱,布置在主车间,3回出线;

5号配电箱,布置在主车间,3回出线。

(3)电力设备 图12-15中所描述的电力设备主要是电动机。各种电动机按序编号为1～15,共15台电动机。

图12-15中分别表示了各电动机的位置、电动机的型号、规格等。

由于图12-15是按比例绘制的,因此,电动机的位置可用比例尺在图上直接量取。必要时可参阅有关的建筑基础平面图、工艺图等进行确定。

电动机的型号、规格等标注在图上。例如：

$$3\frac{Y}{4}$$

式中 3——电动机编号；

　　　Y——电动机型号；

　　　4——电动机容量（kW）。

（4）配电支线　由各电力配电箱至各电动机的连接线，称为配电支线。图 12-15 中，详细描述了这 15 条配电支线的位置、导线型号、规格、敷设方式、穿线管规格等。

图 12-15 的说明指出，各电动机配线除注明者外，其余均为 BLX-3×2.5-SC15-FC。

也就是说，图示各小容量电动机，均采用 BLX 型导线（铝芯橡皮绝缘线），3 根相线均为 2.5mm^2，穿入管径为 15mm 的钢管（SC15），沿地板暗敷（FC）。

较大容量电动机的配线情况分别标注在图上。

【例 4】　图 12-17 是某化工车间配电平面图，是另一种形式的图。这个图用有关的尺寸定位，车间总面积为 24m×12m=288m^2，共有两个配电箱，其代号为 A1、A2，型号为 XL—15—8000，每个配电箱可引出 8 路出线。根据图示情况，便可列出其配电线路明细表，见表 12-9。有兴趣的读者不妨据此绘制出其供电概略图。

表 12-9　配电线路明细表

配电箱代号	出线序号	出线代号	敷设方式	设备编号	电动机功率/kW	备注
A1	1	备用	—	—	—	
	2	WP12	FC	118,119	2×1.5	
	3	WP13	FC	116	2.2	并接设备 102/1
	4	WP14	FC	115	2.2	并接设备 102/2
	5	WP15	FC	109/2	3	
	6	WP16	FC	109/1	3	
	7	WP17	FC	106/1,107/1	4+10	
	8	WP18	FC	106/2,107/2	4+10	
A2	1	WP21	FC	171	3	
	2	WP22	WS	117	0.95	
	3	WP23	WS	170	0.7+1.1	
	4	备用	—	—	—	
	5	备用	—	—	—	
	6	WP26	FC	172	2.2	设备 3 台
	7	WP27	FC	172/1,172/2	2×10	
	8	备用	—	—	—	

注：图 12-17 中，标注的型号为 QS—起动器；QL—带熔断器的开关箱。

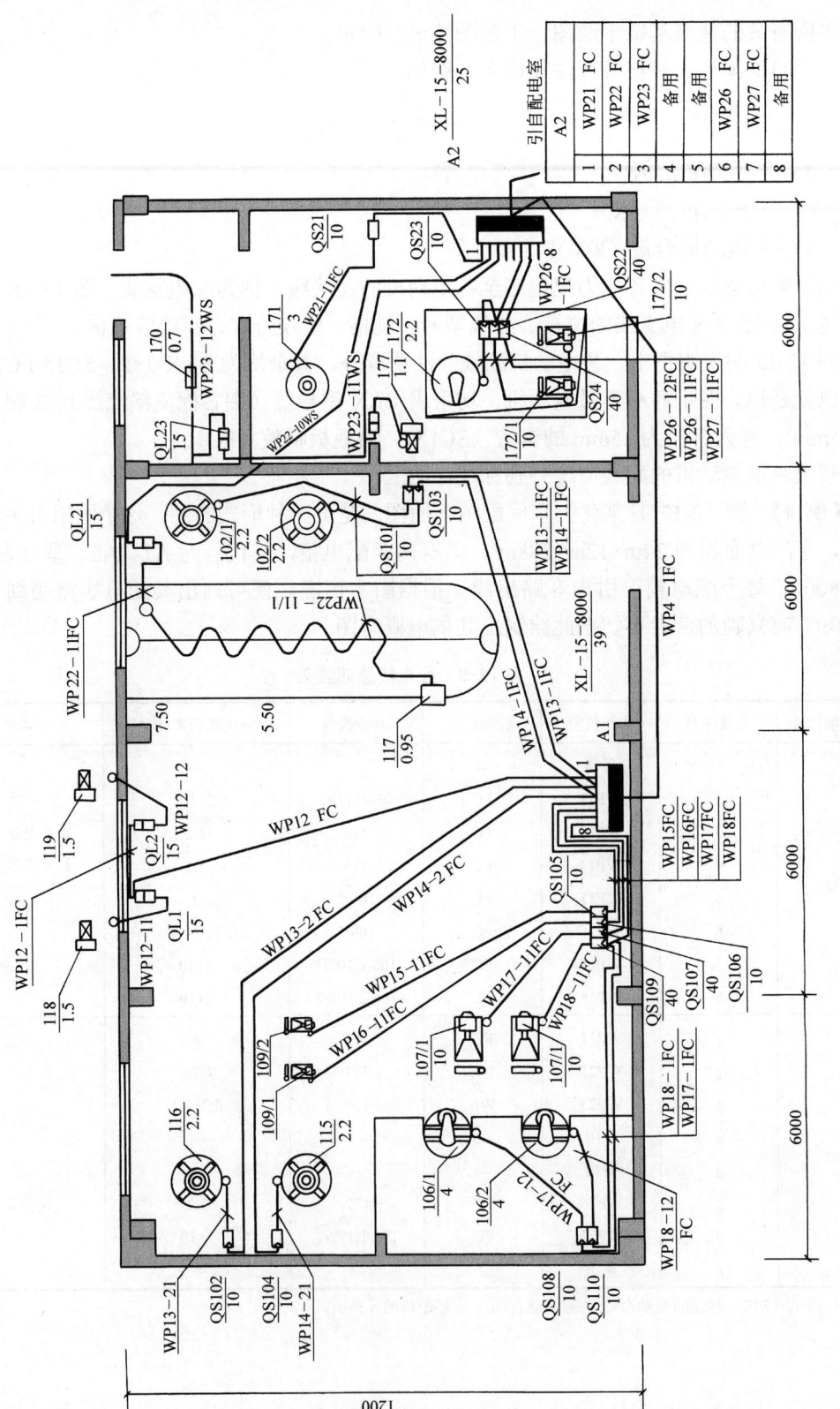

图 12-17 某化工车间配电平面图

第四节 线路平面图

线路平面图主要指电力、电信架空线路和电缆线路在某一区域的平面布置图,也是采用图形符号和文字代码相结合而绘制的一种简图。线路平面图通常有两种形式:一种是单纯的平面图,另一种是与断面图相结合的平面图。

一、线路平面图简介

线路平面图就是线路在地平面上的布置图,也就是线路的俯视图,但主要采用图形符号表示,因而是一种简图。

线路平面图主要表示线路走向、杆位布置、档距、耐张段、拉线等情况,是线路电气工程图中最主要的图,是必不可缺的。

【例5】 低压配电线路平面图

图 12-18 是某建筑工程外电总平面图,主要表示 10kV 电源进线经配电变电所降压后,采用 380V 架空线路分别送至 1~6 号建筑物的情况,其主要内容有:

1)配电变电所的型式,图中为柱上式,装有 2×S9—250kVA 的变压器。

2)架空线路电杆的编号和位置,图中,杆号依次编号为 1~14 号。

3)导线的型号、截面积和每回路根数,例如,10kV 电源进线为 LJ-3×35,去 1 号建筑物的导线为 BLX-3×95+1×50。

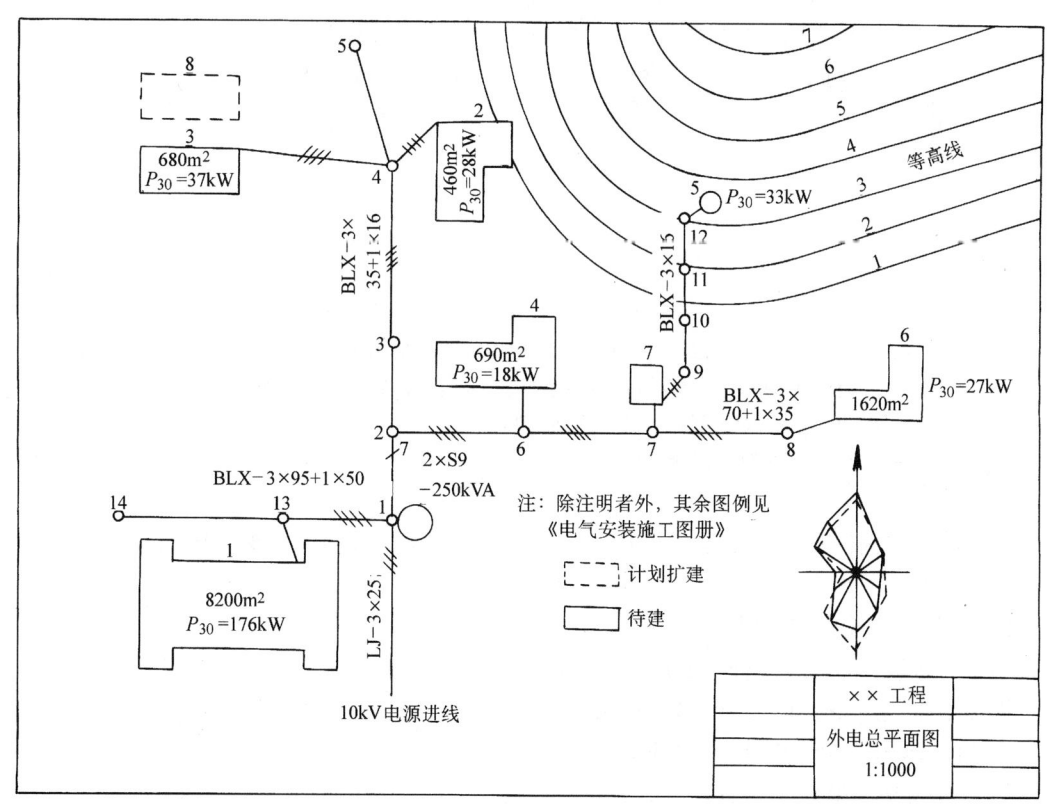

图 12-18 低压电力线路平面图示例

这个平面图具有以下特点：

1) 为了清楚地表示线路去向，图中绘制出各用电单位的建筑平面外形、建筑面积和用电负荷（计算负荷 P_{30}）大小。

2) 简要绘制了供电区域的地形，如用等高线表示了地面高程，为线路安装提供了必要的环境条件。

3) 图中用风向频率标记（风玫瑰图）表示了该地区常年风向情况（常年以北风、南风为主），这对线路安装和运行有某种参考依据。图中还标出了方位。

4) 线路的长度未标注尺寸，但这个图是按比例（1:1000）绘制的，可用比例尺直接从图中量出导线的长度。

【例6】 高压架空电力线路平面图

图12-19是某一区域10kV架空电力线路平面图，主要表示发电站至1～3号变电站线路的布置。

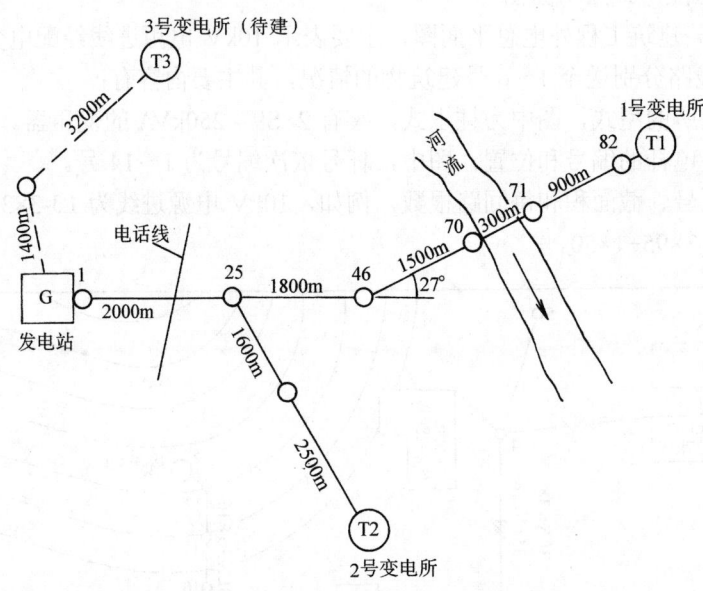

图 12-19　10kV 架空电力线路平面图示例

说明：a. 发电站至1号变电所，全线采用LGJ-95mm² 导线，拉线采用GJ-35mm² 钢绞线；
　　　b. 去2号变电所线路从25号杆分支，线路布置见图E—08号；
　　　c. 跨越的电话线为电缆明线，杆高7m；
　　　d. 杆型见"杆型集"。

这一线路平面图描述的主要对象是发电站至1号变电所的10kV架空电力线路。阅读这一图可以明确以下内容：

1) 线路共分5个耐张段：

第1耐张段，1～25号杆，2 000m；

第2耐张段，25～46号杆，1 800m；

第3耐张段，46～70号杆，1 500m；

第4耐张段，70～71号杆，300m，跨越河流；

第5耐张段，71～82号杆，900m。

2）线路全长为 L=2 000m+1 800m+1 500m+300m+900m=6 500m=6.5km。

3）杆型，主要有以下杆型：

① 终端杆，1号杆、82号杆。

② 分支杆，25号杆。

③ 转角杆，46号杆，转角27°，采用30°杆。

④ 跨越杆，70号杆、71号杆，跨越河流。

⑤ 直线杆，其余。

【例7】 电缆线路平面图

图12-20是一电信电缆平面图，这个图与图12-19相比，表示得更具体一些，如标注了各种尺寸、电缆接头、电缆预留、蛇形敷设（松弛）的位置和有关尺寸，并用局部剖面图表示了电缆敷设的情况。但这个图仍然广泛地使用了图形符号，与一般俯视图不同，仍属于简图。

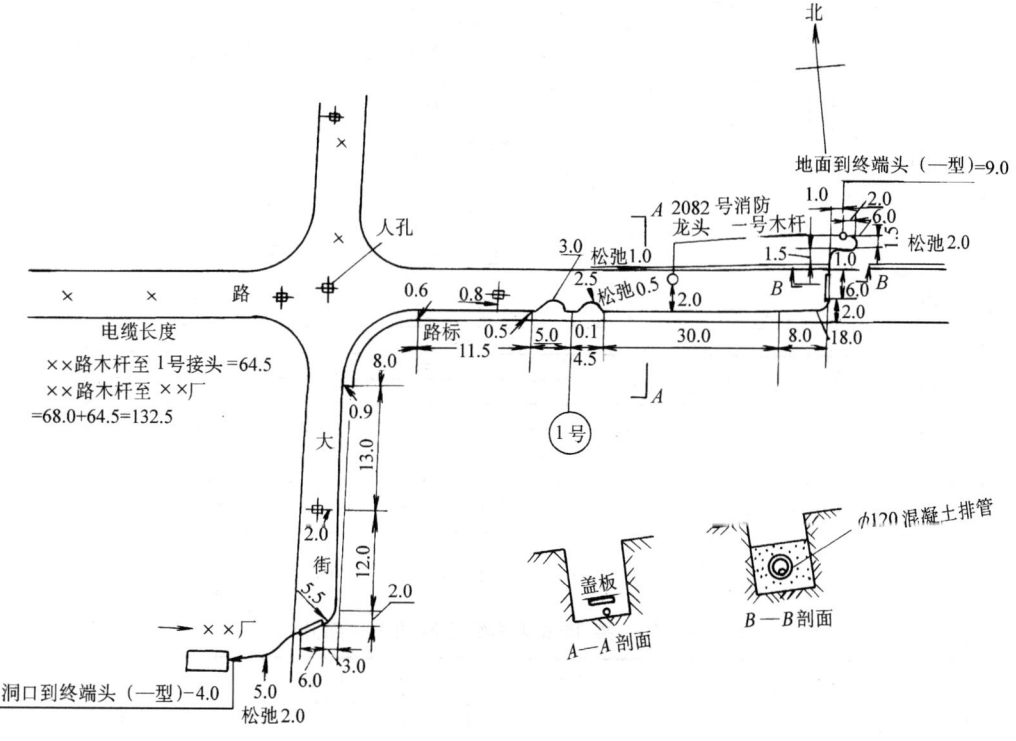

图12-20 电信电缆平面图（部分）

二、架空线路平断面图

对10kV以下架空电力线路，特别是在线路经过地域的地形不太复杂的情况下，一份线路平面图，加上必要的文字说明，基本上可满足施工的要求，但对于10kV以上的线路，尤其是地形比较复杂，单一的线路平面图还不足以将线路描述清楚，因此还应有一张线路纵断面图。

架空线路的纵断面图是沿线路中心线的剖面图。通过纵断面图可以看出线路经过地段的地形断面情况，各杆位之间地坪面相对高差，导线对地的距离、弛度及交叉跨越的立面情况。纵断面图对指导施工具有重要的意义。然而，为了使图面更加紧凑、实用，常常将平面图与纵断面图合并，绘制成平断面图。

图 12-21 是某 35kV 电力线路的平断面图。该图上部为纵断面图（相当于立面图），下部为平面图。它是沿线路中心线展开的平断面图。

在平断面图上同样画出了线路（导线、电杆）的布置，对于线路的走向用转角度数（如 N_2 杆标注右 35°）表示。也与一般平面图一样，标出了线路经过地区的地形、地物等情况。在图 12-21 下方标注了里程及有关数据。显然，这种平面、断面和数字标注三者结合的图所表示的信息量更大，更有使用价值。

与这种平断面图相配合，往往还附有线路明细表。这种表类似于接线表。表 12-10 是线路明细表的示例，它是图 12-21 的重要补充。

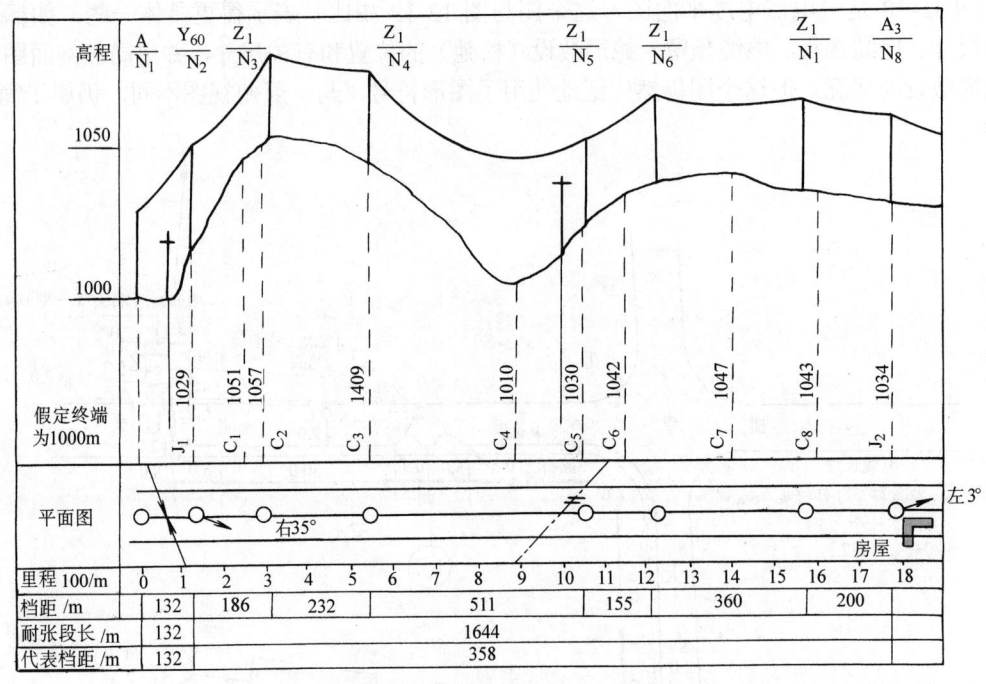

图 12-21 某 35kV 电力线路的平断面图（示例）

表 12-10 某 35kW 电力线路明细表（部分）

杆号	杆型	杆高/m	档距/m	交叉跨越	耐张段长度/m 代表档距/m		地质	底盘		拉线盘		接地电阻/Ω	备注
								个数/个	埋深/m	个数/个	埋深/m		
N_1	A	15	132	10kV 路线	132	132	粘土	2	1.5	4	2	10	瓷绝缘子倒挂
N_2	Y_{60}	15	186		1644（右35°）		碳岩	2	1.5	4	2	30	
N_3	Z_1	18	232				碳岩	2	2.0	2	2	30	
N_4	Z_1	15	511	二线电话线			碳岩	2	1.5	2	2	30	
N_5	Z_1	15	155				碳岩	2	1.5	2	2	30	
N_6	Z_1	15	360		358（左3°）		粘土	2	1.5	4	2	15	
N_7	Z_1	15	200				粘土	2	1.5	2	2	15	
N_8	A_3	15					碳岩	2	1.5	2	2	30	

第五节 防雷平面图与接地平面图

一、防雷平面图

防止雷电对电气设备、电气装置和建筑物的直接雷击的设备，主要有避雷针、避雷线、避雷带等。常见的防雷平面图有避雷针、避雷线保护范围图和避雷带平面布置图。

1. 避雷针保护范围图

避雷针的保护范围有两种表示方法：折线法和滚球法。

（1）折线法表示的避雷针保护范围　图 12-22a 表示的是单支避雷针的保护范围。它好像一座尖顶圆锥形帐篷，在地坪面上的投影是一圆，其圆心就是避雷针的针尖。

图中　h——避雷针的高度；

h_x——被保护物的高度；

$h_a=h-h_x$——避雷针的有效高度；

r_x——避雷针在被保护物高度为 h_x 时水平面上的保护半径；

r——避雷针在地坪面上的最大保护半径，$r=1.5h$。

当避雷针的高度 $h<30m$ 时，保护半径 r_x 可按下式确定：

$h_x \geqslant h/2$ 时，$r_x=h-h_x$；

$h_x<h/2$ 时，$r_x=1.5h-2h_x$

（2）滚球法表示的避雷针保护范围　所谓"滚球法"，就是选择一个半径为 h_r（滚球半径）的球体，沿需要防护直击雷的部位滚动；如果球体只接触到避雷针或避雷针与地面而不触及需要保护的部位，则该部位就在避雷针的保护范围之内，如图 12-22b 所示。

单支避雷针的保护范围可按下列方法确定：

当避雷针高度 $h \leqslant h_r$ 时，

1）距地面 h_r 处作一平行于地面的平行线。

2）以避雷针的针尖为圆心、h_r 为半径，作弧线交于平行线的 A、B 两点。

3）以 A、B 两点为圆心，以 h_r 为半径作弧线，该弧线与针尖相交，并与地面相切，由此弧线起到地面止的整个锥形空间就是避雷针的保护范围。

4）避雷针在被保护物高度 h_x 平面上的保护半径，按下式计算：

$$r_x = \sqrt{h(2h_r - h)} - \sqrt{h_x(2h_r - h_x)}$$

式中　h_r——滚球半径，一般为 30~60m。

当避雷针高度 $h>h_r$ 时，在避雷针上取高度 h_r 的一点来代替避雷针的针尖作为圆心，其余的作法同上。

实际上，图 12-22 所示的保护范围并不是避雷针的保护范围工程图，因为这样表示太复杂了。避雷针的保护范围图是以避雷针的有效高度 $h_a=h-h_x$ 在圆锥上水平截取的圆，作为避雷针的保护范围图。以避雷针针尖为圆心，以 r_x 为半径的圆，就是这根单支避雷针的保护范围。

避雷针的保护范围图与其保护范围是有一定区别的，在保护范围图以外的电气设备，如果其高度较低，仍可能在保护范围之内。这一点，在阅读避雷针的保护范围图时是应明确的。

2. 避雷针保护范围示例图

图 12-23 是某厂用 35kV 变电所避雷针布置及其保护范围图。

表 12-11 是图 12-23 所附保护范围设计计算表（按折线法计算）。

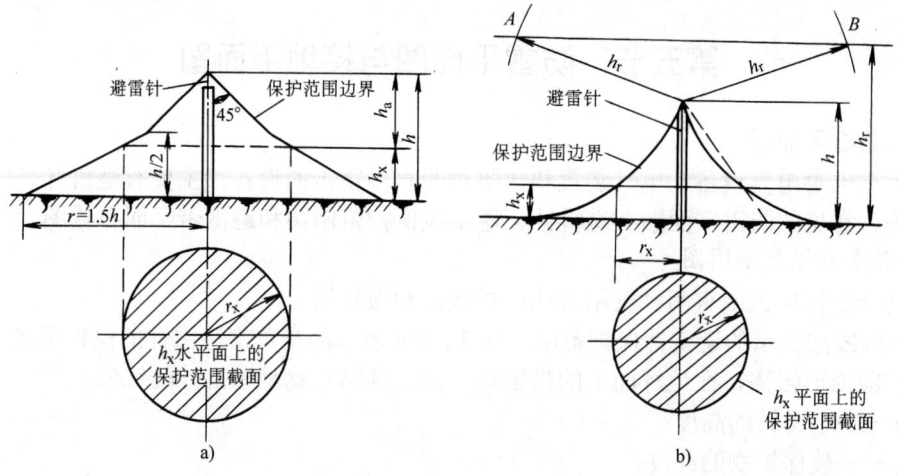

图 12-22 避雷针的保护范围

a)用折线法表示　b)用滚球法表示

表 12-11　避雷针保护范围设计计算表（按折线法计算）　　　　　　　（单位：m）

避雷针编号	避雷针高度 h	有效高度 h_a	被保护物高度 h_x	单支针保护半径 r_x	备注
1、2、3	17	10	7	11.3	
终端杆针	12	5	7	4.8	装于杆上

由图可知，这个变电所装有三支 17m 的避雷针和一支利用进线终端杆的 12m 的避雷针。图 12-23 是按照被保护高度为 7m 而确定的保护范围图。此图表明：凡是 7m 高度以下的设备和构筑物均在此保护范围图之内。但是，高于 7m 的设备，如果离某支避雷针很近，也能被保护；低于 7m 的设备，超过图示范围也可能在保护之内。例如：某设备，其高度为 3m，距 3 号避雷针 18m，是否能被保护呢？

由于设备位于 3 号避雷针附近，因此，只要将 3 号避雷针按单支进行验算，如果在此单支保护范围之内，那么设备肯定在整个避雷针的保护范围之内。

设备的高度为 3m，即 $h_x=3m$，它显然小于 3 号避雷针高度的一半（$h/2=17m/2=8.5m$），所以，3 号避雷针在 $h_x=3m$ 的保护半径为

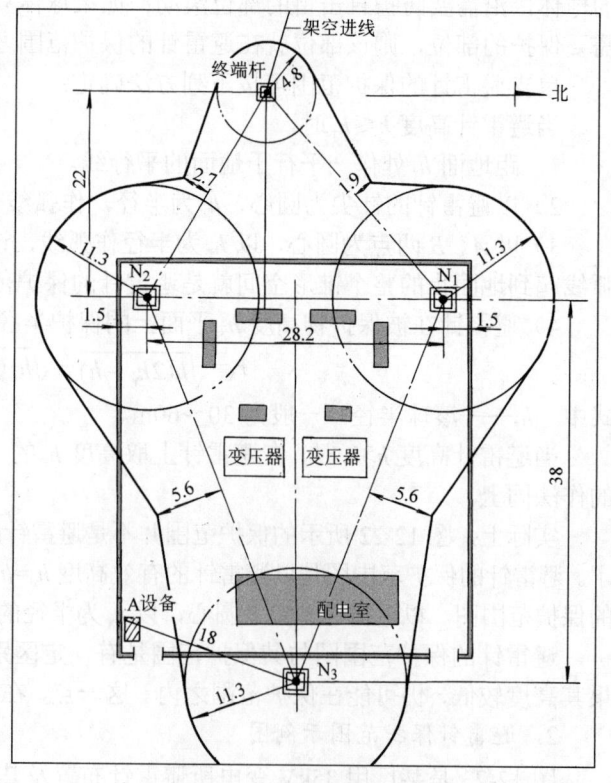

图 12-23　某厂用 35kV 变电所避雷针布置及其保护范围图

$r_x = 1.5\,h - 2h_x = 1.5 \times 17\text{m} - 2 \times 3\text{m}$
$= 19.5\text{m} > 18\text{m}$

这表明，3 号避雷针在被保护物高度为 3m 时的保护半径达到 19.5m，设备距其中心只有 18m，显然设备在避雷针的保护范围之内——尽管设备在保护范围图之外。

若按滚球法计算，取 $h_r=45\text{m}$，则 3 号避雷针在 $h_x=3\text{m}$ 的保护半径 r_x 为

$r_x = [\sqrt{17 \times (2 \times 45 - 17)} - \sqrt{3 \times (2 \times 45 - 3)}]\text{m}$

$= 19\text{m} > 18\text{m}$

这也说明：设备在其保护范围内。

3. 避雷带或避雷网平面布置图

许多建筑物都采用避雷带或避雷网作为防雷保护，避雷带或避雷网平面布置图也是常见的一种电气平面图。

图 12-24 是某建筑物屋面防雷平面布置图。图中示出：该建筑物分为 A、B、C 三区，A 区标高 65.40m，B 区标高 22.00m，C 区标高 18.00m。为了防止直击雷电，屋面设置不大于 10.5m×9.0m 网格的避雷网，避雷网采用 $d10$ 的镀锌圆钢焊接而成，避雷网有 17 个节点与柱内钢筋引下线相焊接。

二、电气接地平面图

1. 接地装置的构成及表示方法

接地装置通常由接地螺栓、接地线、接地体（或称接地极）构成，其构成示意图如图 12-25a 所示。其中，接地体一般采用 2.5m 左右的角钢或钢管制成，垂直打入地下，这种接地体称为人工接地体；也可以利用某些埋入地中的金属构件，如自来水管、钢筋混凝土基础等，这种接地体称为自然接地体。

接地线一般采用扁钢或圆钢等，埋入地下，也可裸露于地面、墙面。接地线又分为接地干线和接地支线。

图 12-25b 是接地装置平面布置示意图。

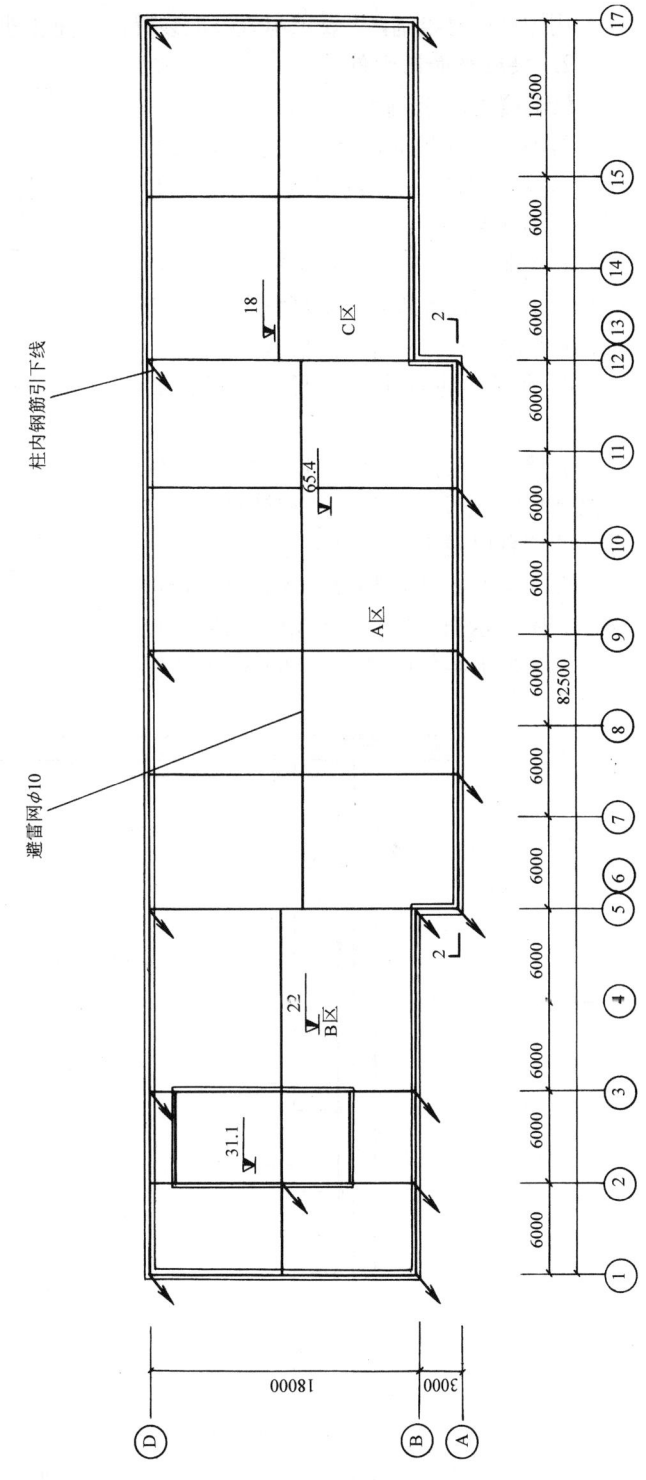

图 12-24 某建筑物屋面防雷平面布置图

用图形符号绘制,以表示电气接地装置在地面和地中的布置的简图,称为电气接地平面图。

2. 接地平面图示例

【例8】室内接地平面图

接地图(接地简图)是在建筑物图或其他建筑图的基础上绘制出来的,它只包括一个接地系统。

在接地图上,应示出接地电极和接地排以及主要接地设备和元件(如变压器、电动机、断路器、开关柜等)的位置。

接地图还应示出接地导体及其连接关系。

必要时,应示出有关的尺寸、接地线和接地体的代号、连接方法和铺设并固定导体的信息以及电极的安装方法。

图12-26是建筑物内一控制室的接地简图。图中示出了接地导体沿墙四周铺设的位置和接地导体的型号(16mm² 绞合铜

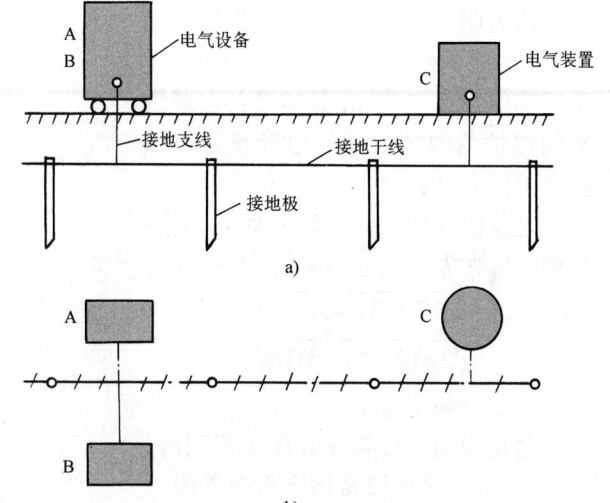

图 12-25 电气接地装置示意图
a)接地装置 b)平面布置示意图

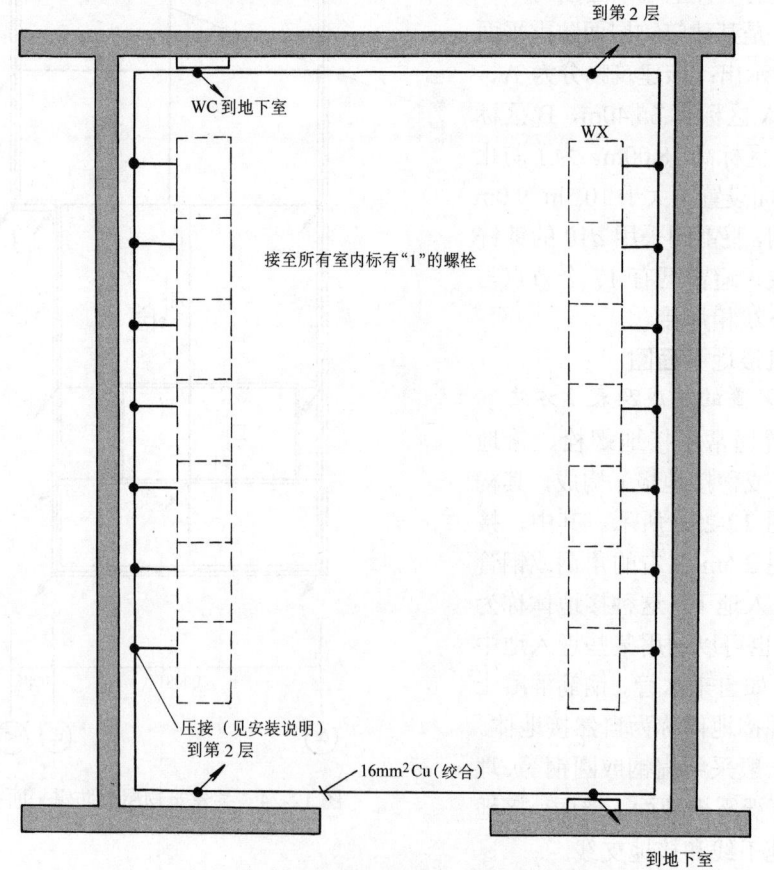

图 12-26 控制室的接地简图

线）以及与各控制机柜（WC、WX）的连接位置和方法（压接）等连接信息，还表示出了接地线至相邻两层（地下室和第2层）的连接位置和连接方式等信息。

【例9】 室外接地平面图

图12-27是某35kV变电所电气装置接地平面布置图，接地网主要材料见表12-12。

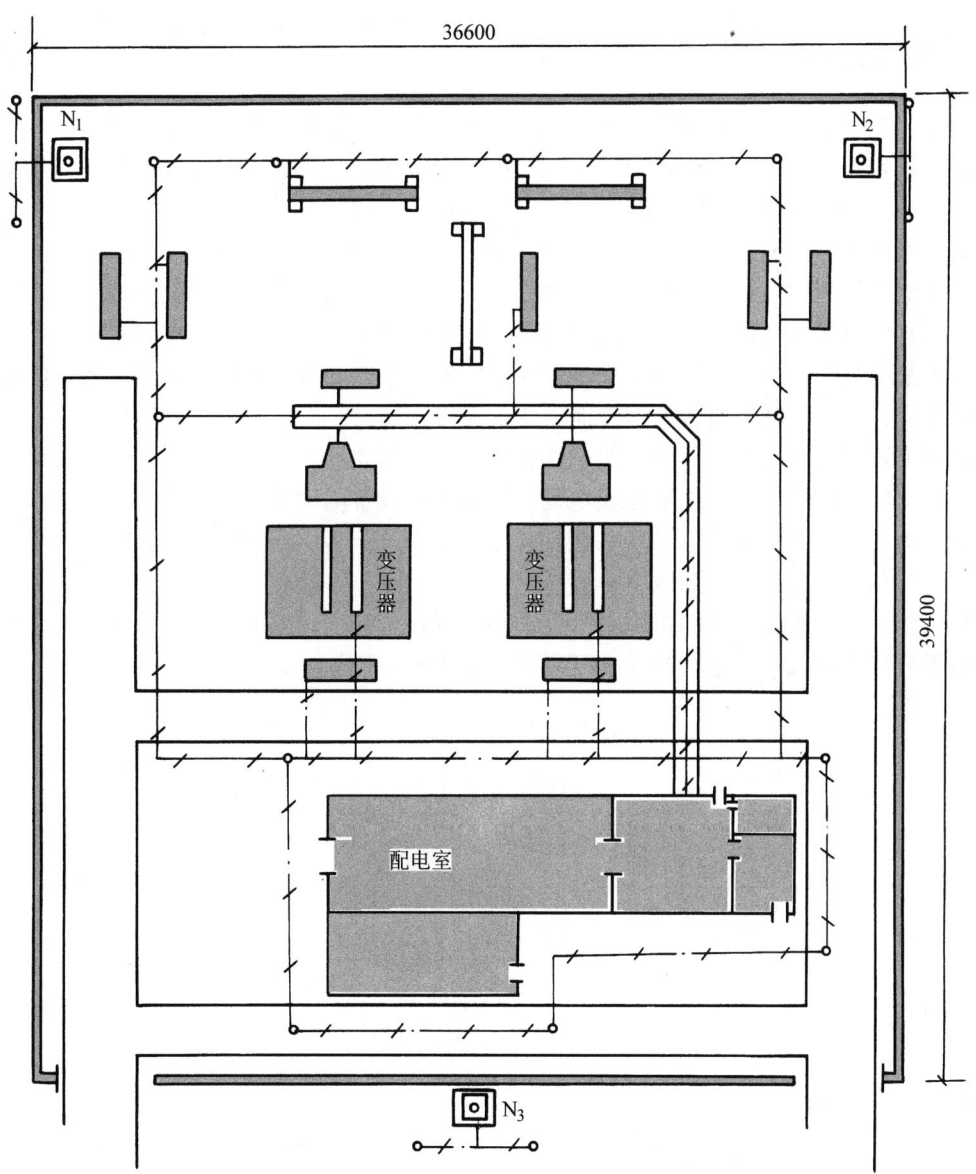

图12-27 某变电所电气装置接地平面图

说明：

a. 接地装置由接地体、接地干线、接地支线组成，并和自然接地体连成一个整体；
b. 接地装置埋入土中深度为0.8m，与设备基础距离大于1m；
c. 接地装置完成后，需进行接地电阻值实测，若其值大于4Ω，则需另加接地体；
d. 避雷针接地装置的接地电阻要求小于或等于25Ω，避雷针接地装置与电气设备保护接地装置之间的距离不得小于3m。

表 12-12 接地网主要材料

序号	类别	名称	规格/mm	单位	数量
1	接地体	镀锌钢管	$d50×3.5×2\,500$	根	17
2	接地干线	镀锌扁钢	$-40×4$	m	120
3	接地支线	镀锌扁钢	$-25×4$	m	50

注：表中的规格和数量是设定的。

  图 12-27 表示了 4 个独立的避雷装置。3 支避雷针的接地装置是防雷接地用的，分别安装两根直径为 50mm，管壁厚为 3.5mm，长度为 2.5m 的镀锌钢管而制成的接地体，用镀锌扁钢（$-40×4$）相连。此防雷接地电阻值要求小于或等于 25Ω。

  变电所的保护接地装置，其接地电阻要求小于 4Ω，整个接地装置由 11 根接地体、$-40×4$ 的扁钢接地干线和 $-25×4$ 的扁钢接地支线等人工接地体、线和电缆沟支架连接用扁钢（图中虚线所示）的自然接地体构成一个接地网，这一接地网分为三个网格，图面上方的网格环绕进线高压配电装置，中间的网格环绕两台主变压器，下方的网格环绕配电室。各种配电装置的金属外壳、设备基础等均就近与接地干线相连接。

  图面上还反映了接地装置施工的一些工艺要求，例如：

  接地干线与接地支线互相平行或垂直，且与各种设备基础平行与垂直；

  各接地体的布置尽量均匀，相邻接地体之间的距离一般大于 5m，以此可保证接地网各点电位均匀和电流易于散流到地中。

  为了防止防雷接地装置的雷电高压反击到电气设备外壳，因而要求保护接地装置与防雷接地装置分开布置，两者之间的最小距离不小于 3m。

第十三章　特种用途专业电气图

第一节　印制板电气图

一、印制板和印制板电气图简介

电子设备的一个主要特点是，其组成元件（如电阻、电容、晶体管、集成电路板等）的数量很多，连接线复杂。为了缩小设备的体积，便于机械化加工制作、维修，提高设备工作的可靠性，往往将各种元件整齐有序地排列在薄形绝缘板（如环氧树脂纤维板）上，各元件的连接线，尤其是一些公用线，不是采用导线，而是采用金属液体，经过化学处理，直接敷涂在绝缘板表面而形成导电条。

这种特殊的绝缘板称为印制电路板，简称印制板。提供印制板加工制作、焊接和装配的图样，称为印制板电路图，简称印制板图。在印制板图上通常应包括元件布置、导电连接图形、尺寸数据、技术要求等。

按照用途的不同，印制板图主要分为印制板零件图和印制板装配图两大类。零件图主要表示作为零件使用的某一印制板的电气元件的布置和接线，装配图表示印制板的装配关系。

印制板电气图具有以下特点：

1）印制板电气图实际上是在电路原理图的基础上绘制出的位置图和接线图。它真实地表示了元件的布置、连接和装配等安装信息，但所包含的信息又比一般布置图和接线图更详细、更实用、更可实现。

2）印制板电气图近似按正投影法绘制，元件的相对位置、尺寸关系与实物具有比较严格的对应关系，但其中的元件外形并不采用实物图形，往往用符号或代号表示，所以，印制板电气图是投影法和符号法绘制的简图。

二、印制板零件图

印制板零件图是表示导电图形、结构要素、标记符号、技术要求和有关说明的图样。

1. 连接线及导电图形

在印制板图上，元器件间的连接导线通常应按实际走向画出，一般是不规则的。这种不规则的连接线称为导电图形，可用以下四种形式表示：

1）双线轮廓，如图 13-1a 所示。

2）双线轮廓内涂色，如图 13-1b 所示的黑色，也可用彩色，但连接点不涂色。

3）双线轮廓线内画剖面线，如图 13-1c 所示。剖面线的方向必须与坐标网格线有明显区别。

在上述三种表示方法中，印制导线的宽度由坐标网格法确定。

4）单线表示。当印制导线的宽度小于 1mm 或宽度基本一致时，连接线可用单线绘制。

此时，应注明导线宽度、最小间距等。

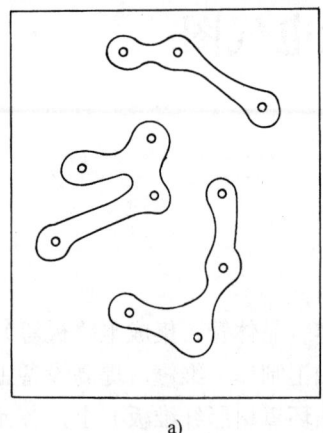 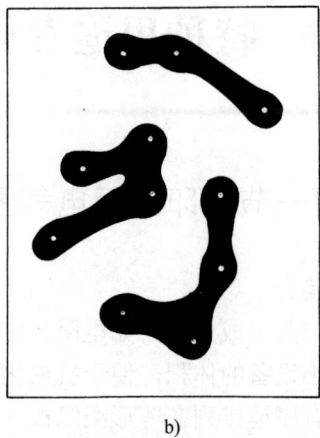 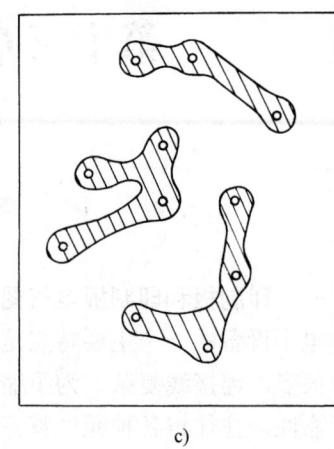

a)   b)   c)

图 13-1 双线轮廓表示的连接线

a)空白双线轮廓   b)涂色   c)画剖面线

2. 元器件的表示方法

1）在印制板图上，一般应表示出元器件的图形符号、文字符号、实际位置等。

2）在印制板图上，元器件的图形符号有三种形式：

① 一般图形符号或简化外形符号，如图 13-2a 所示，其符号应按 GB/T 4728《电气简图用图形符号》绘制；

② 象形符号，如图 13-2b 所示，象形的简化外形符号必须简单明了，必要时还应加以说明。

③ 用元器件装接位置标记和它在电路图、逻辑图中的位号表示，如图 13-2c 所示。

3. 端子接线孔的表示方法

在印制板上需要表示元器件端子接线孔。端子接线孔与导电条相接，又称为金属化孔。端子接线孔在印制板图上的表示方法应遵守以下规则：

1）孔的中心必须在坐标网格线的交点上。

2）作圆形排列的孔组的公共中心点必须在坐标网格线的交点上，并且其他孔至少有一个孔的中心位于上述交点的同一坐标网格线上。

3）作非圆形排列的孔组中的孔，至少有一个孔的中心必须在坐标网格线的交点上，其他孔至少有一个孔的中心位于上述交点的同一坐标网格线上。

4. 印制板零件图示例

图 13-3a 是某触摸报警器的电路图。其工作原理是，只要人触摸到某一部位 A，V1 导通，V2、V3 组成的音频振荡器工作，扬声器 B 便发出报警音响。如果将这一电路布置到绝缘板上，则如图 13-3b 所示。这两者在原理上是完全等效的，如连接 V1 集电极、R4、V3 发射极、C3、电源"+"极这根导线，在图 13-3b 所示的印制板零件图中用一导电条表示。

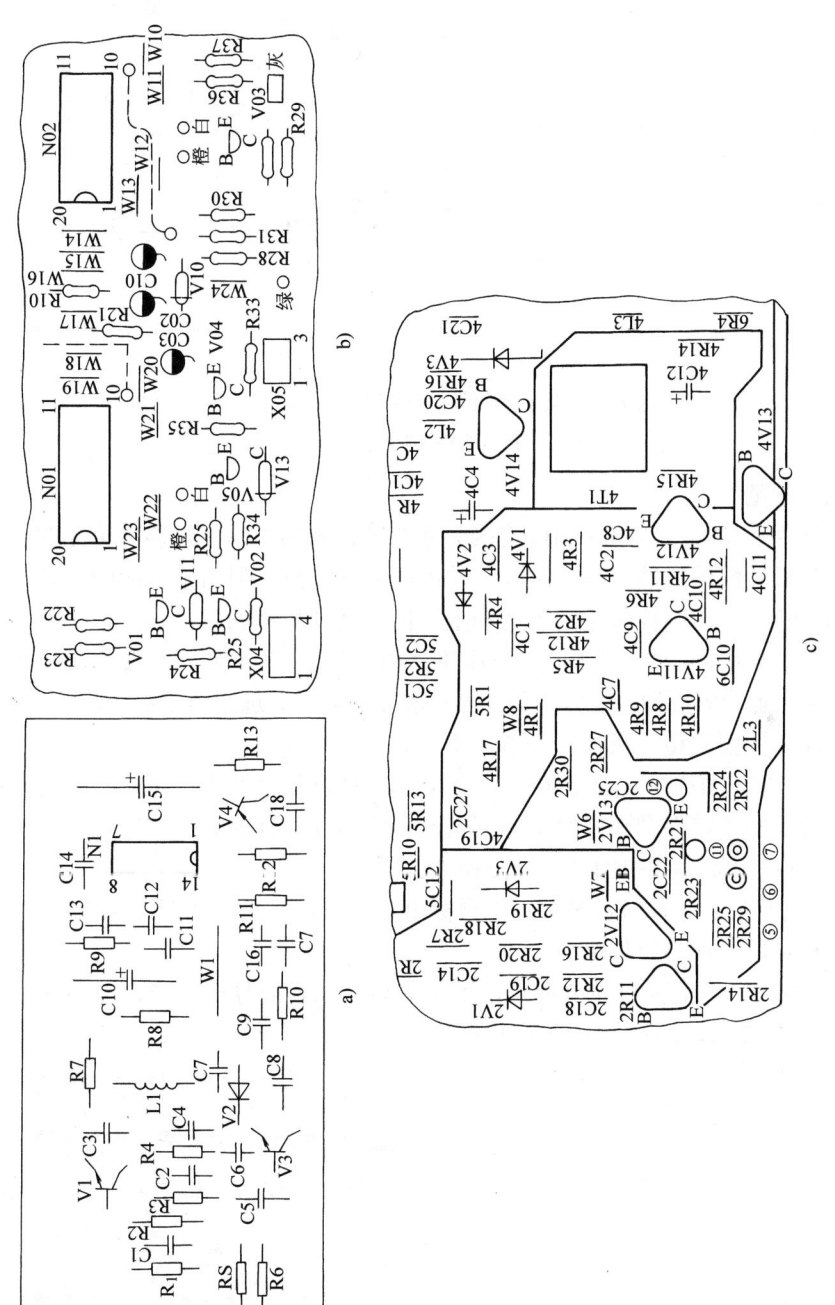

图 13-2 元器件表示方法
a)采用一般图形符号 b)采用象形符号 c)采用位置标记

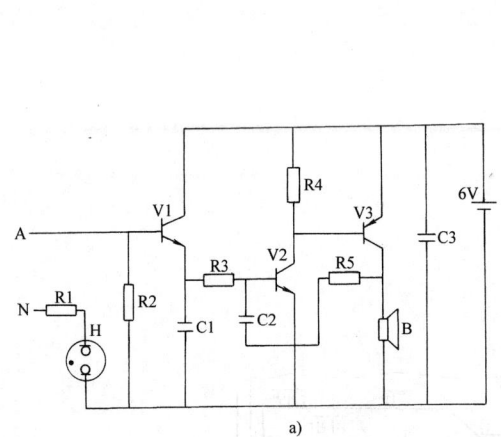 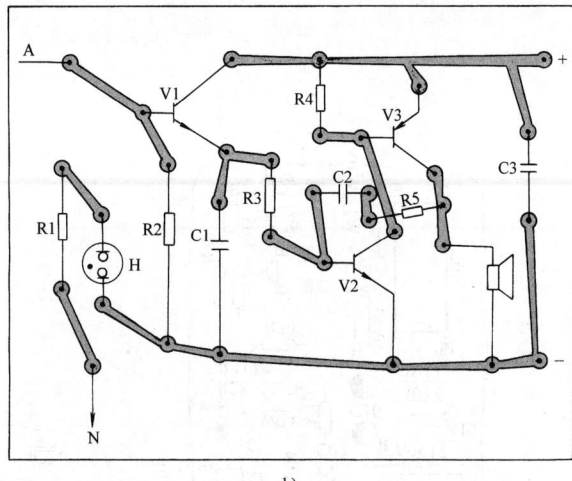

图 13-3　某触摸报警器印制板电气图

a)电路图　b)印制板零件图

三、印制板装配图

表示各种元器件和结构件等与印制板连接关系的图，称为印制板组装件装配图，简称印制板装配图。印制板装配图虽然具有印制板零件图的一般特点，但由于装配图的功能不同，也有其许多不同的特点。印制板装配图表达的主要内容及其特点如下：

1）装配图主要表达元器件、结构件等与印制板的连接关系，因此，必须从装配的角度出发，首先考虑装配者看图方便，根据所装元器件和结构特点，选用恰当的表示方法和视图，一般只画一个视图，图面完整、清晰、简单、明了。

2）为了便于装配，图样中应有必要的外形尺寸、安装尺寸以及与其他产品的连接位置尺寸等，而不必像印制板零件图那样用坐标网格来确定各元器件的具体安装尺寸。

3）各种有极性的元器件应在图样中标出极性。

4）元器件在装配图中有方向要求时，必须标出定位特征标志。如图 13-4 所示，其中带有"·"或数字标记的，就是定位标志。

5）在装配图中，一般不画出导电图形，如果需要表示反面导电图形，可用虚线或其他色线画出。例如图 13-5 中，用虚线表示导电图形。

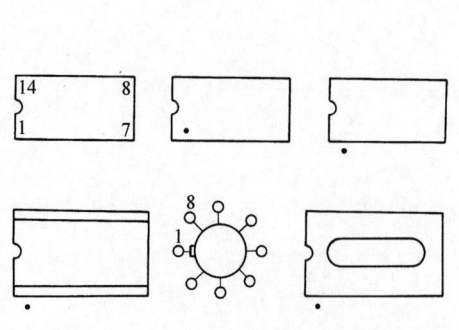 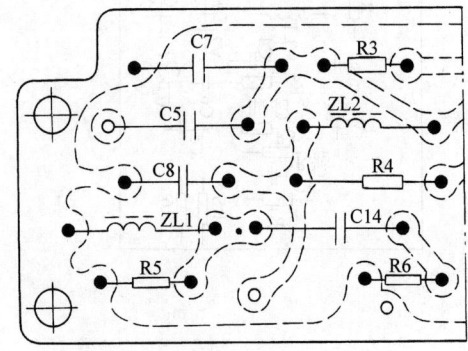

图 13-4　定位特征标志示例　　　　图 13-5　反面导电图形表示方法示例

6）装配图样中，要有必要的技术要求和说明，用以指导元器件、结构件的装配和连接。

7）在印制板装配图中，重复出现的单元图形，可以只画出其中一个单元，其余单元可以简化绘制，此时，必须用细实线画出各单元的极限位置，并标出单元顺序号。

图 13-6 是某印制板装配图。在这个装配图中，标出了外轮廓尺寸和四个安装孔尺寸。图中，较复杂的元器件，如元件"1"，采用简化外形；简单的元器件，如电阻、电容、晶体管等采用一般图形符号。图中，没有画出导电图形，但详细地表达了元器件与印制板的连接关系。显然，绘制和阅读印制板图还必须结合电路图和其他技术文件进行。

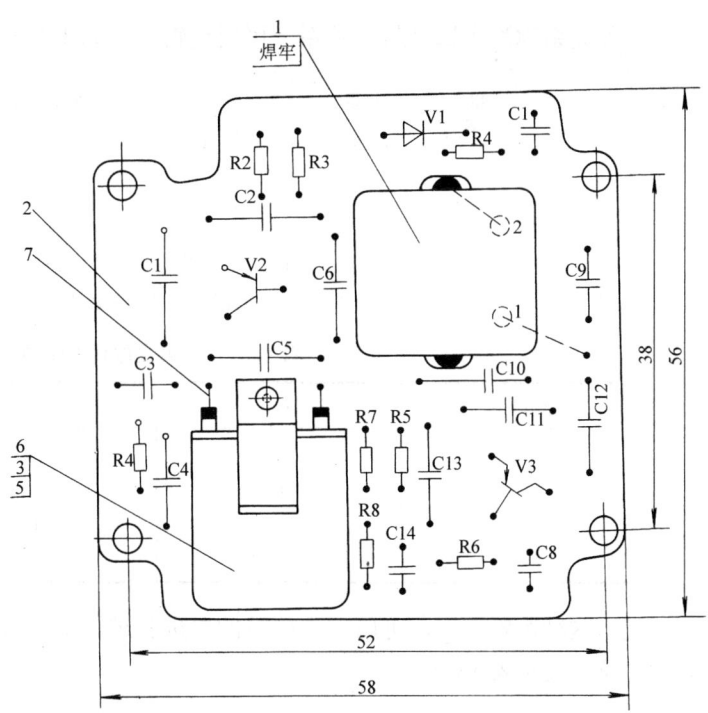

图 13-6　印制板装配图示例

第二节　逻辑功能图

一、逻辑和逻辑关系

随着电气技术的不断发展，电子技术、微电子技术、数字电路技术、计算机技术、控制技术等也日益广泛地应用于工矿企业的一般电气工程中。在今天，一项大型工程的电气图已不局限于传统的电力、照明等电气图，已逐渐呈现出图样的多元化和多样性，逻辑图就是其中的一种。

在现代信息处理系统中，尽管被处理的信息很多，但是组成这些信息的基本元素通常只有两个。例如：开关的接通与断开，电流的流入与流出，晶体管的导通与截止，电位的高和低，等等。这样的两种状态都可以用"1"和"0"两个状态值或两个元素来表示。

用"1"和"0"两个不同符号的种种组合来描述所讨论的信息，这些组合，必须由一定的法则来决定，这些法则称为逻辑。逻辑图就是对这些逻辑的图解。

例如，图 13-7a 所示的电路，只有当熔断器 FU 未熔断，开关 Q 已闭合时，电动机 M 才能运转。显然，FU、Q、M 之间存在着动作的先后和动作的因果及条件关系，即存在着某种特定的逻辑关系。

这种逻辑关系可以用逻辑变量和逻辑代数（布尔代数）式表示。假定 FU、Q、M 分别为逻辑变量，则可表示为

$$M = FU \cdot Q$$

这种关系称为逻辑"与"关系，可用逻辑值（如 1 和 0）来表示，见表 13-1。

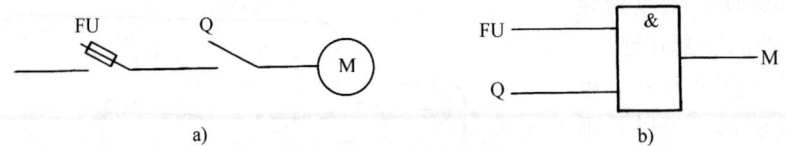

图 13-7 电路与逻辑关系

a)电路图　b)逻辑关系符号

表 13-1　逻辑变量和逻辑值

逻辑变量	FU	Q	M
逻辑值	1	0	0
	0	1	0
	0	0	0
	1	1	1

类似这种逻辑关系，可用一个简单的二进制逻辑单元符号表示。常用二进制逻辑单元图形符号及含义见表 13-2。

表 13-2　常用二进制逻辑单元图形符号及含义

序号	名称	符号	含义	序号	名称	符号	含义
1	"或"单元	≥1	只有一个或一个以上的输入呈现"1"状态，输出才呈现"1"状态	4	非门	1	只有输入呈现外部"1"状态，输出才呈现外部"0"状态
2	"与"单元	&	只有所有输入呈现"1"状态，输出才呈现"1"状态	5	反相器	1	只有输入呈现 H 电平，输出才呈现 L 电平
3	"异或"单元	=1	只有两个输入之一呈现"1"状态，输出才呈现"1"状态	6	双稳单元	S R	只有输入 S 呈现"1"状态，输出才呈现"1"状态；只有输入 R 呈现"0"状态，输出才呈现"0"状态

二、关于逻辑图的几个基本概念

1. 逻辑状态

二进制逻辑与变量有关，每一个变量可取两种状态中的一个状态。这些状态可用诸如"开"和"关"、"是"和"非"、"真"和"假"，或更加常用的逻辑"1"状态和"0"状态等术语来描述。这两个状态称为逻辑状态。

2. 逻辑电平

在许多情况下，除了要确定逻辑状态以外，还需要确定用来表示逻辑状态的物理量。对于电子器件，通常选用电位作为物理量并规定代表逻辑状态的电位数值。一般不用绝对数字，而只要根据具体情况以正得较多（高——H）或正得较少（低——L）来识别这两个数值。这两个数值称为逻辑电平。

3. 逻辑约定

当用逻辑符号来代表实际器件时，必须确立逻辑状态和表示这些状态的物理量的值（逻辑电平）之间的对应关系。这种对应关系的规定称为逻辑约定。有两种方法约定这种对应关系。

第一种方法，采用单一逻辑约定：正逻辑约定或负逻辑约定。正逻辑约定是物理量正得较多的值（H电平）与逻辑1状态对应，正得较少的值（L电平）与逻辑0状态相对应；负逻辑约定是物理量正得较少的值（L电平）与逻辑1状态对应，正得较多的值（H电平）与逻辑0状态对应。

第二种方法，采用极性指示符号，即用极性指示符号（小三角形）的有或无来表明图上每个逻辑符号的各输入端、输出端所要求的对应关系。这种方法规定：当输入端或输出端有极性指示符号时，表示物理量的L电平与该处的内部逻辑1状态相对应；当输入端或输出端没有极性指示符号时，表示H电平与该处的内部逻辑1状态相对应。

4. 内部逻辑状态和外部逻辑状态

在所有的逻辑图上，凡涉及系统的内、外部逻辑状态，都遵守以下定义：

"内部逻辑状态"所描述的是假定在符号框线内输入端或输出端存在的逻辑状态。"外部逻辑状态"所描述的是假定在符号框线外存在的逻辑状态：对输入端，是指输入线上任何外部限定性符号之前的逻辑状态；对输出端，是指输出线上任何外部限定性符号之后的逻辑状态。

内、外部逻辑状态（或电平）的概念图解，如图13-8所示。

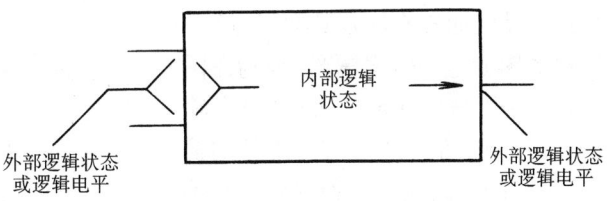

图13-8 内、外部逻辑状态（或电平）的概念图解

5. 一般逻辑图和详细逻辑图

一般逻辑图是在数字系统设计初期用二进制逻辑单元图形符号绘制的一种简图，用以表达系统的功能、逻辑连接关系以及工作原理，这种图又称为单纯逻辑图。一般逻辑图是绘制详细逻辑图的依据。这种逻辑图不涉及实现逻辑功能的实际器件，因而它只反映逻辑状态，不反映逻辑电平，当然不涉及逻辑约定的问题，也不能采用极性指示符号绘制。

详细逻辑图也是用二进制逻辑单元图形符号绘制的一种简图。它不仅要表明系统的功能、逻辑关系和工作原理，而且要确定实现逻辑功能的实际器件和工程化的内容。诸如数字电路器件的品种型号、它们之间的连接以及未用单元和未用引出端的处理等。为了实现数字系统产品的某种电气特性和机械特性，还需确定插接件、电阻器、电容器等其他非数字电路元件。详细逻辑图是数字系统产品生产、检查、调试、使用和维修不可缺少的文件。

三、逻辑功能图示例

1. 具有"异或"功能的逻辑图

"异或"也是一种逻辑关系，异或单元所表示的逻辑关系如图13-9a所示，其含义是：只有两个输入（a、b）之一呈现"1"状态，输出才呈现"1"状态。其逻辑表达式为

$$c = a\bar{b} + \bar{a}b$$

其逻辑状态见表 13-3。

表 13-3 "异或"功能逻辑状态

a	b	c
0	0	0
0	1	1
1	0	1
1	1	0

这一逻辑关系，如果用一开关电路形象地示意，则如图 13-9b 所示。

由逻辑表达式可知，c 的逻辑状态是由 a、$\bar{b}$ 和 $\bar{a}$、b 分别"与"之后，再"或"而决定的。用"与"和"或"的逻辑单元符号组合，则如图 13-9c 所示。这里的 $\bar{a}$、$\bar{b}$ 是 a、b 的"非"，如果引入"非"的限定符号（○），则"异或"的逻辑图如图 13-9d 所示。

图 13-9 的"逻辑图只表示了这种逻辑功能而没有涉及其实现方法，这样的图就是一般逻辑图。因为在图中，每个"与"单元有一个"非"输入（$\bar{a}$、$\bar{b}$）和一个不是"非"的输入（a、b），而这样一种单元通常不可能作为标准硬件，而必须增加"非"单元，以构成可以实现的逻辑图。

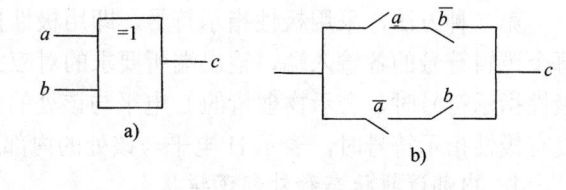

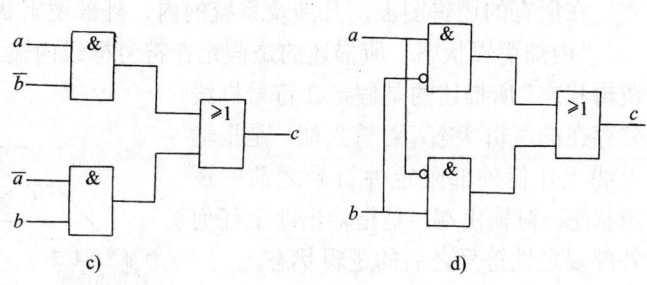

图 13-9 "异或"的含义及逻辑图

a)图形符号　b)电路示意图　c)说明含义的逻辑图　d)纯逻辑图

2. 设备控制电路的逻辑图（示例）

图 13-10 是某设备控制电路的一般逻辑图。

图中，各连接线的信号名含义如下：

START——起动；
STOP——停止；
RUN——运行；
HSTART——保持起动；
HSTOP——保持停止；
LIM——限位；
OVERL——过载。

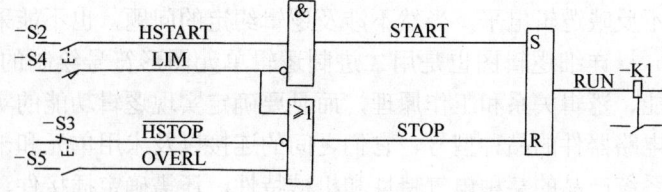

图 13-10 某设备控制电路的一般逻辑图

图中的二进制逻辑单元有"与"单元、"或"单元、双稳态单元，非逻辑单元有按钮 S2 和 S3、行程开关 S4、过载保护开关 S5、继电器 K1。

该图所表示的逻辑关系是：只有当起动按钮 S2、行程开关 S4 都处于闭合状态时，继电器 K1 才处于起动运行状态；只要停止按钮 S3、过载保护开关 S5 有一个处于断开状态，继电器 K1 就处于停止运行状态。

很显然，图 13-10 仅仅从理论上阐述了这一控制电路的逻辑关系，并没有提供实现这种逻辑控制功能的实际方法。

假定实现所需功能的有两种器件，并按照正逻辑约定画出了它们的图形符号，如图 13-11a 所示。用这两个符号分别代替图 13-10 中的三个二进制逻辑单元符号，在需要的地方插入非门符号，如 D2。同时还标出了参照代号和端子代号，则可画出其详细逻辑图如图 13-11b 所示。在这个详细逻辑图中，各项目已不再是理想的元件，而是实际的元件，达到了实际应用和工程化的要求了。

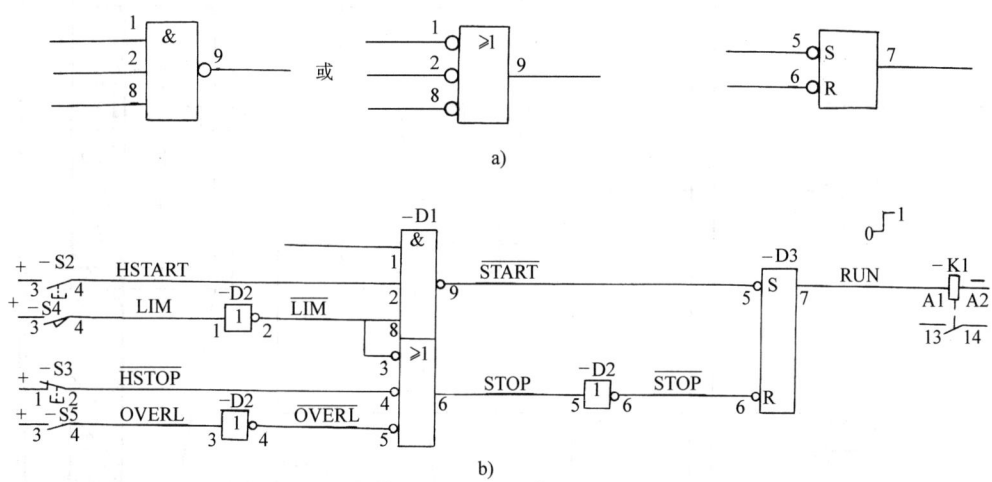

图 13-11 采用正逻辑绘制的详细逻辑图

a)二进制逻辑单元符号 b）逻辑图

从这个例子可以看出，一般逻辑图虽然不是数字系统产品的必备文件，但它却是绘制详细逻辑图的依据和基础。由一般逻辑图绘制详细逻辑图的一般步骤是：

1）确定可以采用二进制逻辑单元的实际器件和逻辑约定。

2）用实际器件符号分别代替一般逻辑图中的二进制逻辑单元符号，在需要的地方插入非门符号。

3）补充信号名、参照代号等其他信息。

不过，对于简单的逻辑系统或具有丰富经验的设计师，若无必要绘制一般逻辑图，可直接绘制。

第三节 控制系统功能表图

一、被控系统和施控系统

在现代工业中，为了实现各种生产工艺过程的要求，需要对各种工作机械、设备、器件的工作状态、工作程序等进行控制，从而构成了一个控制系统。

通常，一个控制系统可以分为两个相互依赖的部分：

被控系统，包括执行实际过程的操作设备；

施控系统，接收来自操作者、过程等的信息并给被控系统发出命令的设备。

对某一系统，准确地划分被控系统和施控系统并确定其边界是十分重要的。图 13-12 所示的系统包括三个部分：

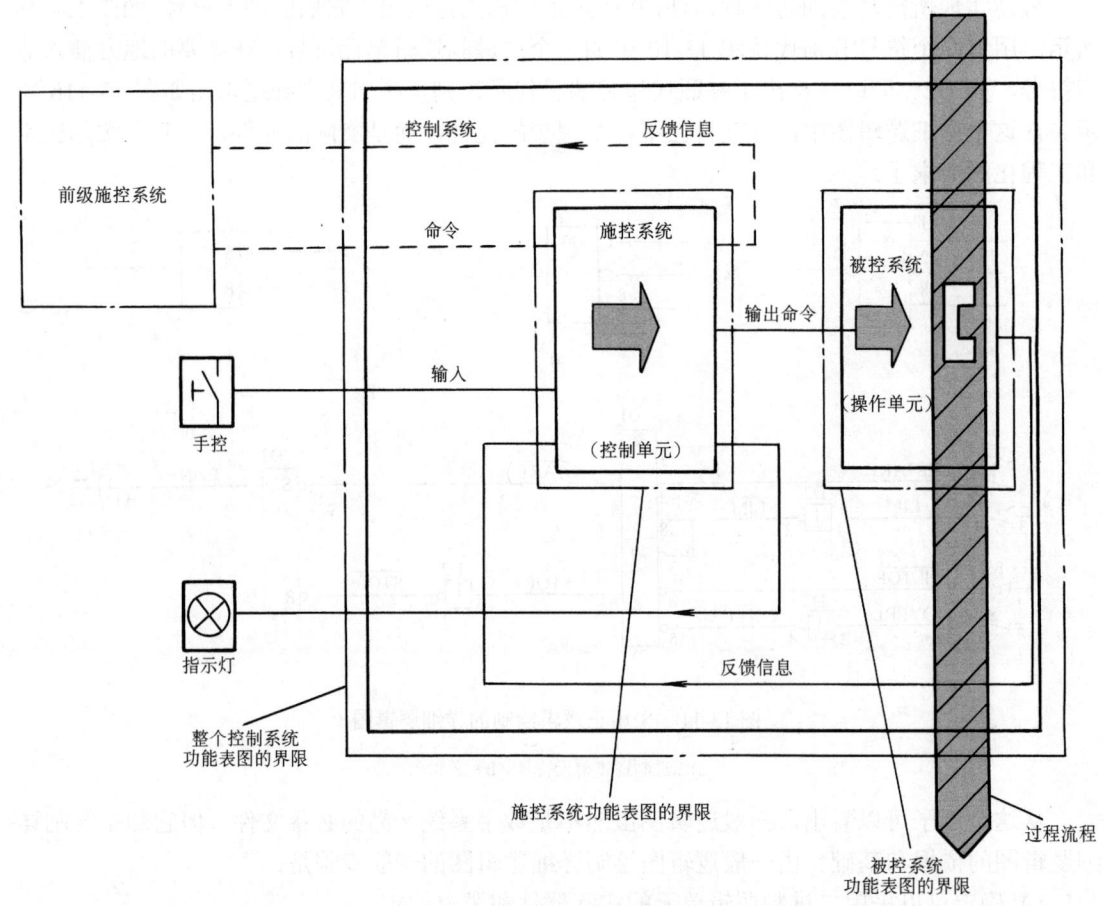

图 13-12　施控系统和被控系统的划分

1）施控系统。输入由来自操作者、前级施控系统的命令和被控系统的反馈信息，输出包括送往操作者和前级施控系统的信息及送至被控系统的命令。

2）被控系统。输入由施控系统的输出命令和输入过程流程的参数组成，输出包括送至施控系统的反馈信息和在过程流程中执行的动作，以使该流程具有所要求的特性。

3）前级施控系统。输入是来自施控系统的反馈信息，输出是送往施控系统的命令。

如果除去前级施控系统，上述的施控系统和被控系统可以看成一个完整的控制系统。

二、功能表图的基本内容和用途

例如，一般电动机的控制系统，其过程是电动机的起动、运转和停止。被控系统包括开关设备、电动机等。施控系统包括有关的逻辑装置、保护装置、指示器等。

为了描述电动机这一控制过程和状态，可采用图 13-13 所示的图来描述。从这个图可以看出，这一过程包括 1~4 步：电动机原处于未起动的初始状态；得到"起动命令"以后，便执行"起动过程",起动过程顺利结束(状态变为"1"),电动机转动;得到"停止命令"以后,便执行"停止过程",直至电动机顺利停止(状态变为"1");其后,便可准备下一次起动。

类似图 13-13 这种表达方式的图就是功能表图。

表示控制系统(如一个供电过程或一个生产过程的控制系统)的作用和状态的一种表图,称为功能表图。也就是说,功能表图描述的对象是控制系统,表达的内容是控制系统的作用和状态。

从图 13-13 可以看出,这种图采用规定的图形符号(特定的框和线)和文字叙述相结合的表示方法和使用规则,主要用来全面描述控制系统的控制过程、功能和特征,还可描述系统组成部分的技术特性,但它不考虑具体执行过程。

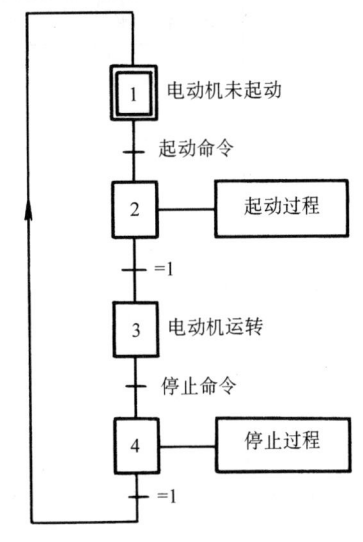

图 13-13 电动机工作过程控制功能表图

功能表图之所以采用图形符号和文字说明相结合的表示方法,主要是因为它描述的实际控制过程往往十分复杂,而且常常在几种可能的过程和同步动作中存在多种选择。如果完全采用文字描述,难以描述得完整、精确,而且由于对文字的理解不同,还可能造成误解。用图形符号表示则比较形象直观,但如果完全用图形符号表示每种需要说明的功能,势必要设计大量图形符号,这样反而造成图面复杂,不易为人们所理解。因此,采用图形符号和文字说明相结合的方法是比较理想的。

功能表图的主要用途是:

1)为系统的进一步设计提供依据。例如,设计一个系统的电路,可以先画该系统的框图,大致确定系统的结构和信息流向,再画功能表图,表示系统的控制过程,包括系统的全部组成和实现控制过程所必须具备的条件,并表示输入的条件和输出的动作之间的对应关系等。当这些问题明确后,就可以进行实现过程控制的电路图设计了。

2)可供不同专业人员之间进行技术交流。功能表图实际上是一种新型工程语言,适用于各种技术领域,从而为不同专业的技术人员进行技术交流提供了一种手段。同时,功能表图在国际上比较通用,可用于对外经济技术交流服务。

功能表图与框图在形式上有某些相似之处,但两者描述的对象及表示的功能等有着原则的区别。框图中的框和线表示的是系统或分系统的基本组成,属于静态模拟范畴。功能表图中的框和线表示的是一个控制过程或一种工作状态,属于动态模拟范畴。也就是说,框图是表示系统各功能框之间的连接关系,功能表图是表示系统各功能单元之间的动作关系,如动作条件和动作先后次序等。

三、功能表图的一般规定和表示方法

1. 基本图形符号

功能表图主要采用"步"、"命令"或"动作"、"转换"、"有向连线"等一组特定的图形符号和必要的文字说明来表示,图的构成十分简单。

常用的图形符号见表 13-4。

表 13-4　功能表图常用基本图形符号

序号	名称	图形符号	含义
1	步	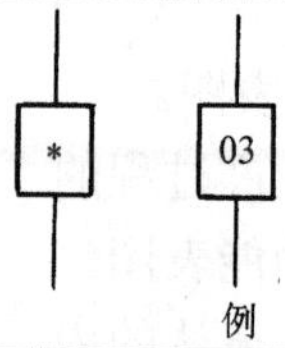 * 　 03　例	一般符号，"*"代表步的编号。例：步 03
2	初始步	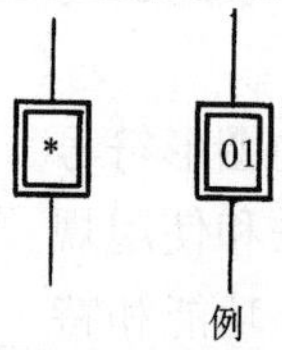 * 　 01　例	"*"应用相应步的编号代替。例：初始步 01
3	命令或动作	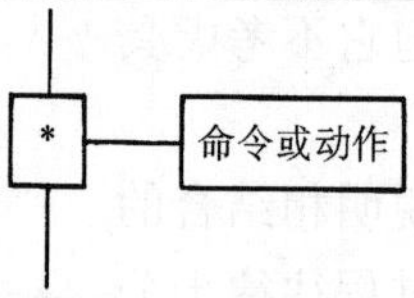 *—命令或动作	"*"表示步的编号
4	转换	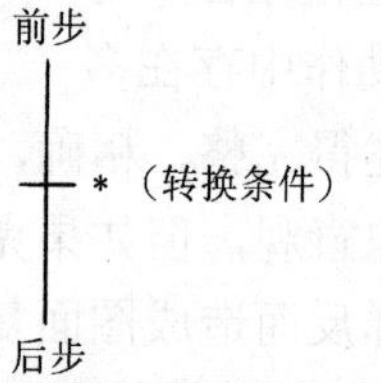 前步 —*（转换条件） 后步	"*"示出转换条件
5	有向连线	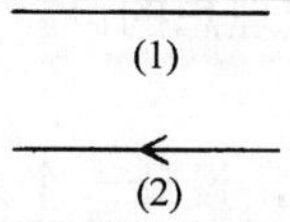 (1) ← (2)	一般不画箭头

2. 步及其表示法

任何一个过程都可以分解成若干个连续的阶段。在功能表图中，把这些连续的每一个阶段称为步。一个步可以是动作的开始、持续或结束。一个过程分的步越多，其图描述得就越精确。例如，电动机的停止过程可以看做一个步，也可以将其划分为停止命令下达、保护继电器动作、开关手动或自动跳闸、电源断电、制动等多个步。

步有两种状态。在控制过程进展的某一时刻，一个步可以是活动的或非活动的。当步处于活动状态时，称为"活动步"，可用二进制变量 X 的逻辑值"1"表示，如活动步 5，即 $X5=1$；当步处于非活动状态时，则用"0"表示，如非活动步 3，即 $X3=0$。步处于活动状态，意味着相应的命令或动作即被执行。

控制过程开始阶段的活动步与初始状态相对应，称为"初始步"，它们表征施控系统的初始状态，也表示操作开始。每个表图至少应该有一个初始步。

步符号的矩形的长宽比是任意的，一般符号中的"*"在使用时应以相应步的标号代替。

3. 命令或动作及其表示法

当用功能表图描述施控系统时，一个活动步能导致一个或数个命令；当用功能表图描述被控系统时，一个活动步导致一个或数个动作。命令和动作属同一个概念，不过，对施控系统称为命令，而对被控系统称为动作。

命令或动作用矩形框中的文字或符号语句表示,该矩形框应与相应的步符号相连。

命令(或动作)有存储型和非存储型两类:当相应步活动时,命令(或动作)即被执行,当相应步不活动时,如果命令(或动作)返回到该步活动前的状态,是非存储型的;如果继续保持它的状态,则是存储型的。命令或动作的表示方法如图 13-14 所示。

图 13-14 命令或动作的表示方法

a)非存储型命令 b)存储型命令

图 13-14a 是一非存储型命令:当步 04 活动($X04=1$)时,2 号阀将打开;当步 04 不活动($X04=0$)时重新关闭。图 13-14b 是一存储型命令:当 $X05=1$ 时,2 号阀将打开;当 $X05=0$ 时,2 号阀继续打开。显然,框中的符号语句必须十分明确,为了避免误解,可以在图中另增说明性注释。

如果几个命令或动作与同一个步相连,这些命令或动作可以作水平布置,也可作垂直布置。

4. 转换及其表示方法

步的活动状态的进展,表征了控制过程的发展。这种进展是由转换的实现来完成的。

转换的一般表示方法见表 13-4。表中,前步向后续步进展是由转换来实现的。短画线表示转换,符号旁的"*"必须用有关的转换条件说明代替。

转换分为三类:如果通过连线接到转换符号的所有前级步都是活动步,该转换则称为使能转换,否则该转换为非使能转换;如果转换是使能转换并且满足相应的转换条件,则该转换为实现转换,如图 13-15 所示。图 13-15a 中,不管相关的转换条件为真或为假,因为步 1 不活动,所以步 1 到步 2 的转换是非使能转换。图 13-15b 中,因为相关的转换条件是假的,所以步 3 到步 4 的转换虽是使能的,但不能被实现。图 13-15c 中,因为相关的转换条件是真的,所以步 5 到步 6 的转换被实现。图 13-15c 中用箭头示出已实现的情况。

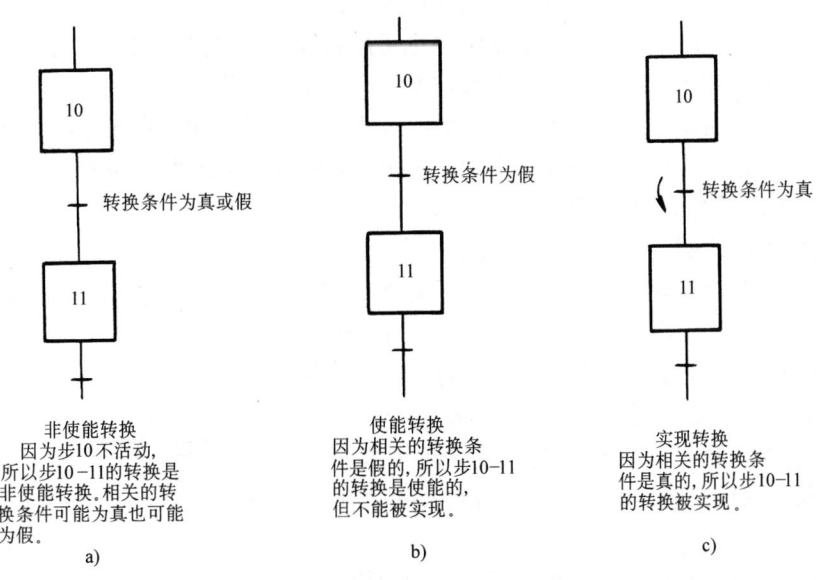

图 13-15 由前级步引起的几种转换

a)非使能转换 b)使能转换 c)实现转换

5. 转换条件及其表示方法

转换条件是指与每个转换相关的逻辑命题，它们可能是真的也可能是假的。如果存在一个相应的逻辑变量，则当转换条件为真时，其值等于 1。由此可知，如果转换是使能转换，且转换条件为真，则此转换便能实现。

在功能表图中，转换条件可采用一般符号"=1"来表示，也可采用文字语句、布尔代数表达式、图形符号等方式表示。示例如图 13-16 所示。图 13-16a 中，用直观的电路图和逻辑图的图形符号表示，当触点 a、b 中的任何一个和触点 c、d 的任何一个同时闭合时，则其转换条件为真。图中，"≥1"为"或"的符号，"&"为"与"的符号。图 13-16b 中，用文字语句说明转换的条件。图 13-16c 中，用布尔代数表达式说明转换的条件，例如：a 闭合，$a=1$；c 闭合，$c=1$，其余断开，则有

$$(a+b)(c+d) = (1+0) \times (1+0) = 1$$

此时转换条件为真。

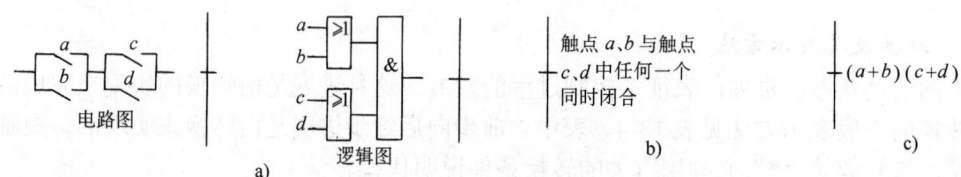

图 13-16 转换条件的表示方法示例
a)用图形符号 b)用文字符号 c)用布尔代数式

6. 有向连线及其表示方法

步之间的进展采用有向连线表示，它将步连接到转换并将转换连接到步。在功能表图中，两个步决不能直接相连，必须用一个转换隔开，两个转换决不能直接相连，必须用一个步隔开。步与转换和转换与步之间必须用有向连线连接。

有向连线是垂直的或水平的，个别情况也可用斜线。按习惯进展的方向总是从上到下或从左到右，如果不遵守上述习惯，则必须加箭头。如果垂直线和水平线之间没有内在联系，允许它们交叉，但当连线与同一个进展相关时则不允许交叉。如果有向连线必须中断，则应标注下一步的编号和该步所在的图样页数，例如，某步后的注释"步 29 在第 14 页"，表明下一个步 29 应到图样的第 14 页去找。

四、功能表图示例

图 13-17 是某双循环运货车工作过程示意图。其工艺过程是：货车在两个极限位置左 g 和右 d 之间往返，其正常停靠位置在左边 g。当操作者按动按钮 S1 时，货车往返运货一次，此为循环 1；当按下 S2 时，货车往返运货第二次，此为循环 2；当循环 1 正在进行时，只要按动 S2，便可从循环 1 变到循环 2；如果按下 S1 或 S2，且不释放，系统将处于不重复的闭锁状态。

为了描述这一控制系统的控制过程、功能和特性，可用图 13-18 所示的功能表图来表示。

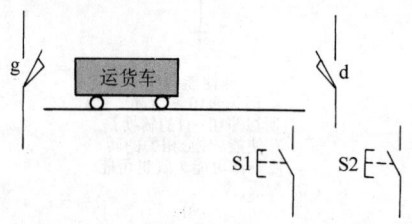

图 13-17 双循环运货车工作过程示意图

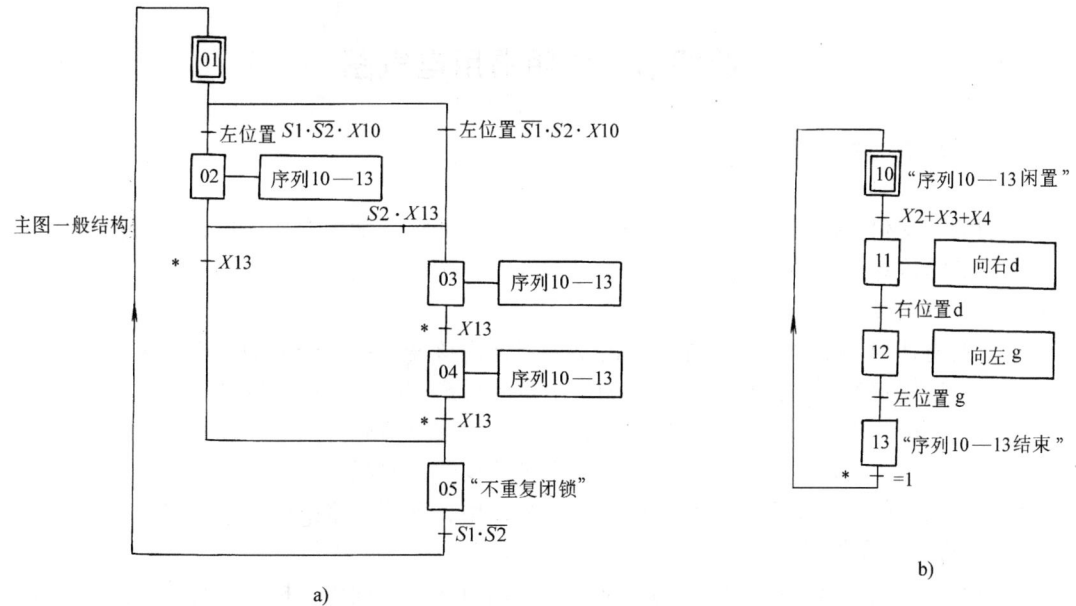

图 13-18 双循环货车控制过程功能表图
a)主图 b)辅图（用于步 02、03、04）

该图由主图和辅图两部分组成。主图示出了一般结构（主序列）。辅图示出了需要重复使用的同一序列"步 10～步 13"（子序列），即为货车在左 g 和右 d 之间往返，正常停靠在 g 位置的控制系统的功能表图。子序列为单序列，主序列为分支与合并交错的选择序列。

分析和阅读如下：

1）当车停在左 g，且已准备就绪时，则子序列中初始步 10 处于活动状态，即 $X10=1$。这时，若按下 $S1$，则 $S1=1$；未按下 $S2$，则 $S2=0$，$\overline{S2}=1$，于是，用布尔代数式表示的转换条件为

$$S1 \cdot \overline{S2} \cdot X10 = 1 \cdot 1 \cdot 1 = 1$$

所以，初始步 01 向步 02 进展，执行子序列 10—13 进展的命令，即步 10→步 11，运货车右行，到达右位置 d 后，步 11→步 12，运货车反向，左行，直至左位置 g 停止。

2）若按下 $S2$，不按 $S1$，转换条件为

$$\overline{S1} \cdot S2 \cdot X10 = 1 \cdot 1 \cdot 1 = 1$$

则步 01→步 03，货车往返一次至左 g 后，$X13=1$，货车又往返一次，共往返两次。

3）若循环 1 正在进行，再按下 $S2$，若循环 1 未结束（$X13=0$），则

$$S2 \cdot \overline{X13} = 1 \cdot 1 = 1$$

于是步 02→步 03，便从循环 1 转变到循环 2。

4）若按下 $S1$ 或 $S2$ 不释放，则 $S1=1$ 或 $S2=1$，$\overline{S1}=0$ 或 $\overline{S2}=0$，步 05 后的转换条件为

$$\overline{S1} \cdot \overline{S2} = 0 \cdot 0 = 0$$

系统便处于不重复的闭锁状态。

第四节 说明书用电气图

一、说明书的编制要求

1. 说明书的概念

说明书是交付产品不可缺少的部分。其重要性在于它告知用户如何以正确的和安全的方式使用产品的信息，因而，说明书是沟通供需双方的桥梁和工具。说明书的编制质量，是反映生产企业诚信度的一种体现。

用户购得任何一个产品，首先关心的是如何使用该产品；另一方面，产品生产厂家也总是要求用户按规定的程序操作。说明书的作用是向用户详细介绍产品的功能、性能特点、用途、安装、使用和维护方法以及保护操作者和产品的安全措施等信息，以便促使用户正确、安全地使用产品。所以，说明书是交付产品不可缺少的重要组成部分。

说明书应包括用户所关心和期待的有关产品使用、保养、维护的一切信息。

2. 说明书的媒体形式

说明书是向用户传达产品信息的工具。它可以用文字、词语、标牌、符号、图表、图示以及听觉、视觉信号等媒体，采取单独或组合的方法使用。

应该确定各种情况适用何种交流手段，例如：

1）图形符号。
2）文字或语音交流。
3）带文字和图解的活页。
4）使用维修人员手册。
5）软件支持的使用指南（用户指导系统）等。

3. 说明书的基本内容

说明书的内容，应根据产品的性能特点及其复杂程度而确定。按照产品的四种不同类型和特点，采用示例的形式，分别指出其说明书内容的原则要求和建议。

1）所有产品都需要的。例如，说明书应提供发行日期，产品的计划用途、主要功能和应用范围等信息内容。

2）特定产品的。例如，说明书应提供安全提示；又如，对于自动和遥控类产品，要给在线用户提供"用户指导系统"的相关信息。

3）对特定工作的。例如，对产品的运输、安装方面的具体要求。

4）只对大型复杂产品、机械和成套设备的。例如，应提供试运转说明书以及修理和替换零件的说明书。

5）对于特定工作（如运输、安装、维修）的人员，其特定说明书应编制单独的文件。

应通过如下信息向用户提供产品标识、质量要求、性能特性的概况，例如：

采用参照代号、序号、名称、模式和型号的产品标识；

产品供应方的名称或商标。如果适当，还应包括电话和传真号以及电子邮件地址；

产品上的标识部位；

用户类型的说明（例如，如果只限于熟练人员使用）以及为正常工作典型的聘用工作人员的要求；

产品的计划用途、主要功能和应用范围；

安全提示信息，工作和储存的气候条件限制（例如温度范围、易爆气体危险、湿度、户外工作等）；

总尺寸、质量、容量、性能参数；

电力、气、水和其他消耗品，如洗涤剂、润滑剂、清洁材料的供给数据以及熔断器（熔断器型式、额定值和特性）；等等。

4. 说明书用电气图的分类

电气设备和装置的使用者十分广泛，这些使用者大致分为两类：一类是对这些设备和装置比较熟悉的电气安装、运行、维修的技术人员和管理人员；另一类是对这些设备和装置的工作原理一无所知或知之甚少，只是使用这些设备和装置的人员，例如家用电器的绝大部分使用者都属于这类使用者。由于使用对象不同，这些对象对说明书用电气图的要求也大不相同。一般来说，电气说明书用电气图可分为电气系统说明书用电气图和电气产品使用说明书用电气图两大类。

二、电气系统说明书用电气图

1. 电气系统说明书的特点和用途

由于当代电气系统日益复杂，以及需要将故障停机时间降至最短，提出了要补充编制一些按照设备的功能而不是按设备实际结构来划分的文件。它包括各种形式的图，如概略图、电路图、接线图、功能表图、逻辑图，以及项目表、备件表，还包括各种安装、试运转、使用、维修、可靠性、可维修性说明文件等。这样的成套文件称为"功能系统说明书"，一般称为"系统说明书"，主要用于电气方面的，称为"电气系统说明书"。

电气系统说明书是用户及有关人员使用、维修该电气系统中装置、设备及有关的其他设备的指南。显然，编制电气系统说明书应以表示系统的功能为基础。所谓"功能"，在这里的特定概念是指对信息流、逻辑流或系统的性能具有特定作用的操作过程。表示一个系统多功能之间的关系和顺序的特定概念，称为功能流。功能流是描述设备功能之间逻辑上的相互关系。在决定电气系统说明书编制的具体形式时，必须考虑用户使用、维修人员的培训方法、深度、技术素质、文化素质以及用户所采用的维修原则等因素。总之，电气系统说明书应能达到以下主要目的：

1）阐明系统的基本构成、功能、性能、特性、工作程序、工艺流程等，便于培训维修人员和对设备的安装、使用、维修。

2）对复杂的系统或设备，找出故障部位往往比修理需要的时间更长。因此，系统说明书的编制应把系统或设备按功能划分为若干层次，以便于故障的诊断。

2. 电气系统说明书用电气图的基本表达形式

电气系统说明书编制和表达方式总的原则是形式简单、内容详尽和实用，具体要求如下：

1）简图、图解和说明应清晰。

2）文字说明应简明扼要、易懂。

3）应采用标识代号体系供使用者快速识别文件内项目。

4）文件结构应使生产管理和使用者既能方便快捷地了解系统和装置的总体功能和结构层次，又能方便查寻各个单元的信息。

5）适应文件编制的计算机辅助设计要求。

6）具有系统开发、更新的可能性（特别是计算机应用软件的文件）。

7）内容全面详尽，应提供系统、装置和设备寿命期内经历的所有阶段（生产、安装、使用、维修、可靠性等）的文件。

8）易于携带和保管（媒体的多样化为其提供了条件）。

构成电气系统说明书的主要组成部分是电气图。这种电气图是由表图、表格、文字说明等组成的简图。这种简图称为电气系统说明书用电气图。

电气系统说明书用电气图是一种综合性电气图，它可以采用前面介绍的电气概略图、电路图、接线图、功能表图、逻辑图等多种形式，形式多样，不拘一格。

3. 层次划分

为了清晰地表示某一系统的功能，满足不同层次使用人员的要求，电气系统说明书用电气图通常要用不同层次的图来表示。从一个概括完整系统或整套设备的简图开始，通过一系列层次分解到任何特殊情况下所要求的详细的简图。每张图的设计应突出表明图中所示各分系统、部件或元件之间所存在的功能相互关系、位置相互关系。在较高层次，一般采用某种形式的概略图；在低层次上，主要是使功能相关的部分易于识别，一般采用某种形式的电路图、位置图等。

成套设备、系统及其组成部分和生产、工艺、控制过程等文件信息结构应以树状结构为基础进行编制，一般应按其功能或位置将成套设备、系统及其组成部分划分为层次，然后对各层次信息分层加以描述。

出于不同目的，可以建立不同内容的树状结构。图 13-19 和图 13-20 所示为某轧钢厂按功能取向的结构层次划分和按位置取向的结构层次划分。这两类取向的结构层次可以形象地比喻成两棵树，各个层次分别比喻成大树的"主干"、"支干"、"支"、"分支"等。

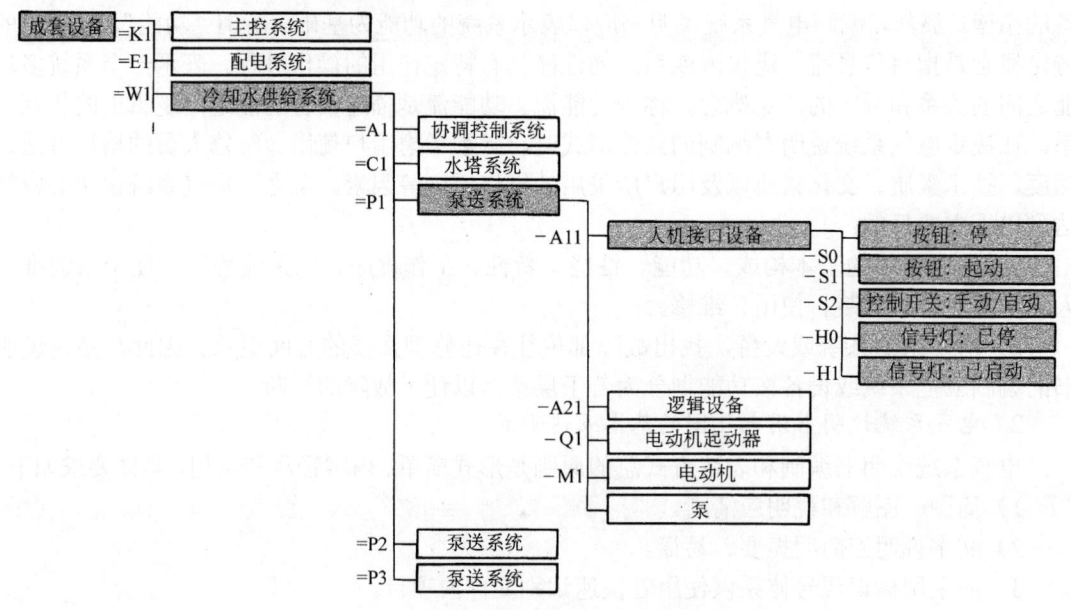

图 13-19 按功能取向的结构层次划分示例

图 13-19 中，其树状结构的"主干"实际上是成套设备的功能性，它由"支干"如主控系统（=K1）、配电系统（=E1）、冷却水供给系统（=W1）等若干系统组成。每一个"支干"又由"支"组成。以冷却水供给系统这个"支干"为例，它由协调控制系统（=A1）、水塔系

统（=C1）、多个泵送系统（=P1、=P2、=P3）等"支"组成。泵送系统又由人机接口设备（-A11）、逻辑设备（-A21）、电动机起动器（-Q1）、电动机（-M1）、泵等"分支"组成。人机接口设备这一"分支"又包括起动按钮（-S1）、停止按钮（-S0）、手动/自动控制开关（-S2）、已停止信号灯（-H0）、已启动信号灯（-H1）等"树叶"。与这一功能结构层次相对应，各个层次的文件共同组成了一套完整的轧钢厂功能取向结构的文件。

图 13-20 中，各系统和设备按位置顺序排列，也可以划分为若干层次。图中，各类设备和装置标注了位置代号，如+PA（控制桌）、+SA（开关屏）、+ZA（泵组）……。与这一位置结构层次相对应，各层次文件共同组成了一套完整的轧钢厂位置取向结构的文件。

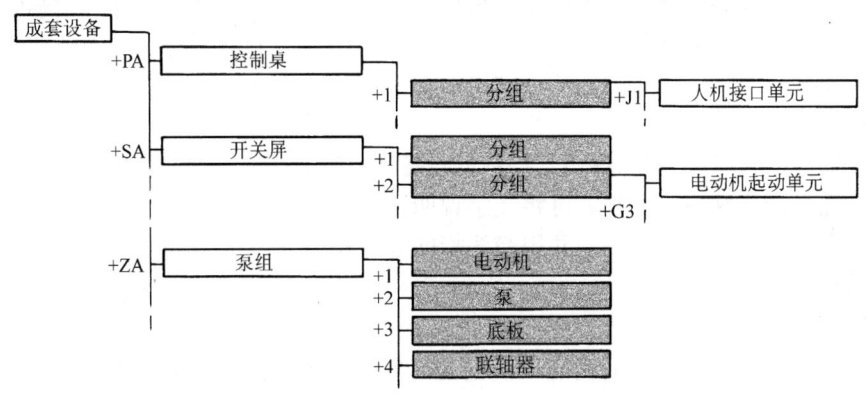

图 13-20　按位置取向的结构层次划分示例

在一个确定的系统中，设备、装置的功能和位置实际上是一个互相关联的有机结合的整体。图 13-21 所示为轧钢厂冷却水供给系统中泵送系统的功能与位置之间的对应关系，例如：

人机接口功能设备，对应于控制桌（+PA）的指示和操作器部分；

逻辑功能设备，对应于开关屏（+SA）机柜左部；

电动机的起动器，对应于开关屏（+SA）机柜中间部分；

电动机，对应于泵组（+ZA）中的电动机位置；

泵，对应于泵组（+ZA）中的泵位置。

4. 文字说明

电气系统说明书用电气图通常要加注必要的文字说明，以补充

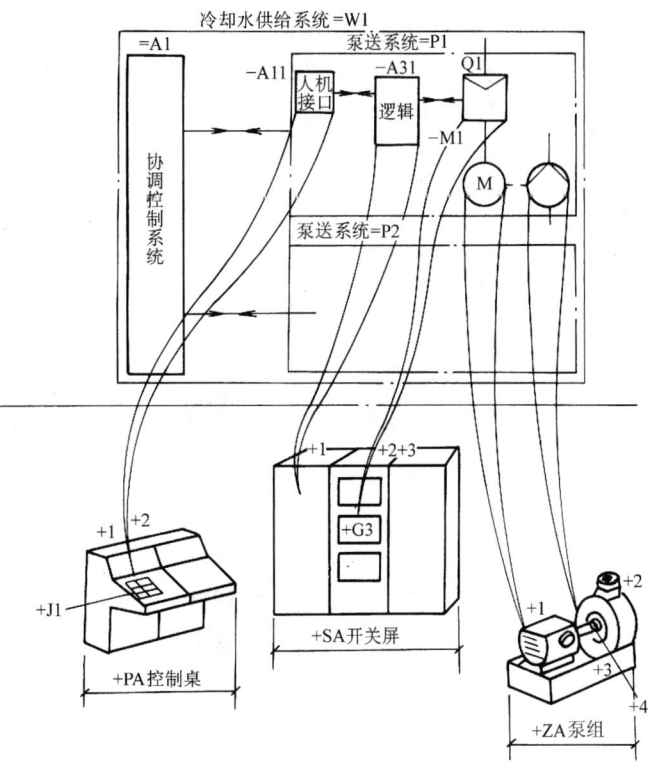

图 13-21　设备的功能和位置的对应关系

说明系统的功能。

文字说明应与图密切配合，其基本要求是避免将图与文字说明分别编制，而给读者带来往返翻阅的麻烦。文字说明与图的配合通常采用以下几种形式：

1）在系统说明书中，将与某一简图有关的说明材料印在该图对面的一页上，即将图和有关的文字说明，表示在同一张图上。

2）把简图划分为许多功能框，有关的文字说明材料采用与图具有相同布局的文字框的形式。例如，图13-22a 的功能框（RS 禁止电路）给出了某设备的元器件电路图。图13-22b 中的文字框在布局上与图13-22a 完全对应，它是对功能框中电路功能的文字说明。

3）对用波形图或时序图能说明其特性的设备，用文字和图合并的方法更为合适，可将文字说明适当分段，插入波形图、时序图中，并用箭头指向有关的波形特性。

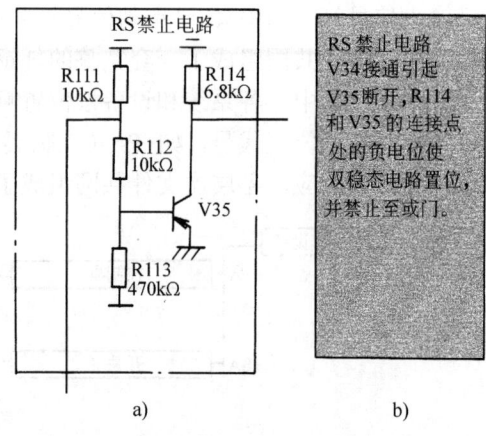

图13-22 功能框图与文字框图对应布局示例
a)功能框图 b)文字框图

5. 满足使用者的要求

电气系统说明书用电气图的内容应满足使用者的要求，根据使用者所具备的技能程度而确定。

为受过专门训练的人员编制的图，一般应包括更多的详细资料，而文字说明应适当简练，一般每个框只加一个标题即可。

为一般操作人员编制的图，应当简单明了地说明每一级、每一功能框的用途及工作条件等。还可将部件的插图与示意符号及信号通路结合起来进一步说明系统。例如，图13-23 中某设备面板和预调控制板，以插图的形式绘制，示出了元器件的实际操作位置。这种图对一般操作者是十分有用的，是电气系统说明书用电气图中最常见的一种形式。

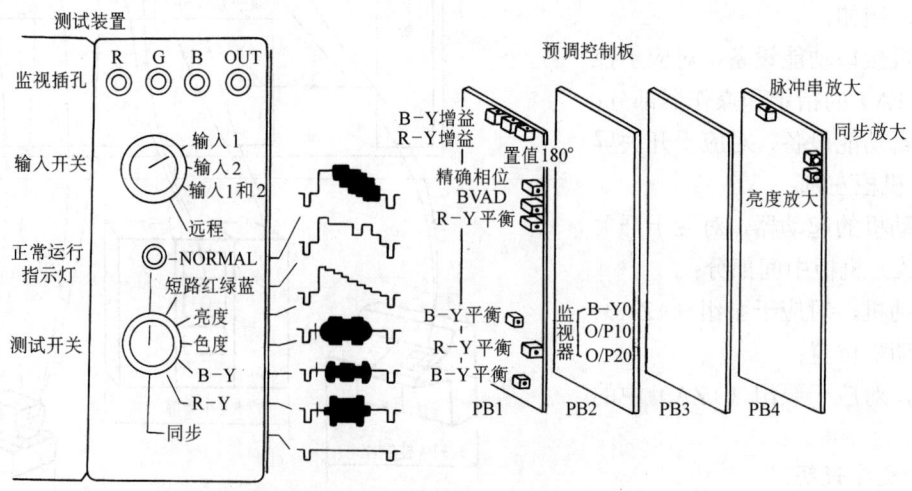

图13-23 供一般操作者使用的插图示例

6. 编制维修用电气图应考虑的基本原则

电气系统说明书的主要用途之一是供维修用。维修用电气图应考虑工厂或设备的维修特点。维修用电气图的形式是多种多样的，往往是集电路图、接线图、布置图、文字说明、元器件数据表等资料于一体。它可以是适合单元更换（内部元件不能修理）的简单的框图，也可以是能在复杂设备中确定故障部件并能检修故障的详细电路图。无论采用哪种形式，都应以简明、便利的方式提供必要的信息。

一般应遵守以下原则：

1）图面清晰，不应包括与维修无关的任何内容。

2）每张图应精心布置，突出信息流、逻辑流及各级之间的功能关系，而且可以插入文字、波形图、插图、检测值等相关资料。

3）不可修复器件、组件的内部电路一般不予表示，但应给出与其测试相关的资料，例如，一个密封组件（集成块等）的功能及其输入、输出电压。

4）应表示出元器件、组件的具体安装位置。

5）应标明测试点，并给出有关的测试参数、标准值。

6）应标明端子位置，如集成电路及半导体管的引出端编号。

7）图形符号可采用插图，以使图形符号更为易懂。例如，在多位开关示意图上增加有位置标志的控制旋钮插图，在仪表示意图上增加有指针标志的插图等。图 13-24 所示为某装置的维修用图，其中仪表 PT、开关 S 均以插图形式表示。

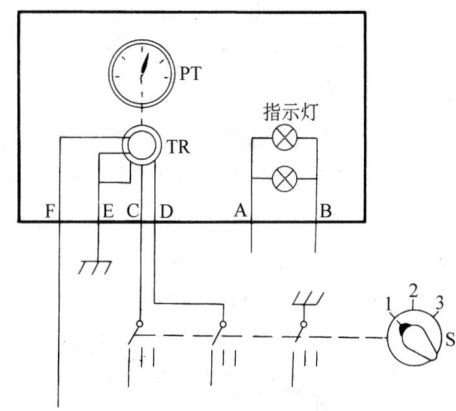

图 13-24　用插图代替图形符号示例

8）在机电系统的简图中，应以机械连接线（虚线）表示出机电连接的关系。如图 13-24 中开关 S 的手柄与触点的连接关系。

9）可更换的并有备用件的部分，应用特别粗的框线来表示。若某个可更换的部件，在同一套图中，不止在一页中出现则应用网格阴影框线表示。

10）当在一张图的某个层次上，不可能表示出全部资料时，应标明参阅的图页或作相应标注。被标注的资料通常放在该图对面的一页上。

7. 功能框的应用

一般的框图主要表示系统、成套装置、设备等的基本组成部分的主要特征及其功能关系，而在电气系统说明书中的框图则着重于表示功能关系，其中的图形符号并不代表具体的硬件设备。因此，电气系统说明书中的框图除了具有框图的一般特点以外，还有一些特定的表示方法。

功能框的轮廓通常有三种表示方法：

1）加画阴影线或有网格线的背景。若要表示不同功能的分组，可用不同深浅的阴影线或有网格线的背景。

2）加画特殊的框线。这件框线应选择与表示硬件轮廓的线条及各种连接线易于区别的框线。常用的几种框线如图 13-25 所示，其中图 13-25a 所示的斜短画线框与其他图线区别明显;图13-25b所示的粗实线框,一般表示该框内的元器件为可更换的并有备用件的部分;图13-25c所示的网格阴影线框,表示可更换,但不在本图上。

3) 辅以着色的背景。使用颜色时,每一功能级都应印在着色背景上,同时规定使用黄色和蓝色作为背景。这样,两种颜色可表示功能的两个层次,黄、蓝两色可套印出现绿色作为第三层次的背景。

框的大小可以按图幅布局的需要绘制,但框线应布置成横平竖直,清晰美观,富有整体美感。

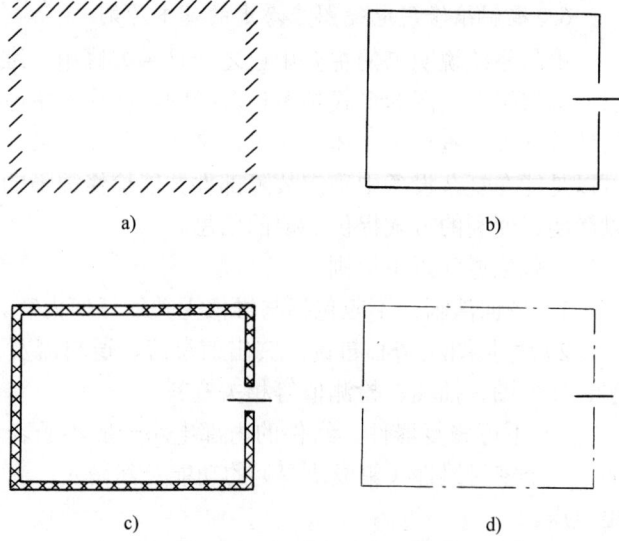

图 13-25 常用的几种框线

三、电气产品使用说明书用电气图

1. 电气产品使用说明书的用途和特点

用户购买某种电气产品,就是为了使用这种产品。为了指导用户正确地使用,生产厂家必须随产品提供一份产品使用说明书。这种说明书通常有以下用途:

1) 介绍产品的基本性能,如产品型号、规格、使用电源种类、电压、频率、环境条件等。

2) 说明使用方法,如开机前的准备、开机步骤和方法、停机过程等。

3) 说明安装方法,如安放位置、电气接线等。

4) 宣传产品优点和特点。电气产品是一种商品,随着商品经济的发展,产品使用说明书的广告色彩越来越浓,生产厂家往往利用产品使用说明书宣传产品的优点和保修条件,以便推销这种产品。

电气产品使用说明书的编制,主要由文字说明、表格、图样等组成。其中的图样称为电气产品使用说明书用电气图。它是采用图形符号和文字说明相结合的方法绘制,用以说明电气产品使用方法的简图。

电气产品使用说明书用电气图的使用对象,主要为不熟悉产品原理的使用者,但要兼顾到从事这种产品的安装、维修的专业技术人员。因此,这种图应尽可能简单、容易理解,图样要美观、实用。根据产品的特点可以分别采用电路图、接线图、框图、印制板图等,或者采用不同图种的组合等多种形式。

2. 电气产品使用说明书用电气图的特点

(1) 图形符号的应用 电气产品使用说明书用电气图,根据需要分别采用电气图用图形符号、插图符号、电气设备用图形符号等。

1) 电气图用图形符号。电气图用图形符号仍然是产品说明书用电气图主要选用的符号。这些符号的使用必须符合 GB/T-4728 的规定。选用时尽可能选择那些直观性强、笔画简单的符号,其中的框形符号是广泛采用的符号。

2) 插图符号。形象直观的插图符号有助于对图的理解,因而在电气产品使用说明书用电气图中得到了广泛应用。

插图符号没有明确规定，一般由设计者根据产品外形结构和主要特征来绘制，但图形结构要尽可能简单。

图 13-26 是某种电风扇接线图的一部分，其中的调速器采用了插图符号。这一符号形象逼真、笔画简单，显然易被使用者理解。

3）电气设备用图形符号。在电气图用图形符号或插图符号的基础上添画电气设备用图形符号，可以帮助使用者了解某项元件的用途和操作方法。

电气设备用图形符号的使用必须符合 GB/T-5465 的规定。

图 13-27 是某设备的电路图的一部分，在开关 S1、S2、S3 符号的上方添画了电气设备用图形符号，它说明 S1 为"正常速度前进"用开关，S2 为"快速前进"用开关，S3 为"慢速前进"用开关。

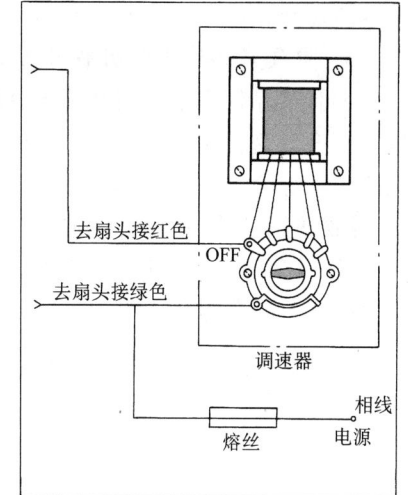

图 13-26 插图应用示例
（调速器接入电风扇电路的接线图）

（2）框图的应用　电气产品说明书用框图主要用来概略表示产品基本组成部分的主要特征及其功能关系，供操作和维修时参考。

（3）电路图的应用　电气产品使用说明书用电路图主要用于简述产品的工作原理，为测试和寻找故障提供信息。在这种电路图上通常要表示出元件的技术数据和参照代号。除了十分通用的项目（如电阻器、电容器等）外，一般应指出参照代号的含义，在不太复杂的电路图中也可直接标注元件的名称（如电阻器、电容器等）。

图 13-28 是某种电风扇使用说明书用电路图。图中，对电容器 C 的电容量（0.1μF）、熔断器 FU 的熔丝的额定电流（0.5A）等技术数据作了明确标注。因为熔丝属于需要经常更换的部件，电容器 C 也属于易损元件，其技术数据为用户购买和更换这些元件、部件提供了方便。

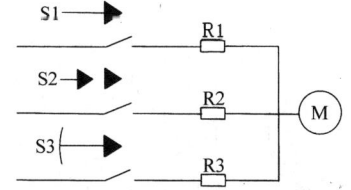

图 13-27 电气设备用图形符号应用示例

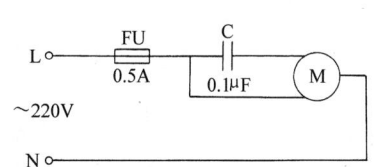

图 13-28 电风扇使用说明书用电路图
（标注了易损元件的技术数据）

（4）接线图的应用　接线图是电气产品使用说明书中应用最广的一种电气图。这种接线图主要用于产品的线路检查、设备维修和故障处理。

电气产品使用说明书用接线图的项目一般采用简化外形（如正方形、矩形、圆形）或插图符号表示，导线一般采用连续的多线表示，导线的标记通常用色码或名称表示。

（5）程序图的应用　在电气产品使用说明书中常常采用程序图来说明产品的使用方法、操作过程、故障分析与处理过程等。

（6）印制板图的应用　对于某些电子产品设备，元件的布置和接线通常采用印制板，因而这类产品使用说明书用电气图多采用印制板图，但一般只采用简化的印制板零件图，通常不标注尺寸。

3. 电气产品使用说明书用电气图示例

编制产品使用说明书必须十分精炼。为了提高使用说明书用电气图所表示的信息量的容量和密度,这种说明书用电气图通常采用综合图的形式,如电路图和框图的综合、接线图和电路图的综合、接线图和程序图的综合等。

【例1】 某型电脑控制洗衣机说明书用电气图

图 13-29 是某型电脑控制洗衣机说明书中的电气图,其中图 13-29a 是接线图,图 13-29b 是电脑控制器逻辑程序表图。

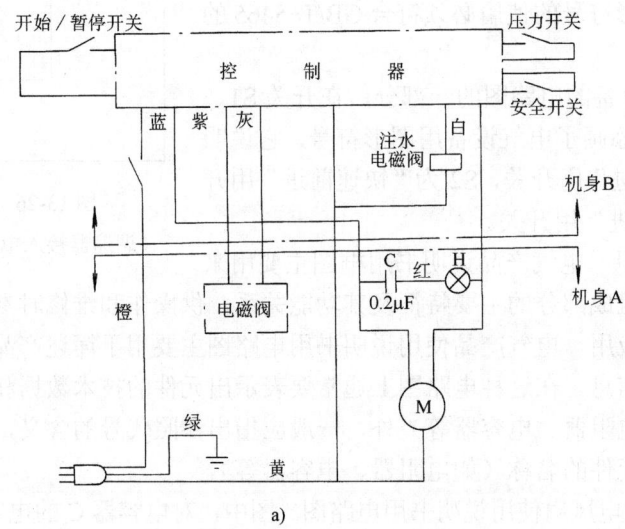

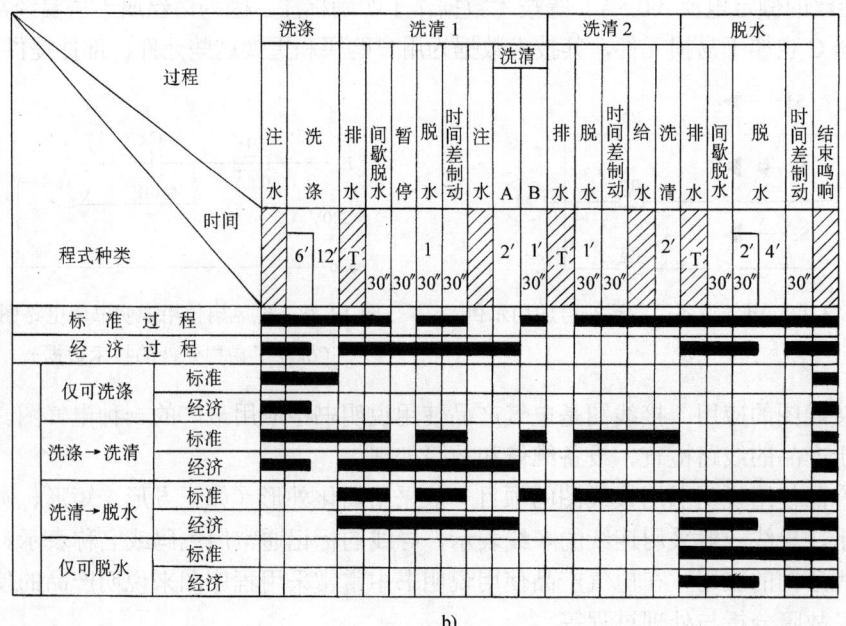

图 13-29 某型电脑控制洗衣机说明书用电气图

a) 接线图 b) 逻辑程序表图

在图 13-29a 中，画出了主要元件间的电气连接线，并用颜色名称对各连接线作了标记，对易损部件电容器 C，标注了技术数据（0.2μF）。显然，对这些内容，使用者在操作或维修时是需要大致了解的。对电脑控制器（集成电路板），使用者一般不需要详细了解，因而图中只简略地画了一个控制器的点画线框。图中的图形符号采用插图和一般符号，符号基本按功能布局，所以这个图可以看做是电路图和接线图相结合的综合图。

图 13-29b 所示的电脑控制器逻辑程序表图，给使用者介绍了自动洗涤、漂洗、脱水等工作程序和全部过程，以指导使用者正确地选择洗涤程序（标准程序或经济程序），正确地操作使用，对维修和故障处理也有重要参考作用。

【例 2】 某型电冰箱使用说明书用电气接线图

图 13-30 是某型电冰箱使用说明书中的电气接线图。在这个图中，电冰箱的外形采用轴测图形式，各种电气元件用插图符号，如照明灯、灯开关、压缩机电动机、插座、温控开关、加热器、导线分支接线点等。导线采用连续的多线表示，导线标记用颜色名称表示，如标记"白"、"蓝"、"黑"、"绿"、"黄"等。

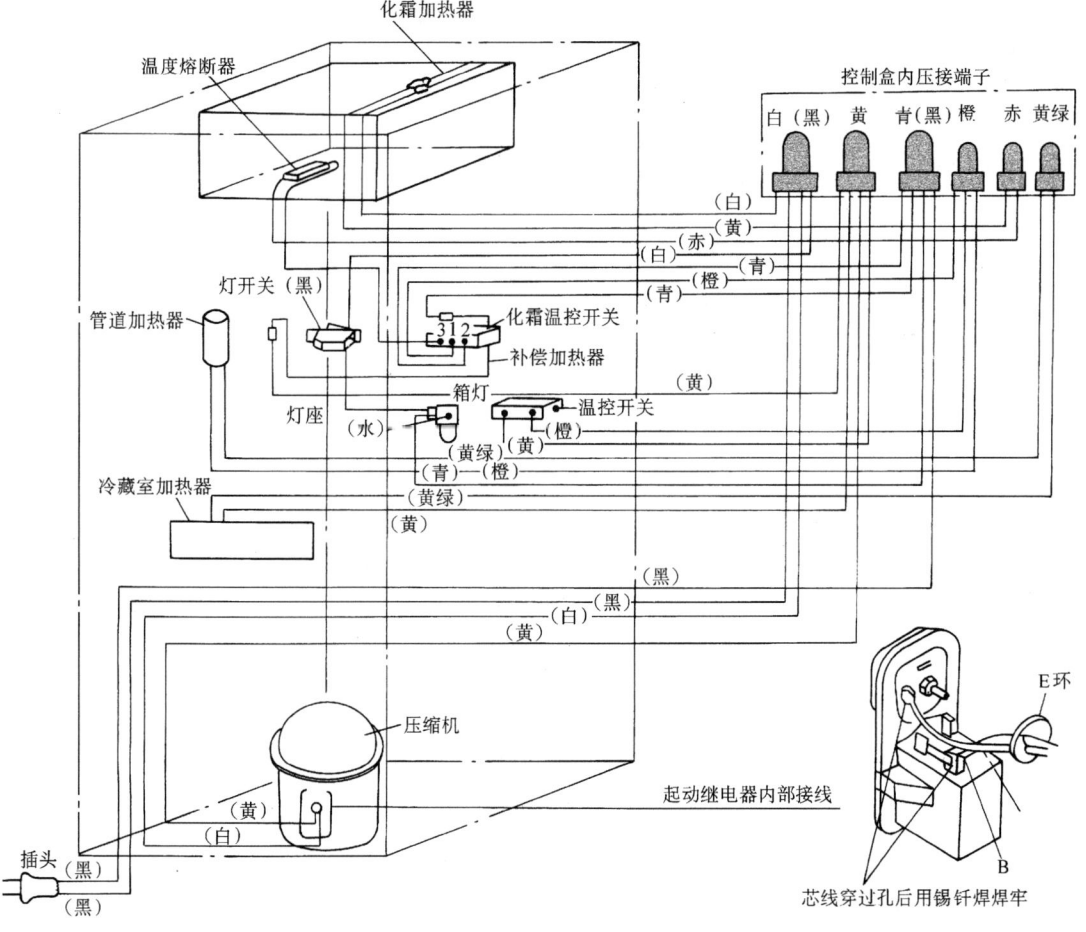

图 13-30 某型电冰箱使用说明书用电气接线图

元件布置基本上按实际位置布置。但为了清楚地表示各种电气接线，对连接线较多的"控制盒内接线端子"单独引出箱外，用一个独立的点画线框表示。各种连接线均作了标记。为了表示压缩机电动机的起动继电器的内部接线，图中将其尺寸比例放大，单独绘制了一个详图，并注明了安装方法。

　　这种形式的接线图形象、直观，不熟悉的人也可理解，有利于查线、维修和故障处理。不过，对于专业电气维修人员来说，仅有这种接线图还是不够的。通常可以根据这种接线图绘制出电路原理图。实际上这也是检验维修人员是否看懂了这类接线图的一种手段。

第十四章 读图方法

第一节 单元分割法

一、读图的基本要领和程序

1. 把握读图的目的

根据工作任务的区别，人们读图和用图的目的是大不相同的，例如：

从电气施工和电气安装的目的出发，主要应了解图的工作原理、设备和元件构成及布局、电气连接等；

从电气运行和电气维修的目的出发，主要应了解图的工作原理、设备和元件构成及布局、电气连接、性能参数等；

从电气工作管理的目的出发，主要应了解图的工作原理、主要设备构成和布局等。

把握了读图的目的，也就是把握了读图的方向。

2. 紧扣图的主题

概略了解图的全部内容，例如图样的名称、标题栏、设备明细表、设计说明等，然后大致看一遍图样的主要内容，尤其要看一下相关的主电路，从而能比较准确地把握住图样所表现的主题。

3. 遵守几个原则

1）先易后难原则。在一套电气图中，总有一部分图是比较容易理解的；在一份电气图中，也总有某些单元是比较简单的。先把容易理解或者比较简单的内容看懂，就具备了阅读比较难的部分的基础。

2）先部分后总体原则。一套复杂的电气图，通常可以划分为若干分部、若干单元、若干元件和连接线等，读图时，如果先把部分看懂，再进行综合，相互联系，就能比较好地掌握全体和总体。

3）先静态后动态原则。一般而言，电气图是静态的，它只能表示电气装置的一种工作状态。按一般规定，图中的元器件和设备通常为不工作（停止）状态，例如，继电器和接触器非激励、开关断开、按钮未按下等。但实际情况是，电气图不完全表示一种静态，在许多情况下，它是动态的。静态是动态的基础，先静态后动态，往往能使电气图简化，阅读电气图过程简化。

4）及时更新图的观念。随着电气技术的发展，电气技术文件及其电气图的含义、信息表达方式等，处于不断发展、变化之中，特别是图的数字化、信息化程度越来越高，图的信息容量越来越大，这是读图者应特别注意的。

二、单元分割法的基本原理

一个复杂的电气装置或电路通常是由若干个相对独立的功能单元、产品单元、位置单元构成的。阅读电气图时，可以将这些单元分割开来，然后根据具体情况，采用由简单到复杂、由易到难，分别阅读。这就是单元分割法。

例如，图14-1所示的三相电动机正反转控制电路中，发生了电动机能正转而不能反转的故障。检查这种故障时，就必须读懂这个图。首先应将此装置分割成"正转"和"反转"两个功能单元。其中的反转控制单元（图中的点画线围框）包括断路器主触点 Q2 及其电磁线圈 Q2、自锁辅助触点 Q2、合闸按钮 SB3、跳闸按钮 SB4、断路器 Q1 的互锁辅助触点 Q1。显然，分别阅读这两个单元，就能判断电动机不能反转控制的故障，从反转控制单元中，查询这些元件或连接线。

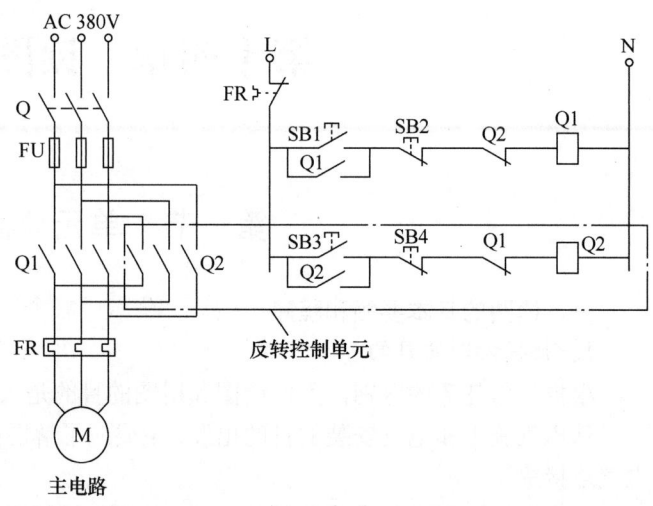

图 14-1　三相电动机正反转控制电路

运用单元分割法的关键是准确划分功能单元。功能单元可划分为执行单元、控制单元、保护单元、信号单元等。功能单元应具有独立性和自明性，即可以独立描述某种功能，不看整套装置，就能理解本单元的基本特性和功能。

除了按功能划分单元外，必要时也可按供电电流种类、电压等级、一次和二次设备等来划分单元。

三、单元分割法的应用

示例：宿舍楼一门栋电磁锁控制保安装置如图14-2所示。

这个装置虽然不十分复杂，但涉及元件较多，要迅速检查这一故障，应将其进行单元分割。

该保安装置由以下四个功能单元构成：

1）门铃单元。各住户门铃 HA1，HA2，…由门栋外按钮箱中各对应按钮 SA1，SA2，…控制，电源为 DC 12V。

2）电话对讲单元。由门栋外总话机 T 和各住户话机 T1，T2，…构成，电源为 DC 12V。

3）电源单元。输入为 AC 220V，输出为 AC 12V、DC 12V。

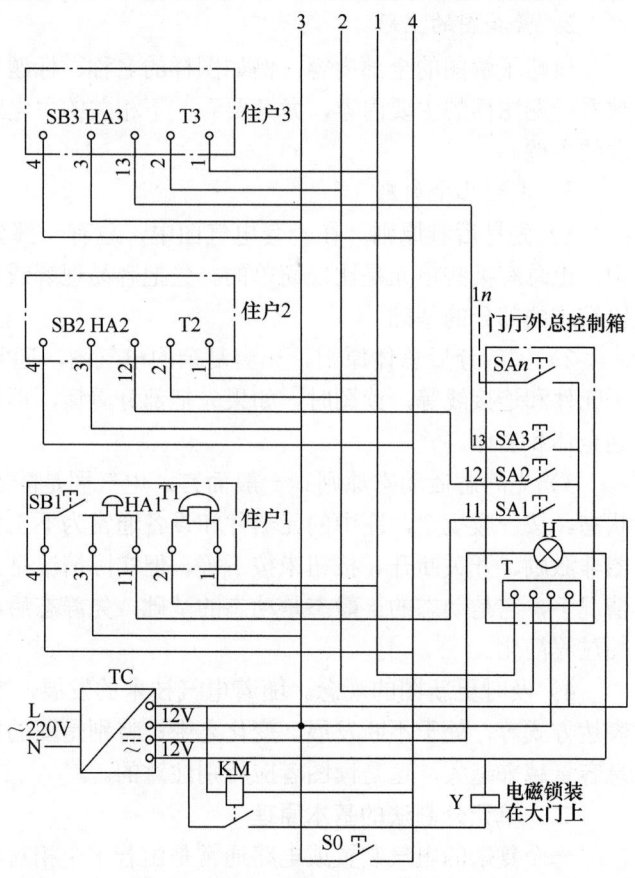

图 14-2　电磁锁控制保安装置

4）电磁锁单元。电磁锁 Y 由中间继电器 KM 控制，各住户控制按钮 SB1，SB2，…和门厅按钮 S0 控制中间继电器 KM，电源为 DC 12V。

来访者如要探访该楼编号为"2"的住户，可按下门口与此住户对应的按钮 SA2，则"2"住户内电铃 HA2 响，"2"住户拿起对讲机与来访者通话，若主人同意探访，则"2"住户只要按下按钮 SB2，中间继电器 KM 电路接通，KM 工作，其触点闭合，电磁锁 Y 接通电源，门被打开。

楼道一层也装了一个按钮 S0，按此按钮，电锁门也可打开。

为了读图的方便，将电磁锁装置电路分割成四个单元，如图 14-3 所示。经过单元分割以后，阅读这个图就比较方便了。

例如，读图者欲探寻电磁锁打不开的故障，由分割图可知，可从以下几个方面来考虑：

电磁锁 Y 是否损坏（机械的、电气的）；
交流"AC 12V"电源是否正常；
中间继电器 KM 的触点是否能闭合；
……

进而确定并排除这类故障，其方法步骤如下：
1）测量 AC 12V 电源是否正常；
2）电磁锁 Y 是否损坏（机械的、电气的）；
3）按下住户按钮，中间继电器 KM 是否能动作；
4）KM 的触点是否正常吸合；
……

能达到上述目的，说明这个图读懂了。

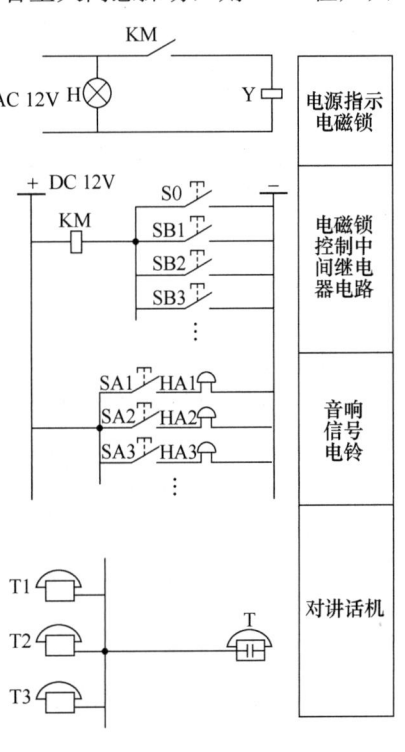

图 14-3　电磁锁单元分割图

第二节　工作状态分析法

一、电气装置的工作状态

在电气图中，各种开关触点都是按起始状态位置画的，如按钮未按下，开关未合闸，继电器驱动线圈未通电，触点未动作等。这种状态称为图的原始状态。但看图时不能完全按原始状态来分析，否则很难理解图样所表达的工作原理，真实获取电气文件提供的相关信息。

例如，在图 14-4 中的断路器 QF 跳闸回路，按原理讲，中间继电器 KM 动作，跳闸电磁铁 Y 就应动作，但其

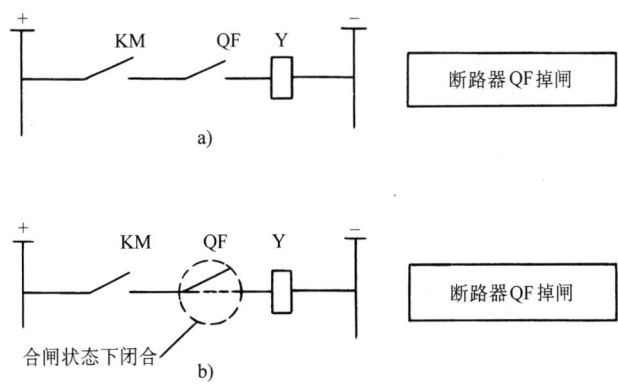

图 14-4　某断路器跳闸回路阅读分析
a）电路原理图　b）工作状态分析

回路中串入了 QF 的一对常开辅助触点，很显然，只有这一辅助触点处于闭合状态，Y 才可能动作。因此，有必要深入分析这一辅助触点的工作状态。实际上，这一辅助触点是常开触点。也就是说，断路器带电合闸后，其常开辅助触点也必然闭合，即断路器处于合闸状态才有可能存在保护跳闸这一问题。为此，必须按这一实际情况画出其工作状态分析图，如图 14-4b 所示。在这个分析图中，辅助触点 QF 用虚线短接，以示其为接通状态。

通过对电气装置和电路的工作状态及其内部元器件相互关系的分析阅读电气图的方法，称为工作状态分析法。

二、工作状态转换和状态描述

电气装置和电路在工作过程中总处在不同工作状态变换之中，例如：电动机工作时，总是经历着如下四种工作状态的交替变换：

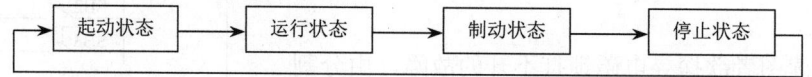

其中，起动状态又可划分为准备起动、全电压起动或减压起动状态；运行状态又可根据具体情况划分为低速运行、高速运行，正向运行、反向运行，重载运行、轻载运行、空载运行等工作状态；制动状态又可划分为准备制动、能耗制动、反接制动、回馈制动状态。

在一定的工作状态下，电气装置和电路的各个单元、部件、元件等又必然处于不同的工作状态之中，并且存在某种特定的相互依存、相互关联、相互协调的关系之中。阅读电气图时，一般应将某一电气图置于某一特定的工作状态之下。

例如，图 14-5a 所示的接触器 K 的工作状态（吸合和释放）受制于起动按钮 S1 和停止按钮 S2 的工作状态。按下 S1（工作状态），经 Δt 时间，接触器 K 吸合并自保持这种工作状态；经过 t_1 时间后，按下 S2（工作状态），经 Δt 时间，K 释放。如果用"1"和"0"分别表示工作和停止这两种工作状态，则可画出 S1、S2、K 的工作状态，如图 14-5b 所示。

电气装置的工作状态还可以用数学形式来表达，这一数学形式就是布尔代数式。图 14-5 中，接触器驱动线圈的工作状态用布尔代数式表示为

$$K=(S1+K1) \cdot S2$$

当 S1 和 K1 有一个闭合，例如 S1=1，即 S1+K1=1（这里的 K1 是指接触器 K 的辅助触点），以及 S2 闭合（S2=1），则

$$K=(S1+K) \cdot S2=(1+0) \cdot 1=1$$

接触器驱动线圈 K=1，表示接触器已经工作。

以图 14-6 为例，这是一个高压断路

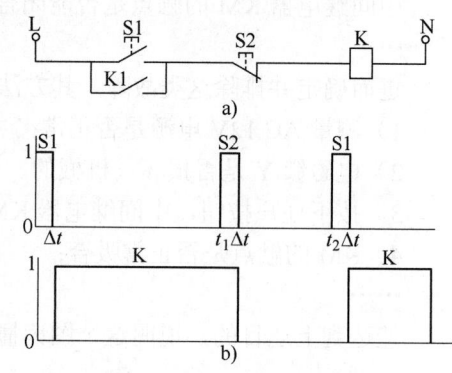

图 14-5 工作状态分析表图示例

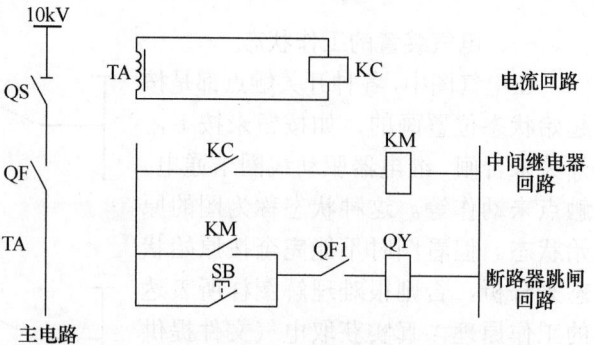

图 14-6 高压断路器过电流保护及手动跳闸电路

QS—高压隔离开关　QF—高压断路器　QF1—高压断路器辅助触点
TA—高压电流互感器　KC—过电流继电器　KM—中间继电器
SB—按钮　QY—断路器跳闸电磁铁

器过电流保护及手动跳闸的电路。

运用工作状态分析法进行阅读,首先应明确的是,电气图是静态的,它只能表示电气装置的一种工作状态。按一般规定,图中的元器件和设备通常为不工作(停止)状态,例如,继电器和接触器非激励、开关断开、按钮未按下等。

在这里,装置所处的工作状态应该是:主电路中,隔离开关 QS、断路器 QF 已合闸(否则就不存在开关跳闸的问题),QF 的辅助触点 QF1 当然也已闭合。

只有明确了这一状态及其元器件的关系,才能了解断路器在电路中的工作原理,读懂这个图。

若手动不能跳闸,则可能的原因是 SB 未按下,辅助触点 QF1 接触不良,电磁铁 QY 卡阻等。

若不能自动跳闸,则可能的原因是过电流继电器 KC 触点未闭合,中间继电器 KM 未工作,KM 触点接触不良,以及 QF1、QY 元件的故障等。

三、多触点控制开关的工作状态及应用

电路中的组合开关、转换开关、滑动开关、鼓形控制器及其他操作开关等,应用十分广泛。这类开关具有多个操作位置、多对触点,在不同的操作位置上,各对触点的工作状态(接通或断开)是不同的,并且触点工作状态的变化规律往往比较复杂,从而给读图带来困难。分析多触点控制开关的状态,在许多情况下是读图的关键。

首先应了解多触点控制开关工作状态在电路中的几种表示方法。

(1)一般符号和连接表相结合的表示方法 这种表示方法是在电路图中画出多触点控制开关的一般符号,各端子(触点)编出号码或字符,在图的一定位置画出连接表。

图 14-7 是一个具有 8 个端子、4 对触点(1—3、2—4、5—7、6—8)的 4 位(Ⅰ、Ⅱ、Ⅲ、Ⅳ)控制开关 S。一般符号的表示方法如图 14-7b 所示,表 14-1 是触点工作状态连接表。

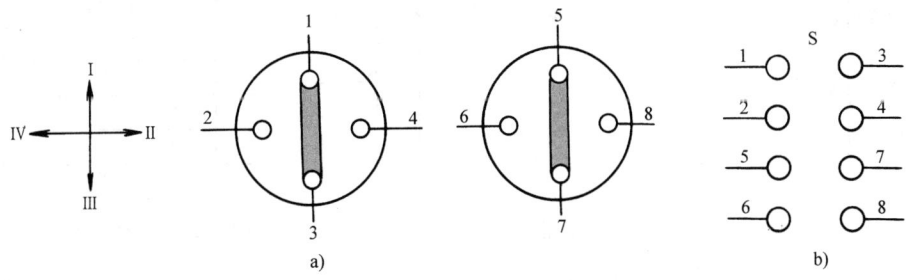

图 14-7 多触点控制开关的一般符号表示方法

a)示意图 b)一般符号表示

表 14-1 触点工作状态连接表

开关位置	触点			
	1-3	2-4	5-7	6-8
Ⅰ	1	0	1	0
Ⅱ	0	1	0	1
Ⅲ	1	0	1	0
Ⅳ	0	1	0	1

注:"1"表示接通,"0"表示断开。

在这种表示方法中,图形符号的应用比较灵活。根据电路的布局,图形符号可以集中布置,也可以分开布置。采用分开布置时,可用代号(例如图中的 S)或机械连接线(虚线)联系起来,说明它们属于同一开关。

(2)特殊标记的图形符号的表示方法　这种表示法是将开关的端子、操作位数、触点工作状态一一表示在图上的方法。

图 14-8a 是一具有 4 对触点、5 个位置的多触点控制开关的图形符号。图中,以 "0" 代表操作手柄在中间位置(停止位置)。两侧的数字 "1"、"2" 表示操作位置,此数字也可用转动角度(如 "90°"、"180°")或者功能文字符号(如 "起动"、"停止"、"正转"、"反转"、"ON"、"OFF")来代替。垂直的虚线表示手柄操作的位置。紧靠触点并与虚线相汇的黑点 "●" 表示手柄转向此位置时,该触点接通。本图中,触点 1~4 的工作状态是:

位置 O,触点 1、4 分别接通;
左、右位置 1,触点 2 接通;
左、右位置 2,触点 3 接通。

图 14-8b 是这类多触点控制开关用图形符号法表示的另一种形式(位置线画在触点中间)。

图 14-9 是一具有 9 对触点(1~9)、7 个操作位置的多触点控制开关的图形符号。图中的触点分别用一般符号表示,触点的操作位置用国际上通用的文字符号表示。

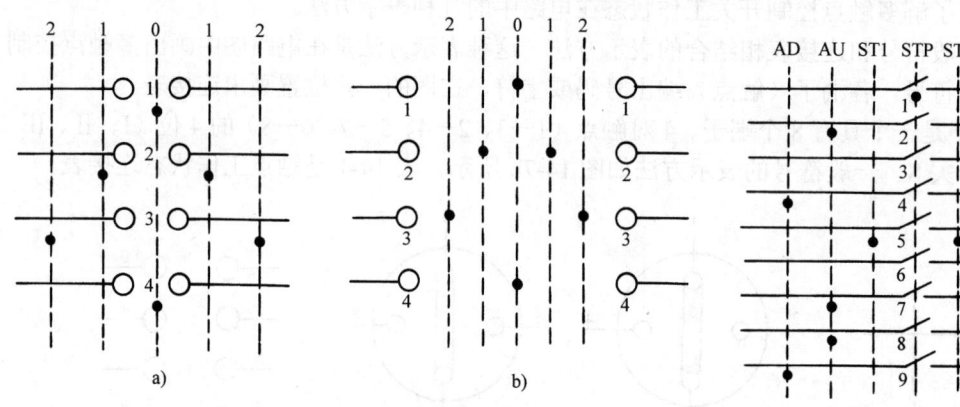

图 14-8　多触点控制开关的特殊标记符号的表示方法

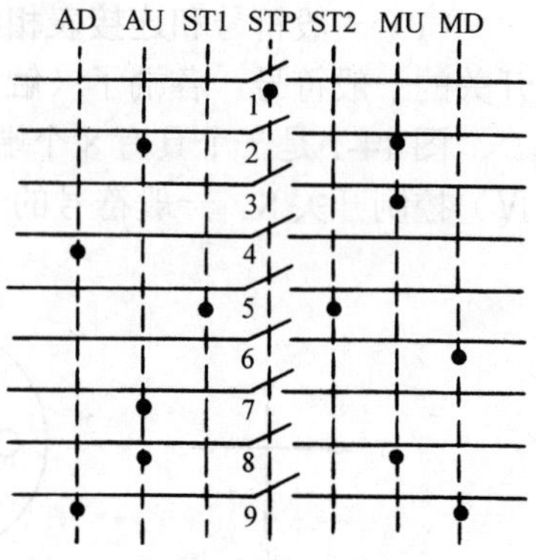

图 14-9　多触点控制开关用符号表示的另一种形式

各触点的工作状态如下:
位置 STP(停止),触点 1 接通;
位置 ST1 或 ST2(起动),触点 5 接通;
位置 AU(自动上升),触点 2、7、8 接通;
位置 MU(手动上升),触点 2、3、8 接通;
位置 AD(自动下降),触点 4、9 接通;
位置 MD(手动下降),触点 6、9 接通。

用这种带有触点工作状态符号要素的图形符号表示,一般不需要连接表。有时候根据电路的布置,图形符号中的各触点可以分开布置在不同的回路中,用参照代号或机械连接线将其联系起来。

（3）框形符号和连接表相结合的表示方法 这种方法是在电路图中只画出多触点控制开关的框形符号，其触点的工作状态在图的适当位置（也可在另外张次的图上）画出连接表。

图 14-10a 是具有 5 个端子 A、B、C、D、E 的 6 位鼓形控制器的结构示意图。图 14-10b 是这种鼓形控制器的框形符号和连接表。

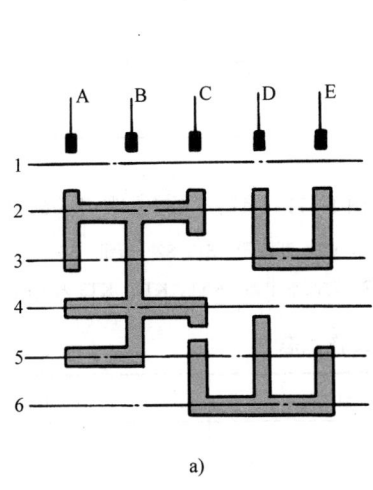

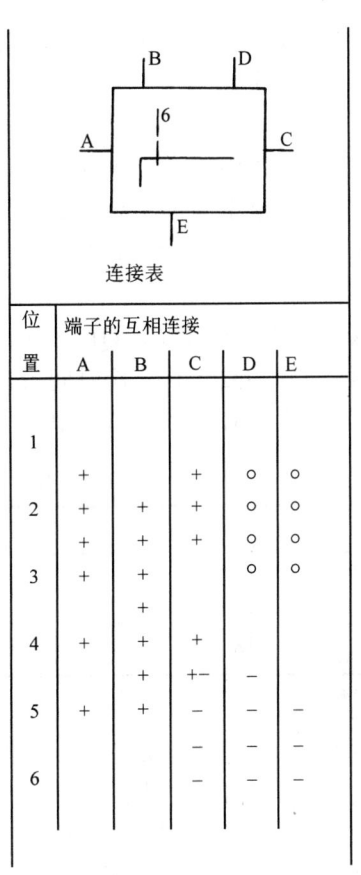

图 14-10 多位鼓形控制器表示方法示例
a)结构示意图 b)框形符号和连接表

在连接表中，端子（触点）A～E 在不同位置下分别与"+"、"-"、"○"等符号相对应，其中相同符号所对应的端子（触点）为互相接通。

例如（与结构图对应）：

位置 1，全部断开；

位置 2，A—B—C 接通，D—E 接通；

位置 3，A—B 接通，D—E 接通；

位置 4，A—B—C 接通；

位置 5，A—B 接通，C—D—E 接通；

位置 6，C—D—E 接通。

图 14-10b 中还表示出了由位置 1 至位置 6 各个过渡位置端子的接通情况,例如位置 "1"→"2",端子 A—C 及 D—E 接通,但这种状态通常是指过渡状态,不是稳定状态。

图 14-10b 中,若符号"+"、"-"、"○"不够用,需要增加时,可用专用符号如"×"、"#"、"*"、"="等。

【例 1】图 14-11 是一具有多触点控制开关的程序控制装置的电路图。其中的多触点控制开关 S3 采用分开表示法布置,其触点工作状态用图形符号表示,也可以用表 14-2 表示。

这个装置的工作程序是:Q1 工作后,Q2 才能工作,Q1、Q2 工作一定时间后,Q3 工作;Q3 工作后,Q1、Q2 停止工作。

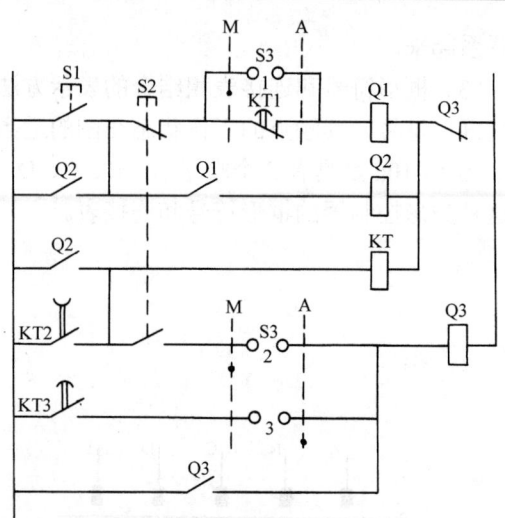

图 14-11 具有多触点控制开关的电路图

Q1、Q2、Q3—断路器 S1、S2—按钮 S3—多触点控制开关
KT—时间继电器(KT1、KT2、KT3 为 KT 的触点)

表 14-2 S3 的触点工作状态

位 置		A(自动)	M(手动)
触点	1	0	1
	2	0	1
	3	1	0

注:触点"1"—接通;触点"0"—断开。

阅读这个图,最重要的是理解多触点控制开关 S3 的触点工作状态。S3 是一个具有两个位置(手动位置 M、自动位置 A)和三对触点的开关。当手柄转到"A"位置(自动位置)时,串联在 KT3 回路的触点 3 接通,其余触点 1、2 断开。其自动工作程序如下:按下 S1,Q1 工作;Q1 的一对辅助触点闭合,Q2 工作;Q2 的一对辅助触点闭合,时间继电器 KT 工作;延时一段时间后,KT3 闭合,Q3 工作;Q3 的一对辅助常闭触点断开,Q1,Q2 全部停止工作。当手柄转到"M"位置(手动位置)时,控制开关 S3 的触点 1、2 闭合,触点 3 断开,则可利用按钮 S2 进行手动控制。

可以从以下方面检验是否已经读懂了这个图:

(1)在自动位置时,按下按钮 S1,Q1 不能工作(闭合)

分析:此时 Q1 的状态可由以下关系表示,即

$$Q1 = S1 \cdot S2 \cdot KT1 \cdot Q3$$

显然,与多触点控制开关 S3 无关,只要检查 S1、S2、KT1、Q3 各触点是否正常闭合即可。

(2)在自动位置时,按下按钮 S1,Q1 能工作,但 Q3 不能工作(闭合)

分析:此时 Q3 的工作状态可由以下关系表示,即

$$Q3 = KT3 \cdot S3(3)$$

因此，除了检查开关 Q2 和时间继电器 KT（包括其常开触点 KT3）外，主要应检查本装置中的多触点控制开关 S3 的第 3 号触点是否已经接通，即 S3(3)是否为"1"。所以，在一定意义上，准确地掌握多触点控制开关的工作状态，是读图的关键点。

第三节　图形变换法

在阅读某些电气图时，常常需要将实物和图对照进行。然而，电气图种类繁多，因此需要从分析图所表达的信息出发，将一种形式的图变换成另一种形式的图。其中最常用的是：

将设备布置接线图变换成电路图；

将集中式布置图变换成分开式布置电气图；

将单线图变换成多线图；等等。

必要时，也可以采用逆变的方式进行。

一、电气接线图与原理图的变换

设备布置接线图是一种按设备大致形状和相对位置绘制的图，这种图主要用于设备的安装和接线，对阅读电气图也十分有用。但从这种图上，不易看出设备和装置的工作原理及工作过程，而了解其工作原理和工作过程又是阅读电气图的理论基础，是至关重要的。

电路图是主要描述设备和装置电气工作原理的图，从阅读电气图的目的出发，有时候需要将设备布置接线图变换成电路图。

图 14-12 所示是某双门电冰箱的设备布置接线图。

图中清楚地表示出了电冰箱内部的各种电气元件，如压缩机电动机、起动保护器、温控器、加热器、照明灯、开关等的布置和接线。但对各元件的相互关系及动作原理表示得不十分清楚，为此，可以将这个图改画成图 14-13 所示的电路图。两者相互结合，为阅读电气图提供了更加方便的条件。

变换后的图 14-13，能使读图者比较清楚地了解这种电冰箱的电气工作原理，其工作原理如下：

当箱内温度较高时，温控器 KT 的触

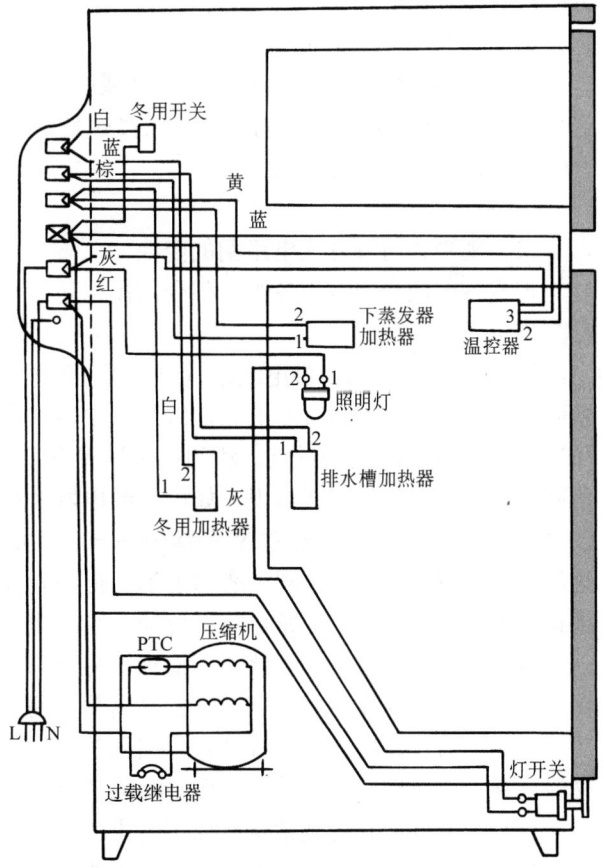

图 14-12　某双门电冰箱的设备布置接线图

点"1—2"接通，电源经此触点、过载保护器（热保护器）FR，使压缩机电动机 M 与电源（220V）L、N 接通，在热敏电阻 PTC 作用下，电动机起动运行，电冰箱制冷。箱内温度降低到一定程度后，温控器 KT 动作，触点"1—3"接通，经排水槽加热器 R1 和下蒸发器加热器 R2，与电动机绕组串联，由于（R2+R1）的阻值远远大于电动机绕组的电阻，电动机不工作（因其电压很低，对电动机无影响），加热器工作，产生的微热可有效地防止排水槽和下蒸发器等处凝霜。冬天（环境温度很低）使用时，可合上冬用开关 S2，冬用加热器 R3 工作，可使电冰箱在冬季正常工作。电冰箱门打开时，灯开关 S1 闭合，照明灯 EL 亮。

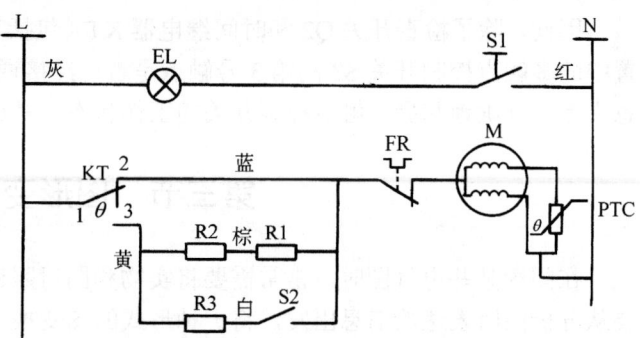

图 14-13　某电冰箱电路图

EL—照明灯　S1—门开关　KT—温控器　FR—过载保护器
M—压缩机电动机　PTC—热敏电阻　R1—排水槽加热器
R2—下蒸发器加热器　R3—冬用加热器　S2—冬用开关

了解了这一工作原理，这个图就是读懂了。例如，压缩机电动机不能起动，则可按图 14-13 分析：

电动机 M 是否损坏；

起动热敏电阻 PTC 是否短路、开路或阻值特性是否改变；

过载保护器 FR 是否已动作，触点接触是否良好；

温控器 KT 是否正常；

……

二、集中式与分开式电路图的变换

把设备或成套装置中各组成部分的图形符号，在图上绘制在一起，以集中形式表示的图称为集中式电路图。

图 14-14a 是表示一供电线路过电流保护和开关位置信号的集中式电路图。图中的主要设备和元件是电流互感器 TA 的二次绕组、电流继电器 KA、中间继电器 KM、信号灯 HR 和 HG、断路器 QF 的辅助触点、跳闸电磁铁 Y 等。这种集中式电路图是以元件为中心绘制的，所有的设备均以整体形式出现，如电流继电器 KA 和中间继电器 KM 的线圈和触点，断路器 QF 的辅助触点和跳闸电磁铁 Y 等都画在一起，并用机械连接线（虚线）将其连成一个整体。这种图整体感强、比较直观、容易理解。但当元件较多时，阅读比较困难，不便于检查和分析该装置的电气故障。通常可将其变换，绘制成分开式电路图。

为了使设备和装置的电路布局清晰，易于识别，把一个元件中某些部分的图形符号，在图上分开布置，并仅用代号表示它们之间关系的方法，称为分开式电路图。

将集中式电路图变换成分开式电路图的基本方法是，将各元件按电流回路、电压回路、交流回路、直流回路等展开。将图 14-14a 变换后，可得出图 14-14b 的分开式电路图。

这种分开式电路图通常具有以下特点：

1）分开式电路图是以回路为中心绘制的，各个元件不管属于哪一个项目，只要是同一个回路，都要画在一个回路中。例如，图中，继电器 KA 的线圈和触点、KM 的线圈和触点就分开画在不同的回路中。

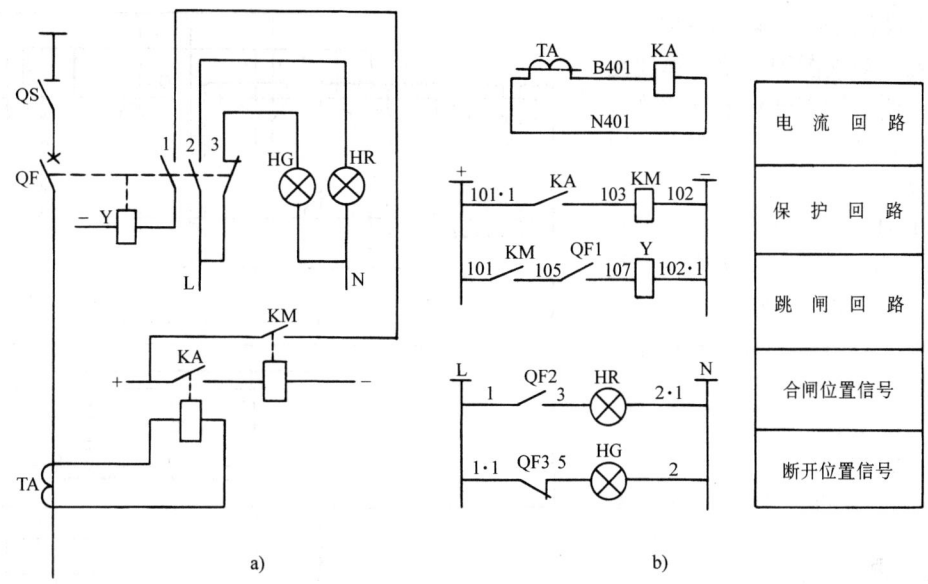

图 14-14 集中式与分开式电路图互换示例

a)集中式 b)分开式

QS—隔离开关 QF—断路器 TA—电流互感器 KA—电流继电器 KM—中间继电器 HR—红色信号灯
HG—绿色信号灯 Y—断路器QF的跳闸电磁铁 QF1、QF2、QF3—断路器QF的辅助触点

2）为了区别各个回路的性质，便于接线，各个回路中的连接线一般都要按规定标号。例如，图中交流电流回路分别标以B401、N401，直流电压回路分别标以101（101·1）、103、105、107和102（102·1），交流电压回路分别标以1（1·1）、3、5和2（2·1）。

3）各回路的电源除电流互感器外，通常都是经过电源小母线引入的，母线应按种类、特征标注一定的文字符号，如"+"、"-"、"L"、"N"等。

4）为了说明回路的特征、功能，以加深对图的原理的理解，通常在回路的一侧标注简要的文字说明，如图中标注的"电流回路"、"保护回路"、"跳闸回路"、"信号回路"等。这种文字说明，必须简明扼要、条理清楚。文字说明也是图的重要组成部分，读图时不可忽视。

经过这种变换后，读图就方便多了。例如，从安装和维修的目的出发，需要了解断路器QF不能跳闸的原因，可从以下方面判别：

断路器QF的辅助触点QF1是否接通；

中间继电器KM是否动作，其触点是否接通；

电流继电器KA是否动作，其触点是否接通；

电流互感器TA工作是否正常；

跳闸电磁铁Y是否存在故障；

各连接线是否连接正常；等等。

三、单线式与多线式电路图的变换

两根或两根以上的导线在图上只用一条线表示的方法，称为单线表示法，相对应的图称为单线图。

每根导线在图上都分别用一条线表示的方法，称为多线表示法，相对应的图称为多线图。

单线图简洁、清晰、美观，但不够直观，多线图则克服了单线图的缺点，便于检查分析电气故障。因而，在某些情况下，需要将单线图变换成多线图。

图 14-15 是用连续的单线表示法绘制的某电动机正反转控制接线图，其一次电路（粗实线表示）是：

电源 L1、L2、L3→负荷开关 Q1 及熔断器 FU→接触器 Q2∥Q3→热继电器 FR 的热元件→电动机 M 的 U、V、W 端子。

该电路中的二次设备是三个控制按钮 S1、S2、S3 及交流接触器的辅助触点和热继电器触点。它们之间的连接线，不管有多少根，都用单线表示，其连接关系在单线图中是通过图线和标号表示的。显然，这类单线图对检查和分析电气故障是不太方便的，对初学者更感到不适应。将其变换成多线电路图是必要的。

由这种单线接线图变换成多线电路图，一般是按回路连通，即从电源一端开始至电源另一端构成回路。根据回路标号的原则，在一个回路中，回路是按顺序编号的,连于同一点（等电位）的只标一个号，即同一标号的几根线就是电路的分支线。掌握了这个规律，由单线图变换成多线图就比较容易了。例如，其中一个回路是这样的：电源 L2→端子排 X→停止按钮 S1→（1 号线）→反转起动按钮 S3 的动断触点→（3 号线）→正转起动按钮 S2 的动合触点→（5 号线）→反转接触器 Q3 的动断辅助触点→（7 号线）→正转接触器 Q2 的驱动线圈→（2 号线）→热继电器 FR 的触点→电源 L3，从而构成了一个回路。将这些元件用图线连接起来就构成了多线电路图中的一个回路。以此类推，可以画出其他的回路，经过整理，便可以画出图 14-16 所对应的多线

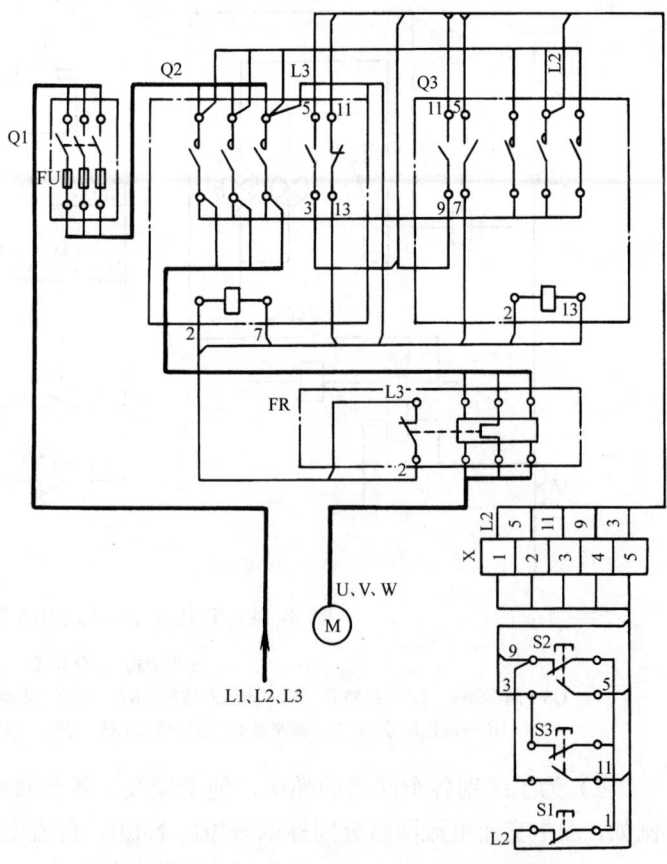

图 14-15　电动机正反转控制装置单线接线图
Q1—开启式负荷开关　FU—熔断器　Q2—正转控制接触器
Q3—反转控制接触器　FR—热继电器　S1—停止按钮
S2—正转起动控制按钮　S3—反转起动控制按钮　X—端子排

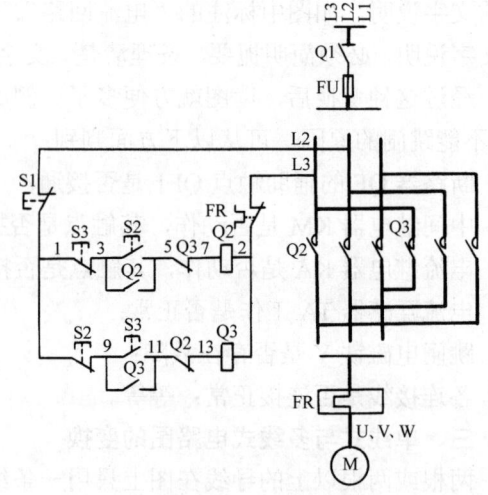

图 14-16　电动机正反转控制装置多线电路图
（与图 14-15 信息量相等）

电路图。

读者不难发现，经过变换后，检查分析这一电动机正反转控制的故障就比较容易了。例如，电动机正转正常，但不能反转，故障原因应该在反转控制接触器 Q3 的工作线圈回路中。从图 14-16 中可知，其故障可能是：反转起动控制按钮 S3 动合触点、正转起动控制按钮 S2 动断触点、正转控制接触器 Q2 的联锁触点、反转控制接触器 Q3 的工作线圈及其连接线的故障，读者不妨详细分析一下。

第四节　推理分析法

一、顺推理和逆推理

构成电气装置的元件、部件、组件等都有其内在的联系，如位置关系、连接关系、能量或信号传递关系、功能关系、逻辑关系等。分析和阅读电气图时，可以通过故障现象，由此及彼，由表及里，追本溯源，层层分析，找出故障的部位和原因。这就是推理分析法。

推理的程序分为顺推理和逆推理两种。顺推理一般是根据故障设备，从电源、控制设备及电路，一一分析和检查的过程。逆推理则采用相反的程序推理，即由故障设备倒推至控制设备及电路、电源等，从而确定其故障的逆向过程。

图 14-17 所示是某元件 Y 的控制电路，其工作原理是，温控器 KT 接通，中间继电器 KM 工作，其动合触点接通，元件 Y 工作。FR 为热保护器，其触点断开，Y 停止工作。

这些元件之间严格的功能关系和逻辑关系，其工作顺序是不能颠倒的。

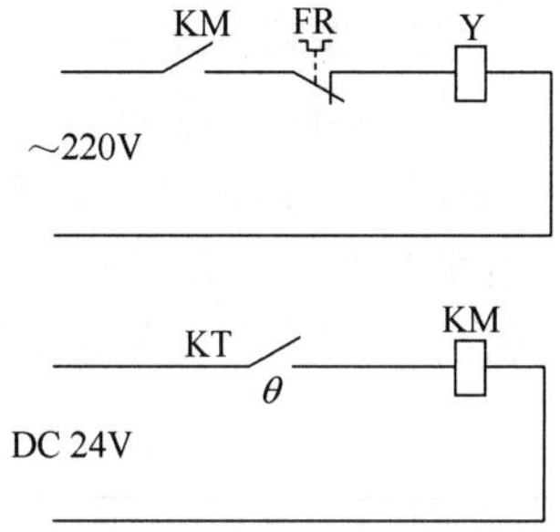

图 14-17　某元件控制电路
KT—温控器　KM—中间继电器
FR—热保护器　Y—工作元件

如果元件 Y 不能工作，可按以下的推理方法进行。

1）顺推理法。按照元件 Y 的动作顺序检查，其过程是：

控制电源（DC24V）→温控器 KT→中间继电器 KM（线圈）→工作电源（～220V）→KM 触点→热保护器 FR→元件 Y。

2）逆推理法。由故障元件 Y 逆推理至故障点，其过程是：

元件 Y→热保护器 FR→KM 触点→工作电源（～220V）→中间继电器 KM（线圈）→温控器 KT→控制电源（DC24V）。

这两种方法都是常用的方法，在某些情况下，逆推理法更快捷一些。

二、功能推理分析法

图 14-18 为某电磁阀门控制电路，该电路的基本工作原理是，按下按钮 SB1 或控制继电器 K 动作，时间继电器 KT 动作，经延时后，接通中间继电器 KM，KM 触点闭合后，电磁阀 Y 工作，电磁阀的基本功能是"开合"和"停止"。

这一功能的实现依赖于 SB1、KT、KM、FR、SB2 的工作状态，它们之间存在先后动作的功能关系，其功能关系如图 14-19 所示。其工作顺序是 1—2—3—1。

如果电磁阀动作功能不能实现，则可层层推理：中间继电器 KM 是否工作；时间继电器是否工作；控制继电器 K 是否工作或按钮 SB1 是否按下；以及热继电器 FR 触点、停止按钮

SB2 是否闭合等。

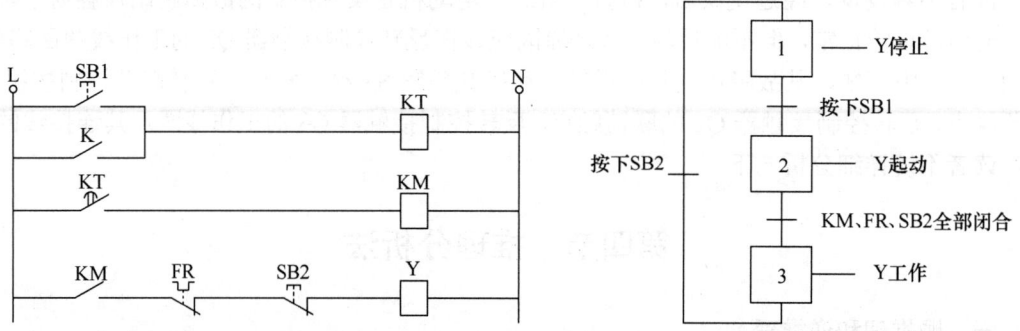

图 14-18 某电磁阀门控制电路　　图 14-19 某电磁阀功能关系（与图 14-18 对应）

SB1—起动按钮　SB2—停止按钮　K—控制继电器　KT—时间继电器
KM—中间继电器　FR—热继电器触点　Y—电磁阀

三、逻辑推理法

图 14-18 中各元件之间还存在一定的逻辑关系，例如 Y 与 KM、FR、SB2 之间存在逻辑"与"关系，即只有 KM、FR、SB2 全部闭合（全部为"1"），Y 才能工作，其关系为 Y=KM·FR·SB2（这里的"·"表示逻辑"与"运算）。同样，线圈 KM 和触点 KT，线圈 KT 和 SB1、K 之间也存在某种特定的逻辑关系。上述各种逻辑关系见表 14-3。

表 14-3　逻辑关系

序号	工作元件	逻辑关系	逻辑图	说　明
1	时间继电器线圈 KT	KT=SB1+K（逻辑"或"）	SB1,K → ≥1 → KT	只要 SB1 和 K 有一个为"1"（闭合），则 KT 为"1"（工作）
2	中间继电器线圈 KM	KM=KT	KT → 1 → KM	KT 为"1"，KM 为"1"
3	电磁阀 Y	Y=KM·FR·SB2（逻辑"与"）	KM,FR,SB2 → & → Y	只有 KM、FR、SB2 全部为"1"，Y 才为"1"

根据这一关系，就可从逻辑上推理出电路的工作原理，例如，如果中间继电器 KM 不工作（为"0"）则应找时间继电器 KT 的触点是否闭合（例如是否动作，是否接触良好等），而 KT 线圈又与 SB1、K 构成逻辑"或"的关系，逐一分析便可读懂这个图。

【例 2】　图 14-20 为某一优先动作电路。图中元件 A1，A2，…，An 中，任意一个元件最先动作，在最先动作的元件停止前，其他元件不能动作。例如，合上开关 S1，元件 A1 动作。同时，其辅助触点 A11 闭合，元件 A1 动作被自保持；另一辅助触点 A12 也闭合，继电器 K 动作，其所有的常闭辅助触点 K 断开，因此，除 A1 外，A2～An 均不能动作。这就是优先动作的工作原理。

若元件 A2 能动作，但不具备优先权，试用推理法进行分析。

分析：从图中可看出，元件 A2 的动作功能受开关信号 S2 及元件 A2 的辅助触点 A21 和继电器 K 的控制。A2 能动作，说明这一电路基本正常。"优先控制"功能主要由继电器 K 控制。A2 不能优先，说明在 A2 动作后，优先控制电路没有工作。如果其他部件工作正常，则故障必然是 A2 的另一对辅助触点 A22 没有闭合，或接触不良，或其连接线断线。

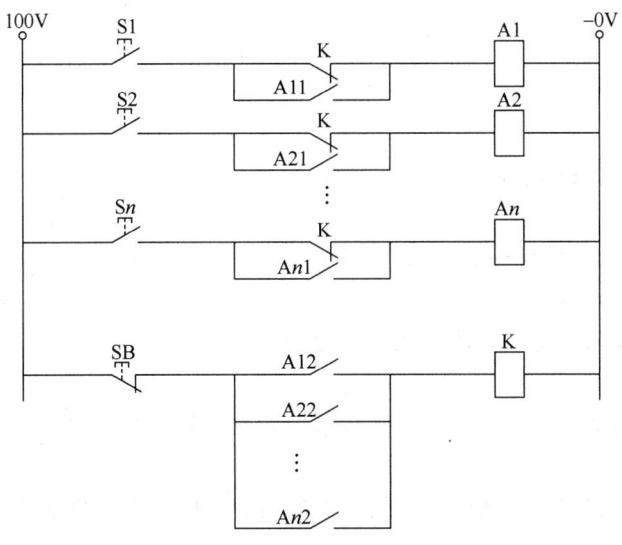

图 14-20　优先动作电路

S—起动开关（按钮）　A—工作元件　K—继电器　SB—停止按钮

（注：元件 A1 对应的触点为 A11、A12，元件 A2 对应的触点为 A21、A22，其余类推。）

如果采用逻辑推理法分析，则应列出各动作的逻辑关系为

$$A1=(K+A11) \cdot S1$$
$$A2=(K+A21) \cdot S2$$
$$\cdots$$
$$An=(K+An1) \cdot Sn$$

优先动作逻辑关系为

$$K=SB \cdot (A12+A22+\cdots+An2)$$

由此可知，若其他元件工作正常，A2 不能优先的原因是：由 K 的逻辑表达式得知，若按钮 SB 正常，故障显然出在触点 A22 及其连接线上。

这就是阅读这个图的基本过程。

附录　电气图常用术语和定义

一、基本术语

1. 数据媒体

能够进行信息记录和读取的介质。

2. 文件

用户和系统间可成组管理和交换的、确定并结构化的用于相互间交流的一定数量的信息

3. 文件种类

按文件表示的信息内容和表达方式所定义的文件类型。

4. 文件集

涉及某一项目的文件的集合。可包括技术、商业或其他方面的文件。

5. 数据库

描述数据的特性和相应实体间联系的、根据概念结构组织的数据的集合，支持一个或多个应用领域。

6. 超级链接

从显示的一个位置到同一显示或另一显示的另一个位置的活动连接。

7. 项目、物体

在设计、工艺、建造、运营、维修和报废过程中所面对的实体。

8. 参照代号

作为系统组成部分的特定项目按该系统的一方面或多方面相对于系统的标识符。

9. 单层参照代号

对直接组成系统的特定项目给定的相对于系统的参照代号。

10. 参照代号集

成套的参照代号，其中至少有一个可唯一地标识所关注的项目。

11. 产品

劳动的或自然过程或人工过程的预期或已完成的成果。

12. 元、器件

起到一个或多个功能，不可分解的，或用于更高层次装配的与上下层次关联、物理上可分的产品。

二、基本文档类型术语

1. 图

通过按比例表示项目及它们之间的相互位置的图示形式。

注：平面图、断面图、剖面图、示意图和视图是特殊的图。

2. 简图

通过图形符号表示项目及它们之间关系的图示形式。

3. 表图

表达两个或多个变量、操作或状态之间联系的图示形式。

4. 表格

以行和列的形式表达信息的一种形式。

三、信息表达形式术语

1. 图示形式

使用图示的方式表达信息的一种形式。

2. 示意图（图样）

使用不考虑实际投影关系的图像或完全几何描述的方式表达信息的一种形式。

注：示意图可以是二维或三维的。

3. 文字形式

用文字和数字表达信息的一种形式。

四、特殊文档类型（功能）相关术语

1. 概略图

概略地表达一个项目的全面特性的简图。

2. 功能图

表达项目功能信息的简图。

3. 电路图

表达项目电路组成和物理连接信息的简图。

4. 接线图

表达项目组件或单元之间物理连接信息的简图。

5. 等效电路图

表达一个项目的电和(或)磁行为型信息的功能图。

6. 逻辑功能图

主要使用二进制逻辑元件符号的功能图。

7. 布置图

表达项目相对或绝对位置信息的图。

8. 接线表

表达项目组件或单元之间物理连接信息的表。

9. 顺序表图

表达系统各单元间工作次序或状态顺序信息的表图。

10. 时序表图（时序图）

按比例绘出时间轴的顺序表图。

参 考 文 献

[1] 沈兵. 电气制图规则应用指南[M]. 北京：中国标准出版社，2009.
[2] 郭汀. 电气制图用文字符号应用指南[M]. 北京：中国标准出版社，2009.
[3] 谭咏. 电气设备用图形符号应用手册[M]. 北京：中国标准出版社，2009.
[4] 徐云驰. 电气元器件数据建库标准应用指南[M]. 北京：中国标准出版社，2010.
[5] 何利民，尹全英. 怎样阅读电气工程图[M]. 2版. 北京：中国建筑工业出版社，1995.
[6] 尹全英，何利民. 电工常见故障处理手册[M]. 北京：中国电力出版社，2009.
[7] 何利民，尹全英，刘家玓. 电工手册[M]. 2版. 北京：中国建筑工业出版社，2002.

读者信息反馈表

感谢您购买《电气制图与读图（第 3 版）》一书。为了更好地为您服务，有针对性地为您提供图书信息，方便您选购合适图书，我们希望了解您的需求和对我们教材的意见和建议，愿这小小的表格为我们架起一座沟通的桥梁。

姓　　名		所在单位名称	
性　　别		所从事工作（或专业）	
通信地址		邮　　编	
办公电话		移动电话	
E-mail			
1. 您选择图书时主要考虑的因素：（在相应项前面画 √） （　）出版社　（　）内容　（　）价格　（　）封面设计　（　）其他 2. 您选择我们图书的途径：（在相应项前面画 √） （　）书目　（　）书店　（　）网站　（　）朋友推介　（　）其他			
希望我们与您经常保持联系的方式： 　　　　□电子邮件信息　　□定期邮寄书目 　　　　□通过编辑联络　　□定期电话咨询			
您关注（或需要）哪些类图书和教材：			
您对我社图书出版有哪些意见和建议（可从内容、质量、设计、需求等方面谈）：			
您今后是否准备出版相应的教材、图书或专著（请写出出版的专业方向、准备出版的时间、出版社的选择等）：			

非常感谢您能抽出宝贵的时间完成这张调查表的填写并回寄给我们，我们愿以真诚的服务回报您对机械工业出版社技能教育分社的关心和支持。

请联系我们——

地　　址　北京市西城区百万庄大街 22 号　机械工业出版社技能教育分社
邮　　编　100037
社长电话　（010）88379080　88379083　68329397（带传真）
E-mail　jnfs@mail.machineinfo.gov.cn